Einführung in die Halbleitertechnologie

Von Dr. phil. nat. Waldemar von Münch
o. Professor an der Universität Stuttgart

Mit 170 Bildern und 39 Tafeln

B. G. Teubner Stuttgart 1993

Die Deutsche Bibliothek – CIP-Einheitsaufnahme

Münch, Waldemar von:
Einführung in die Halbleitertechnologie / von Waldemar von Münch. –
Stuttgart : Teubner, 1993
  ISBN-13: 978-3-519-06167-0   e-ISBN-13: 978-3-322-88970-6
  DOI: 10.1007/978-3-322-88970-6

Gesamtherstellung: Zechnersche Buchdruckerei GmbH, Speyer
Einband: Tabea und Martin Koch, Ostfildern / Stuttgart

Vorwort

Die Entwicklung der Halbleitertechnologie gehört zweifellos zu den bedeutenden industriellen Errungenschaften des zwanzigsten Jahrhunderts. Es ist zu erwarten, daß diese Technologie auch weiterhin den technischen Fortschritt wesentlich mitbestimmen wird. Das Ziel dieses Buches ist es deshalb, einen möglichst breiten Leserkreis mit den Grundlagen der Halbleitertechnologie vertraut zu machen.

Die stoffliche Gliederung des Buches erfolgt vorwiegend nach didaktischen Gesichtspunkten. Ausgehend von den Halbleiterwerkstoffen und ihren Eigenschaften werden zunächst die für die Funktionsfähigkeit von Halbleiterbauelementen wesentlichen Kriterien der Materialauswahl erläutert; dabei wird ein breites Spektrum von Halbleiterwerkstoffen (elementare Halbleiter, Verbindungshalbleiter) betrachtet. Bei der Darstellung der Verfahrensschritte der Halbleitertechnologie wird eine Verdeutlichung der Grundprinzipien angestrebt; auf eine detaillierte Beschreibung der Einzelprozesse wird hingegen bewußt verzichtet. In einigen Fällen werden Verfahren behandelt, welche - unabhängig von ihrem gegenwärtigen industriellen Einsatz - für das Verständnis der Weiterentwicklung der Halbleitertechnologie von Bedeutung sind. Bei der Auswahl der Literaturstellen wurde zusammenfassenden Darstellungen der Vorzug gegeben.

Herrn Dipl.-Phys. C. Rose habe ich für die kompetente und gründliche Textverarbeitung zu danken.

Stuttgart, Juli 1993   W. v. Münch

Inhalt

6 Strukturierung

7 Aufbau- und Verbindungstechnik

8 Halbleiterbauelemente

9 Integrierte Schaltungen

1 Einleitung

Für die Herstellung von Halbleiterbauelementen stehen zahlreiche Halbleiterwerkstoffe zur Verfügung. Die wesentlichen elektronischen und technologischen Eigenschaften dieser Werkstoffe sollen im Abschnitt 1.1 erläutert werden. In Abschnitt 1.2 sind die wichtigsten Halbleiterbauelemente mit den für ihre Funktionsfähigkeit relevanten Halbleitereigenschaften zusammengestellt. Aus der Gegenüberstellung von Anforderungen und Eigenschaften resultieren Kriterien für die Auswahl der Halbleiterwerkstoffe für verschiedene Anwendungsfälle.

1.1 Halbleiterwerkstoffe

Je nach Anordnung der Atome bzw. Ionen im Festkörper unterscheidet man zwischen einkristallinen, polykristallinen und amorphen Halbleiterwerkstoffen. Die elektrische Leitfähigkeit kann durch die Bewegung von Elektronen und/oder Ionen bewirkt werden.

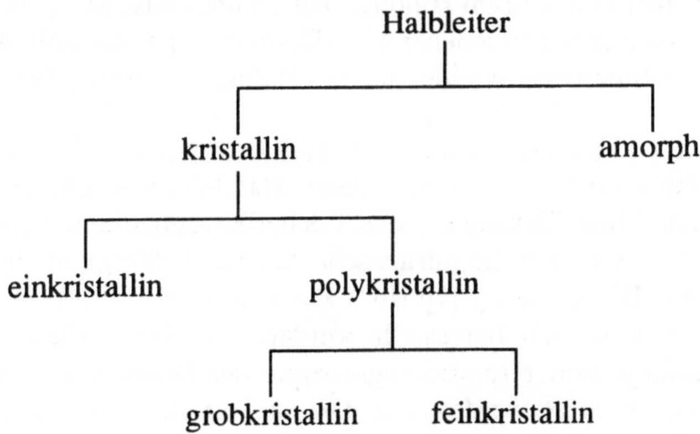

Für technische Anwendungen werden überwiegend einkristalline, elektronisch leitende Halbleiter eingesetzt. Bei diesen Werkstoffen wird die elektrische Leitfähigkeit durch Störungen des Gitteraufbaues (Gitterbaufehler, Fremdatome) stark beeinflußt. Grobkristallines Silizium wird zur Herstellung von Solarzellen verwendet. Die Technologie der feinkristallinen und amorphen Halbleiterwerkstoffe wird im Rahmen dieses Skriptums nicht behandelt.

1.1.1 Elementare Halbleiter

Bild 1.1 zeigt einen Ausschnitt aus dem Periodischen System der Elemente. Wie daraus hervorgeht, sind elementare Halbleiterwerkstoffe in den Gruppen III bis VI zu finden.

II	III	IV	V	VI
Be	B	C	N	O
Mg	Al	Si	P	S
Zn	Ga	Ge	As	Se
Cd	In	Sn	Sb	Te
Hg	Tl	Pb	Bi	Po

Bild 1.1
Elemente der II. bis VI. Gruppe des Periodischen Systems der Elemente (Halbleiter bzw. halbleitende Modifikationen gerastert)

Bor ist das einzige halbleitende Element der III. Gruppe. Wegen der geringen Ladungsträgerbeweglichkeit und im Hinblick auf technologische Probleme (hoher Schmelzpunkt, Existenz verschiedener Modifikationen) ist es wenig wahrscheinlich, daß Bor eine nennenswerte Bedeutung als Halbleiterwerkstoff erlangen wird.

In der IV. Gruppe ist zunächst Diamant als Halbleiterwerkstoff zu nennen. Diamant besitzt einen - im Vergleich zu anderen Halbleitern - sehr großen Bandabstand sowie eine hohe Elektronen- und Löcherbeweglichkeit. Besonders hervorzuheben ist die extrem hohe intrinsische Wärmeleitfähigkeit. In der Natur kommen p-leitende Diamanten ("Typ IIb") vor; derartige Kristalle (bzw. Schichten) können auch künstlich hergestellt werden. Die Herstellung n-leitenden Materials ist - infolge hoher Ionisierungsenergie der Donatoren - nur begrenzt möglich. Es kann erwartet werden, daß Diamant in speziellen Anwendungen (Hochtemperaturbauelemente, UV-Sensoren, Thermistoren) eine Bedeutung als Halbleiterwerkstoff erlangen wird. Daneben wird Diamant als Wärmesenke bei Bauelementen mit hoher Leistungsdichte (z.B. Injektionslaser) eingesetzt.

Die zweite kristalline Modifikation des Kohlenstoffs, Graphit, ist wegen partiell überlappender Valenz- und Leitungsbänder den Halbmetallen zuzurechnen und daher zur Herstellung von Halbleiterbauelementen (im engeren Sinne) ungeeignet. Widerstände aus amorphem Kohlenstoff werden u.a. zur Messung sehr tiefer Temperaturen verwendet.

Eine herausragende technische Bedeutung haben die Elemente Silizium und Germanium. Die Eigenschaften und Anwendungen dieser Halbleiterwerkstoffe werden in verschiedenen Teilen dieses Skriptums ausführlich beschrieben.

Die halbleitende Modifikation des Zinns (graues Zinn oder α-Zinn genannt) ist nur bei Temperaturen unterhalb 13 °C stabil. Aus diesem Grund (und wegen des sehr geringen Bandabstandes) ist α-Zinn technisch nicht verwertbar.

Diamant, Silizium, Germanium und α-Zinn kristallisieren im Diamantgitter. Dieses Gitter kann gemäß Bild 1.2 als Kombination zweier gleichartiger kubisch-flächenzentrierter Gitter aufgefaßt werden. Jedes Atom ist von vier Nachbaratomen in tetraedrischer Anordnung umgeben. Die in Bild 1.2 eingezeichneten Stege sollen die aus jeweils zwei Elektronen bestehenden "Elektronenbrücken" symbolisieren (kovalente Bindung). Der Zusammenhang zwischen der Gitterkonstanten a und dem Atomabstand d ist

$$a = \frac{4d}{\sqrt{3}} \; . \tag{1.1}$$

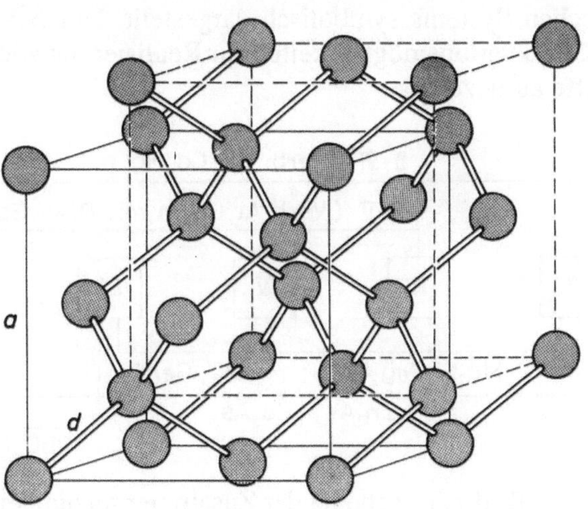

Bild 1.2
Diamantgitter

Germanium und Silizium bilden eine lückenlose Mischkristallreihe, d.h. es können Legierungen vom Typ $Ge_{1-x}Si_x$ ($0 \leq x \leq 1$) hergestellt werden. Mit derartigen Mischkristallen lassen sich - z.B. in Kombination mit Silizium oder Germanium - Heteroübergänge realisieren. Außerdem finden Germanium/Silizium-Mischkristalle in thermoelektrischen Bauelementen Verwendung.

Die halbleitenden Modifikationen des Phosphors und des Arsens (V. Gruppe) sind ohne technische Bedeutung.

In der VI. Gruppe des Periodischen Systems findet man die Halbleiter Selen und Tellur. Hiervon kann Selen zur Herstellung von Photoelementen und Gleichrichtern eingesetzt werden. Tellur kann als potentieller Halbleiterwerkstoff für Dünnschicht-Feldeffekttransistoren (TFT) angesehen werden; die Einsatzmöglichkeiten sind jedoch auf Grund des verhältnismäßig geringen Bandabstandes sehr beschränkt.

Bei allen elementaren Halbleiterwerkstoffen handelt es sich - mit Ausnahme von Tellur - um indirekte Halbleiter, d.h. Elektronenübergänge vom Leitungs- in das Valenzband sind nur bei einer Änderung des Elektronenimpulses möglich.

1.1.2 Verbindungshalbleiter

Durch Kombination mehrerer Elemente lassen sich Halbleiterwerkstoffe mit vielfältigen Eigenschaften herstellen. In Bild 1.3 sind die Gruppen II bis VI des Periodischen Systems symbolisch dargestellt. Durch Verbindungslinien werden einige Kombinationsmöglichkeiten zur Realisierung wichtiger binärer Halbleiterwerkstoffe aufgezeigt.

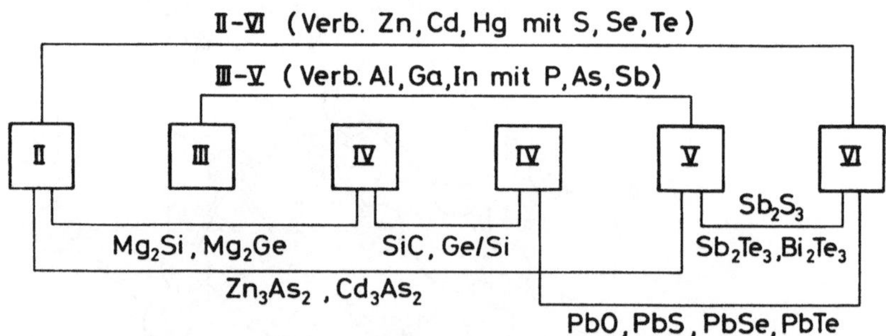

Bild 1.3   Schema der Zusammensetzung einiger binärer
Verbindungshalbleiter

Von besonderer Bedeutung für die Halbleitertechnologie sind die III-V-Verbindungen. Aus den Elementen Aluminium, Gallium, Indium (III. Gruppe) und den Elementen Phosphor, Arsen, Antimon (V. Gruppe) lassen sich neun binäre Verbindungen herstellen, welche in nachfolgendem Schema zusammengestellt sind:

AlP

AlAs   GaP

AlSb   GaAs   InP

GaSb   InAs

InSb

In diesem Schema sind die Verbindungen derart angeordnet, daß der Bandabstand der Werkstoffe von oben nach unten abnimmt; auf gleicher Höhe befindliche Verbindungen weisen annähernd gleiche Bandabstände auf.

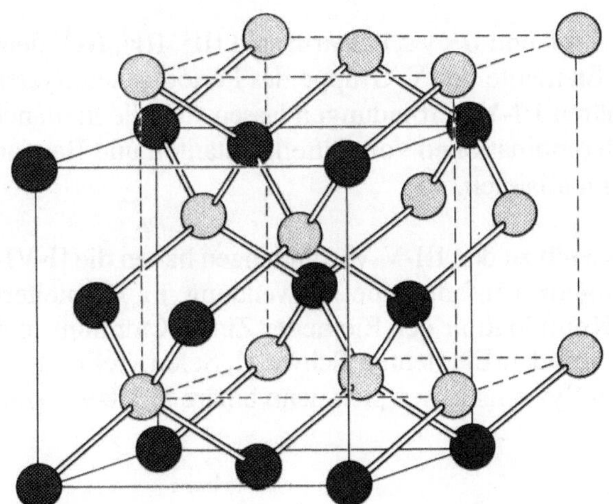

Bild 1.4
Zinkblendegitter

Die vorstehend aufgeführten III-V-Halbleiter kristallisieren im Zinkblendegitter (Bild 1.4). In Analogie zum Diamantgitter kann das Zinkblendegitter als Kombination zweier kubisch-flächenzentrierter Gitter (mit unterschiedlichen Atomsorten) dargestellt werden. Jedes Atom der III. Gruppe ist von vier Atomen der V. Gruppe in tetraedrischer Anordnung umgeben. Bei den Verbindungen Aluminiumphosphid, Aluminiumarsenid, Galliumphosphid und Aluminiumantimonid handelt es sich um indirekte Halbleiter; die restlichen fünf Verbindungen sind direkte Halbleiter.

Durch Kombination verschiedener Elemente der III. und V. Gruppe lassen sich ternäre oder quaternäre Halbleiter herstellen. Die ternären Halbleiter sind entweder vom Typ

$$III^1_{1-x}\text{-}III^2_x\text{-}V \quad \text{mit} \quad 0 \le x \le 1$$

oder vom Typ

$$III\text{-}V^1_{1-x}\text{-}V^2_x \quad \text{mit} \quad 0 \le x \le 1.$$

Mit III^1 und III^2 sind zwei verschiedene Elemente aus der III. Gruppe, mit V^1 und V^2 zwei verschiedene Elemente aus der V. Gruppe des Periodischen Systems bezeichnet. Bei den quaternären Halbleitern existieren folgende Varianten:

$$III^1_{1-x}\text{-}III^2_x\text{-}V^1_{1-y}\text{-}V^2_y,$$

$$III^1_{1-x-y}\text{-}III^2_x\text{-}III^3_y\text{-}V \quad \text{und} \quad III\text{-}V^1_{1-x-y}\text{-}V^2_x\text{-}V^3_y$$

mit $0 \le x \le 1$ und $0 \le y \le 1$. Darin sind III^1, III^2, III^3 Elemente der III. Gruppe, V^1, V^2, V^3 Elemente der V. Gruppe des Periodischen Systems. Mit den ternären und quaternären III-V-Verbindungen lassen sich die in manchen Bauelementen geforderten Kombinationen von Gitterkonstanten und Bandabständen in einem weiten Bereich realisieren.

Im Vergleich zu den III-V-Verbindungen haben die II-VI-Verbindungen bisher nur in geringem Umfang eine Anwendung in Halbleiterbauelementen gefunden. Durch Kombination der Elemente Zink, Kadmium und Quecksilber aus der II. Gruppe mit den Elementen Schwefel, Selen, Tellur aus der VI. Gruppe des Periodischen Systems lassen sich neun binäre II-VI-Verbindungen herstellen:

$$\underline{ZnS}$$

$$\underline{ZnSe} \qquad \underline{CdS}$$

$$\underline{ZnTe} \qquad \underline{CdSe} \qquad \underline{HgS}$$

$$\underline{CdTe} \qquad \underline{HgSe}$$

$$\underline{HgTe}$$

Die II-VI-Verbindungen kristallisieren entweder im Zinkblendegitter (Bild 1.4) oder im Wurtzitgitter (Bild 1.5). Die letztere Gitterstruktur hat eine hexagonale Elementarzelle, d.h. es existiert eine ausgeprägte Vorzugsrichtung (c-Achse). In o.a. Schema sind die Gitterstrukturen durch unterschiedliche Unterstreichungen gekennzeichnet (— Zinkblende, --- Wurtzit). Bei einigen II-VI-Verbindungen können beide Modifikationen auftreten. Beim Quecksilbersulfid existiert eine weitere Modifikation ("Zinnober").

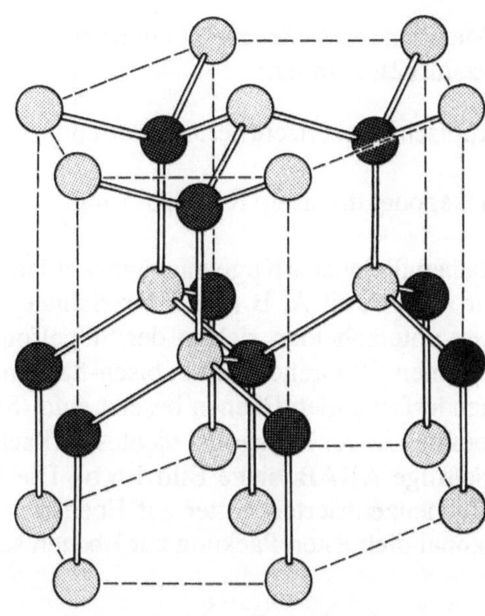

Bild 1.5
Wurtzitgitter

Zinksulfid, Zinkselenid, Kadmiumsulfid, Zinktellurid, Kadmiumselenid, Quecksilbersulfid (Zinnober) und Kadmiumtellurid sind direkte Halbleiter; bei Quecksilberselenid und -tellurid handelt es sich um Halbmetalle.

In Analogie zu den III-V-Verbindungen kann man auch ternäre und quaternäre II-VI-Verbindungen herstellen. Mit diesen Halbleiterwerkstoffen lassen sich wiederum bestimmte Kombinationen von Gitterkonstanten und Bandabständen realisieren. Auf diese Weise ist es auch möglich, III-V-Verbindungen (z.B. Galliumarsenid) als Substratmaterial für ternäre oder quaternäre II-VI-Halbleiter zu verwenden. In der Infrarot-Detektortechnik finden z.B. Halbleiter vom Typ $Cd_{1-x}Hg_xTe$ (Kadmium-Quecksilbertellurid) Verwendung.

Aus der Verbindung von Silizium und Kohlenstoff resultiert der Halbleiterwerkstoff Siliziumkarbid. Diese Verbindung kann in zahlreichen (ca. 100) Modifikationen, Polytypen genannt, vorkommen. Die Polytypen unterscheiden sich in der Stapelfolge bestimmter ebener Anordnungen von Silizium- bzw. Kohlenstoffatomen. Es seien hier ausschließlich die Positionen der Siliziumatome betrachtet; die Positionen der Kohlenstoffatome sind damit automatisch festgelegt. Das Prinzip unterschiedlicher Stapelfolgen soll zunächst am Beispiel der Metalle erläutert werden.

Bei den Metallen existieren zwei Gittertypen mit dichtester Kugelpackung (Koordinationszahl 12), nämlich:

- das kubisch-flächenzentrierte Gitter und

- die hexagonal dichteste Kugelpackung.

In den Ebenen dichtester Kugelpackung werden die drei Positionierungsmöglichkeiten der Atome mit A, B und C bezeichnet (Bild 1.6). Die beiden genannten Gittertypen unterscheiden sich in der Stapelfolge der Ebenen unterschiedlicher Atompositionen. Während beim kubisch-flächenzentrierten Gitter alle Positionen in aufeinanderfolgenden Ebenen besetzt sind (Stapelfolge ABCABC, siehe Bild 1.6 a), kommen in der hexagonal dichtesten Packung nur die Positionen A und B vor (Stapelfolge ABAB, siehe Bild 1.6 b). Die Stapelfolgen beziehen sich beim kubisch-flächenzentrierten Gitter auf Ebenen senkrecht zur [111]-Richtung, bei der hexagonal dichtesten Packung auf Ebenen senkrecht zur c-Achse.

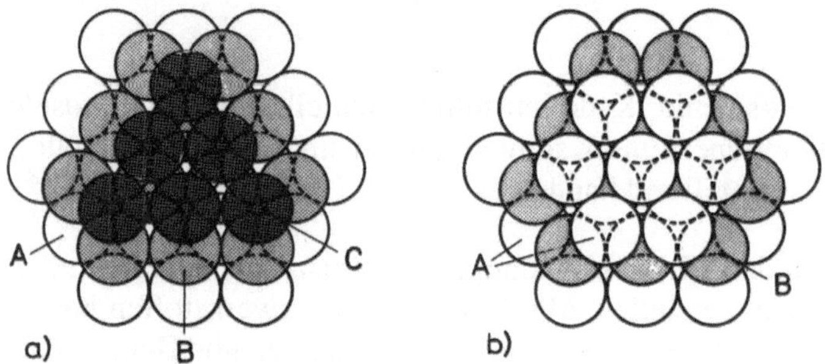

Bild 1.6   Stapelfolgen bei dichtesten Kugelpackungen
a) kubisch-flächenzentriertes Gitter
b) hexagonal dichteste Packung

Das Konzept unterschiedlicher Stapelfolgen läßt sich auf die räumliche Positionierung der Siliziumatome im Siliziumkarbid übertragen. In Bild 1.7 sind die Stapelfolgen der Siliziumatome mit den Positionen A, B, C für einige wichtige Polytypen des Siliziumkarbids angegeben.

Die Bezeichnung der Polytypen erfolgt durch die Angabe der Anzahl der Ebenen einer Stapelfolge, die zum Erreichen der Ausgangsposition (A) erforderlich sind, sowie durch einen Buchstaben, der die Form der Elementarzelle charakterisiert (C = kubisch, H = hexagonal, R = rhomboedrisch). Bei dem Polytyp 3C handelt es sich demnach - unter Mitberücksichtigung der Kohlenstoffatome - um ein Zinkblendegitter (Bild 1.4), während der Polytyp 2H ein Wurtzitgitter (Bild 1.5) aufweist. Der Polytyp 3C des Siliziumkarbids wird häufig auch als β-SiC bezeichnet, während alle übrigen Polytypen unter der Sammelbezeichnung α-SiC zusammengefaßt werden. Die Nahordnung ist bei allen Polytypen die gleiche, d.h. ein Siliziumatom ist tetraedrisch von vier Kohlenstoffatomen umgeben (und jedes Kohlenstoffatom ebenso von vier Siliziumatomen).

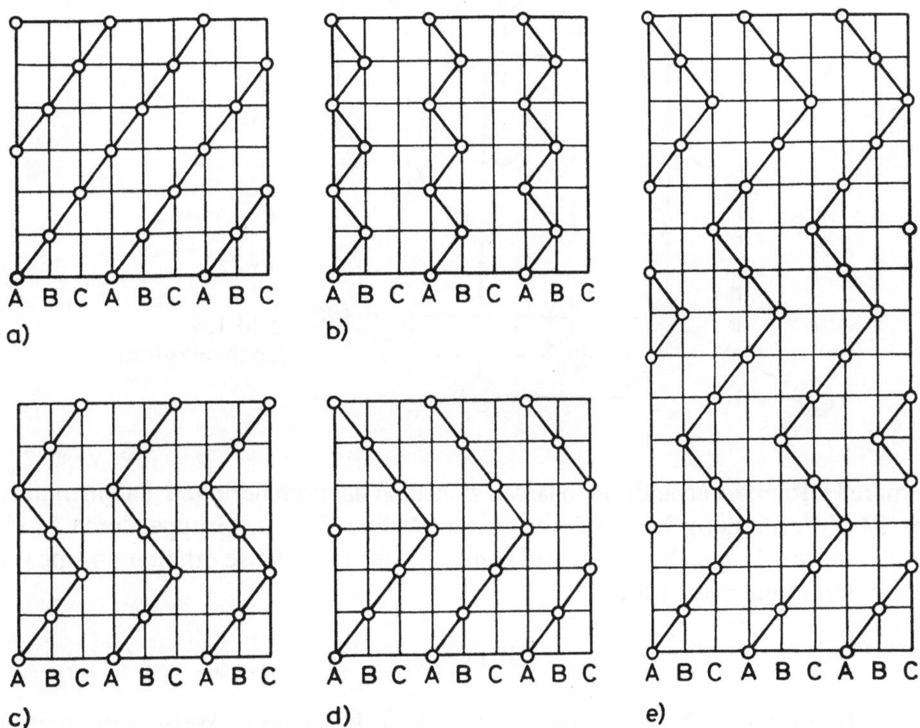

Bild 1.7   Stapelfolgen der Siliziumatome bei verschiedenen Polytypen des Siliziumkarbids

Siliziumkarbid ist - in allen Polytypen - ein indirekter Halbleiter. Der Bandabstand kann durch Wahl eines geeigneten Polytyps in bestimmten Grenzen (2,2 - 3,3 eV) variiert werden. Den kleinsten Bandabstand (2,2 eV) weist die kubische Modifikation (3C) auf; der größte Bandabstand (3,3 eV) ist bei der 2H-Modifikation (Wurtzitgitter) zu finden. Bei Siliziumkarbid sind somit Heteroübergänge ohne Änderung der Zusammensetzung des Halbleitermaterials möglich.

Der 6H-Polytyp des Siliziumkarbids (Bandabstand 2,8 eV) wird zur Herstellung von blauen Leuchtdioden eingesetzt.

Zur Herstellung von optoelektronischen Bauelementen im Bereich der Infrarottechnik werden die Bleichalkogenide Bleisulfid, -selenid und -tellurid eingesetzt. Diese Werkstoffe kristallisieren in Kochsalzgitter (Koordinationszahl 6, Bild 1.8). Es handelt sich um direkte Halbleiter.

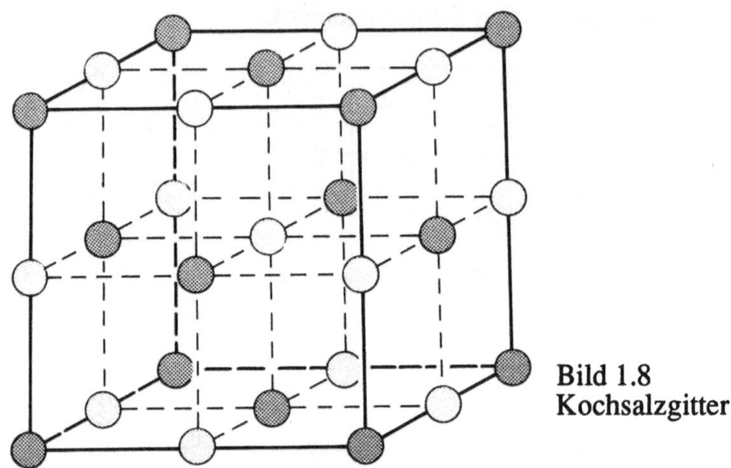

Bild 1.8
Kochsalzgitter

Ternäre Halbleiterverbindungen lassen sich auch dadurch herleiten, daß man in einer III-V-Verbindung beispielsweise zwei Atome der III. Gruppe durch je ein Atom aus der II. und IV. Gruppe substituiert. Auf diese Weise erhält man eine ternäre Verbindung vom Typ

$$II\text{-}IV\text{-}V_2,$$

beispielsweise Zink-Siliziumarsenid ($ZnSiAs_2$). In analoger Weise kann man in einer II-VI-Verbindung zwei Atome der II. Gruppe durch je ein Atom aus der I. und III. Gruppe ersetzen; die daraus resultierende Verbindung ist vom Typ

$$I\text{-}III\text{-}VI_2$$

(Beispiel Kupfer-Indiumselenid $CuInSe_2$).

Die vorstehend genannten Verbindungen kristallisieren im Chalkopyritgitter (Bild 1.9). Die Elementarzelle ist tetragonal; sie kann als Analogon zweier übereinandergesetzter Elementarzellen des Zinkblendegitters aufgefaßt werden. Es ist daher ein epitaktisches Wachstum auf einer III-V-Verbindung möglich.

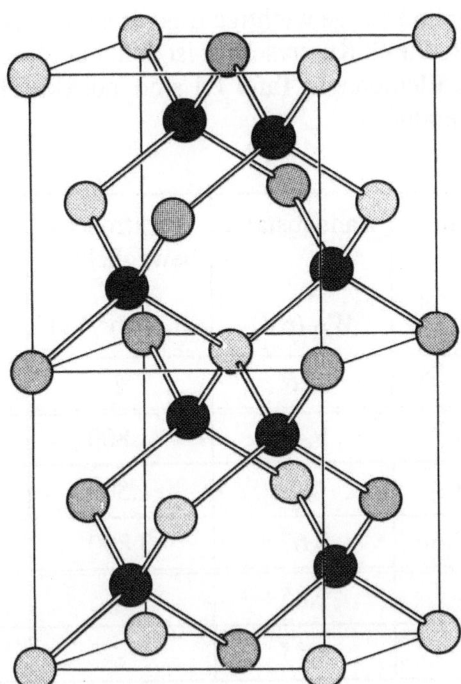

Bild 1.9
Chalkopyritgitter

Abschließend sei bemerkt, daß in diesem Abschnitt keineswegs alle technisch relevanten Verbindungshalbleiter aufgeführt werden konnten. Es müßten beispielsweise oxidische Halbleiter zur Herstellung von NTC-Widerständen sowie Werkstoffe für thermoelektrische Anwendungen (Verbindungen von Wismut, Antimon
und Tellur) hinzugefügt werden.

1.2 Halbleitereigenschaften

In diesem Abschnitt sollen die anwendungstechnisch relevanten Halbleitereigenschaften besprochen werden. Dazu gehören insbesondere der Bandabstand, die
Ladungsträgerbeweglichkeiten und die Wärmeleitfähigkeit. Die bei der Kristallzucht und bei der Herstellung von Halbleiterbauelementen wichtigen Eigenschaften (z.B. Schmelzpunkt, thermischer Ausdehnungskoeffizient) werden in den
technologisch orientierten Kapiteln erläutert. Einige spezielle Halbleitereigenschaften werden in Zusammenhang mit der Technologie der Bauelemente erörtert.

In Tafel 1.1 sind einige wichtige Eigenschaften der elementaren Halbleiter zusammengestellt. Durch Kursivschrift ist Tellur als direkter Halbleiter gekennzeichnet; die übrigen Elemente in Tafel 1.1 sind indirekte Halbleiter. Alle Werte gelten für Raumtemperatur.

Halbleiter	Bandabstand W_G (eV)	Elektronen-beweglichkeit μ_n (cm²/Vs)	Löcher-beweglichkeit μ_p (cm²/Vs)	Wärme-leitfähigkeit κ (W/cmK)
Bor	1,6	?	0,03	0,1
Diamant	5,49	1.800	1.400	~ 20
Silizium	1,11	1.500	500	1,56
Germanium	0,67	3.800	1.500	0,61
Selen	1,85	-	30	$4{,}5 \cdot 10^{-2}$
Tellur	*0,33*	-	*1.000*	$2{,}3 \cdot 10^{-2}$

Tafel 1.1   Bandabstand, Elektronen- und Löcherbeweglichkeit sowie Wärmeleitfähigkeit der elementaren Halbleiter /1.1, 1.2/

Unter den elementaren Halbleitern weist Silizium einen für viele elektronische Anwendungen nahezu optimalen Bandabstand auf. Bei geringerem Bandabstand treten z.B. hohe Sperrströme an pn-Übergängen auf, welche die Einsatzfähigkeit der Bauelemente einschränken. Bei Halbleitern mit wesentlich höherem Bandabstand (z.B. Diamant) ist die Ionisierungsenergie der Störstellen für viele elektronische Anwendungen (bei Raumtemperatur) zu hoch.

Aus Tafel 1.1 geht weiter hervor, daß die Ladungsträgerbeweglichkeiten in Germanium deutlich höher als in Silizium sind. Es ist jedoch darauf hinzuweisen, daß die in Tafel 1.1 angegebenen Werte für sehr reine (schwach dotierte) Halbleiter gelten. Bei stärker dotierten Halbleiterwerkstoffen sind die Unterschiede der Beweglichkeiten weniger ausgeprägt. Wie in Abschnitt 1.2 ausgeführt, sind die Einsatzmöglichkeiten für Selen und Tellur durch die Tatsache eingeschränkt, daß diese Halbleiter nur in p-leitender (oder eigenleitender) Form vorkommen.

Als herausragende Eigenschaft des Diamanten ist die extrem hohe Wärmeleitfähigkeit zu nennen. Es ist jedoch zu betonen, daß der in Tafel 1.1 genannte Wert nur für extrem reine Diamanten mit hoher Kristallperfektion gilt. Für integrierte Schaltungen mit hoher Leistungsdichte ist die Tatsache von Bedeutung, daß Silizium eine höhere Wärmeleitfähigkeit als Germanium (und Galliumarsenid) aufweist.

Bild 1.10 zeigt den Bandabstand der Germanium/Siliziumlegierungen in Abhängigkeit von der Zusammensetzung. Wie daraus hervorgeht, dominiert bis zu einem Siliziumgehalt von 15 % das Leitungsbandminimum des Germaniums; bei höherem Siliziumgehalt ist das Leitungsbandminimum des Siliziums maßgebend.

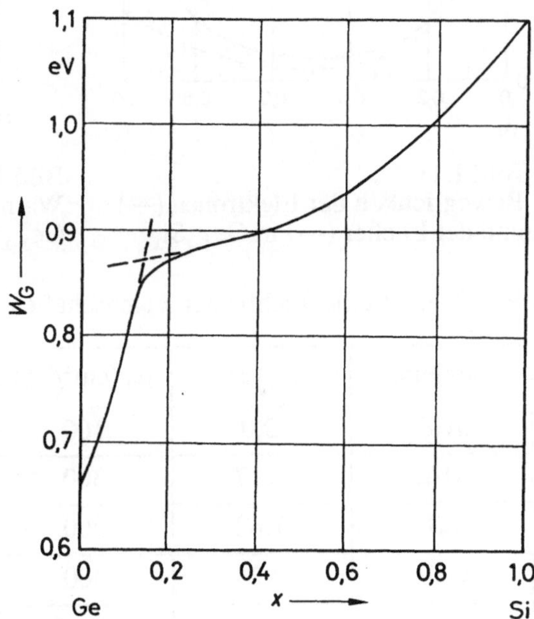

Bild 1.10
Bandabstand W_G der
Legierungen $Ge_{1-x}Si_x$

Im Bild 1.11 sind die Elektronen- und Löcherbeweglichkeiten in Germanium/Siliziumlegierungen in Abhängigkeit von der Zusammensetzung dargestellt. Wie daraus hervorgeht, bewirkt bereits ein geringer Siliziumzusatz in Germanium eine starke Reduktion der Beweglichkeiten. Umgekehrt werden auch durch einen geringen Germaniumzusatz die Beweglichkeiten des Siliziums stark beeinträchtigt. Ein ähnliches Verhalten weist die Wärmeleitfähigkeit in Abhängigkeit von der Legierungszusammensetzung auf (Bild 1.12).

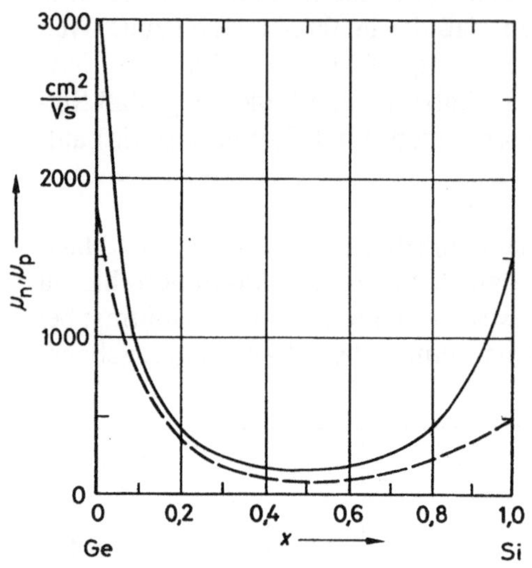

Bild 1.11
Beweglichkeit der Elektronen (——)
und der Löcher (---) in $Ge_{1-x}Si_x$

Bild 1.12
Wärmeleitfähigkeit der Legierungen
$Ge_{1-x}Si_x$

Tafel 1.2 enthält die wichtigsten Eigenschaften der III-V-Halbleiter.

Halbleiter	W_G (eV)	μ_n (cm^2/Vs)	μ_p (cm^2/Vs)	κ (W/cmK)
AlP	3,0	100	?	0,90
AlAs	2,17	300	100	?
AlSb	1,62	200	400	0,52
GaP	2,24	300	200	0,77
GaAs	*1,43*	*8.000*	*400*	*0,44*
GaSb	*0,67*	*4.000*	*1.000*	*0,35*
InP	*1,34*	*5.000*	*200*	*0,70*
InAs	*0,35*	*30.000*	*500*	*0,25*
InSb	*0,18*	*80.000*	*800*	*0,20*

Tafel 1.2   Bandabstand, Elektronen- und Löcherbeweglichkeiten sowie
Wärmeleitfähigkeit der III-V-Verbindungen /1.1/

Hervorzuheben ist u.a. die Tatsache, daß die III-V-Verbindungen infolge des ionischen Bindungsanteils einen höheren Bandabstand als die entsprechenden elementaren Halbleiter aufweisen. Ferner sei auf die für verschiedene Halbleiterbauelemente günstige Kombination von optimalem Bandabstand und hoher Elektronenbeweglichkeit bei den Halbleiterwerkstoffen Galliumarsenid und Indiumphosphid hingewiesen. Die höchsten Werte der Elektronenbeweglichkeit sind bei den Halbleiterwerkstoffen Indiumarsenid und Indiumantimonid zu finden; infolge des geringen Bandabstandes scheiden diese Werkstoffe jedoch für die meisten Anwendungen bei Raumtemperatur aus. Die Wärmeleitfähigkeit zeigt eine mit steigender mittlerer Atommasse fallende Tendenz.

In Bild 1.13 ist die Temperaturabhängigkeit der Eigenkonzentration n_i für Silizium, Germanium und verschiedene III-V-Verbindungen dargestellt.

Bild 1.13
Eigenkonzentration n_i
in Abhängigkeit von
der Temperatur für
verschiedene Halbleiter
(*Arrhenius*darstellung)

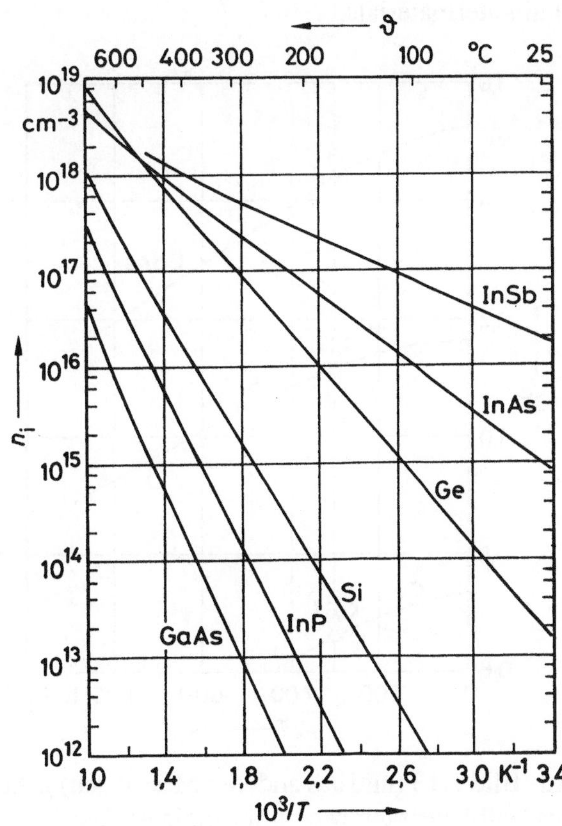

Die Eigenkonzentration eines Halbleiters kann durch die Formel

$$n_\mathrm{i} = N^* \exp\left(\frac{-W_\mathrm{G}}{2kT}\right),\tag{1.2}$$

beschrieben werden, wobei die mittlere effektive Zustandsdichte N^* für die meisten Halbleiter von gleicher Größenordnung ist.

Die Eigenkonzentration spielt bei vielen Bauelementen eine wesentliche Rolle für die Beurteilung des Halbleitermaterials. Ist beispielsweise die Funktionsfähigkeit eines Bauelementes mit der Forderung verknüpft, daß die Eigenkonzentration einen bestimmten Wert (z.B. 10^{14} cm^{-3}) nicht überschreitet, so geht aus Gl. (1.2) bzw. Bild 1.13 bei einem vorgegebenen Halbleiter die maximal mögliche Betriebstemperatur des Bauelementes hervor. Ist andererseits eine bestimmte Betriebstemperatur gefordert, so liefern Gl. (1.2) bzw. Bild 1.13 ein Kriterium für den erforderlichen Bandabstand und damit für die Auswahl des zu verwendenden Halbleitermaterials.

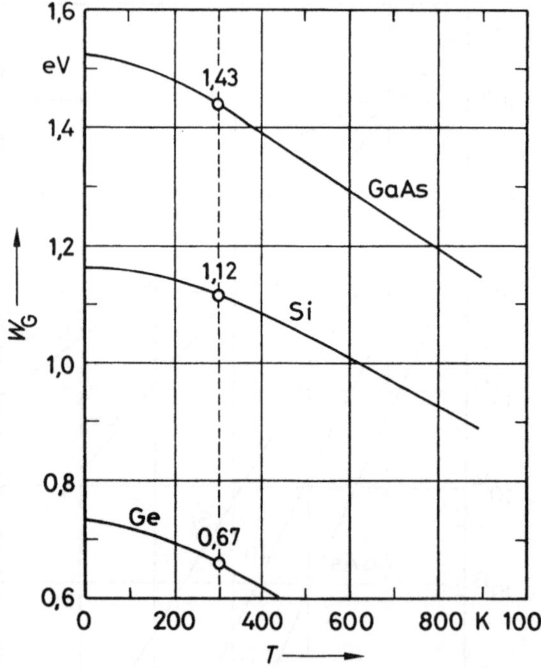

Bild 1.14
Temperaturabhängigkeit
des Bandabstandes W_G
von Germanium, Silizium
und Galliumarsenid (gestrichelt: Raumtemperatur)

Aus Bild 1.13 (und aus anderen Messungen) geht hervor, daß der Bandabstand eines Halbleiters temperaturabhängig ist. Die Temperaturabhängigkeit der mittleren effektiven Zustandsdichte ist dabei aus theoretischen Überlegungen zu entnehmen. Bild 1.14 zeigt den Bandabstand von Germanium, Silizium und Galliumarsenid in Abhängigkeit von der Temperatur. Ein ähnliches Verhalten (d.h. abnehmender Bandabstand mit steigender Temperatur) weisen auch die anderen III-V-Halbleiter sowie die II-VI-Halbleiter (d.h. generell Halbleiter mit tetraedrischer Koordination der Atome) auf.

Ternäre III-V-Verbindungen werden insbesondere verwendet, wenn ein Bandabstand erforderlich ist, der mit binären Halbleiterwerkstoffen nicht realisiert werden kann. Die diesbezüglichen Möglichkeiten bei III-V-Verbindungen sind in Bild 1.15 zusammengestellt. Da derartige Werkstoffe häufig für optoelektronische Bauelemente eingesetzt werden, ist in Bild 1.15 neben dem Bandabstand W_G die Wellenlänge

$$\lambda_G = \frac{hc}{W_G} \tag{1.3}$$

der bei Band-Band-Übergängen emittierten Strahlung angegeben (h = *Planck*sches Wirkungsquantum, c = Lichtgeschwindigkeit).

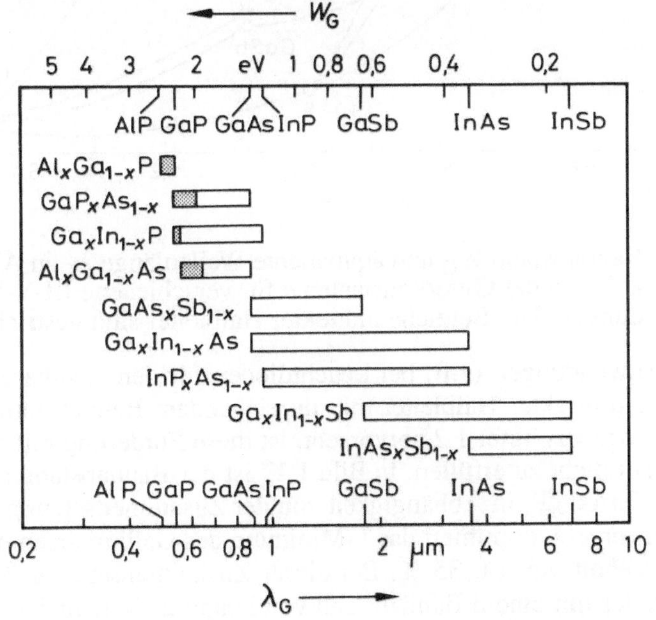

Bild 1.15   Bereiche des Bandabstandes W_G und der äquivalenten Wellenlänge λ_G für verschiedene ternäre III-V-Verbindungen. Die Bereiche indirekter Halbleiter sind gerastert.

In der Praxis ist es häufig erforderlich, eine bestimmte Kombination Bandabstand/Gitterkonstante zu realisieren. Die wichtigsten Kombinationsmöglichkeiten gehen aus Bild 1.16 hervor. Die Verbindungslinien zeigen den Zusammenhang zwischen dem Bandabstand und der Gitterkonstante bei ternären Verbindungen vom Typ III^1_{1-x}-III^2_x-V oder vom Typ III-V^1_{1-x}-V^2_x. Es ist wiederum die äquivalente Wellenlänge gemäß Gl. (1.3) angegeben.

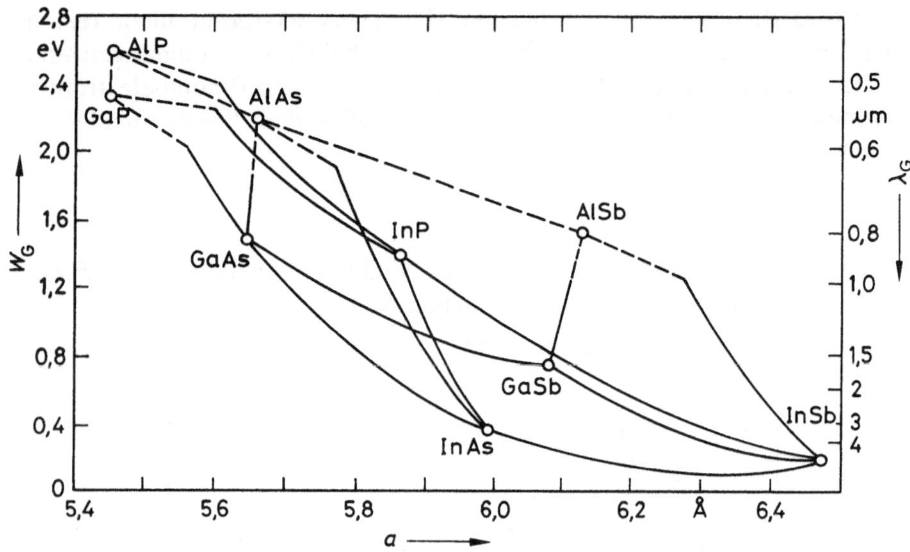

Bild 1.16   Bandabstand W_G und äquivalente Wellenlänge λ_G in Abhängigkeit von der Gitterkonstanten a für verschiedene III-V-Verbindungen. Die Bereiche indirekter Halbleiter sind gestrichelt.

In manchen Anwendungen (z.B. bei Leuchtdioden für den sichtbaren Spektralbereich) wird ein direkter Halbleiter mit hinreichendem Bandabstand ($W_G \geq 1,7$ eV) gefordert. Wie aus Tafel 1.2 hervorgeht, ist diese Forderung mit den binären III-V-Halbleitern nicht zu erfüllen. In Bild 1.17 ist der Bandabstand der ternären Verbindungen $GaAs_{1-x}P_x$ in Abhängigkeit von der Zusammensetzung dargestellt. Wie daraus hervorgeht, dominiert das Γ-Minimum des Galliumarsenids bis zu einem Phosphorgehalt von ca. 35 %. Bei dieser Zusammensetzung läßt sich ein direkter Halbleiter mit einem Bandabstand von knapp 2 eV realisieren. Ein ähnliches Verhalten weisen ternäre Halbleiter vom Typ $Ga_{1-x}Al_xAs$ auf (Bild 1.18). In dem - technologisch schwierigen - System $Ga_{1-x}In_xP$ ist ein direkter Halbleiter mit einem Bandabstand von ca. 2,3 eV möglich.

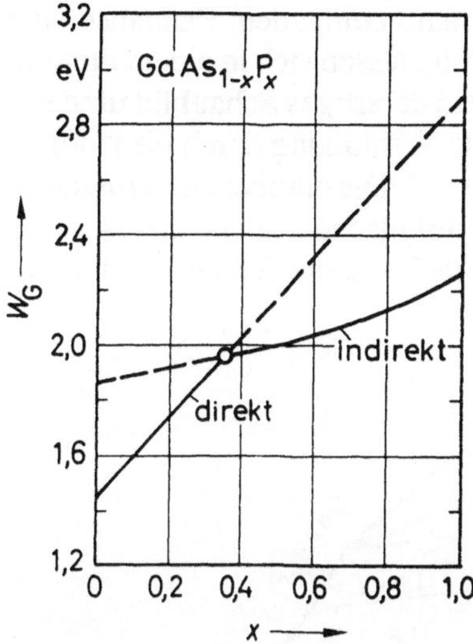

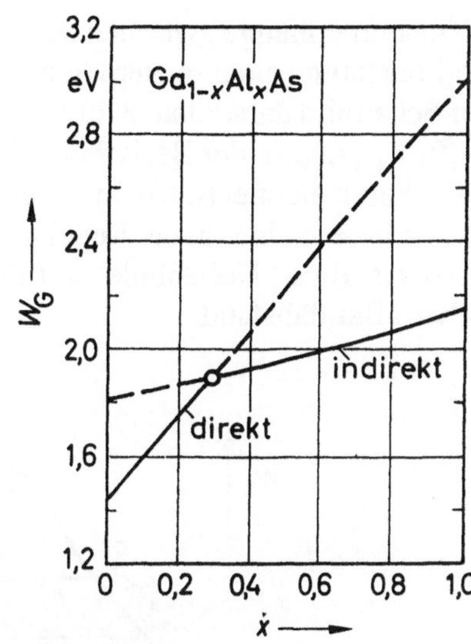

Bild 1.17
Bandabstand W_G als Funktion
des Phosphorgehaltes x im
System GaAs$_{1-x}$P$_x$

Bild 1.18
Bandabstand W_G als Funktion
des Aluminiumgehaltes x im
System Ga$_{1-x}$Al$_x$As

Die Wärmeleitfähigkeit ternärer Verbindungen mit statistischer Verteilung zweier
Elemente der III. Gruppe bzw. zweier Elemente der V. Gruppe liegt deutlich
unter derjenigen der binären III-V-Verbindungen (Bild 1.19).

Bild 1.19
Wärmeleitfähigkeit κ
als Funktion der
Zusammensetzung x
bei den Verbindungen
Ga$_{1-x}$In$_x$As

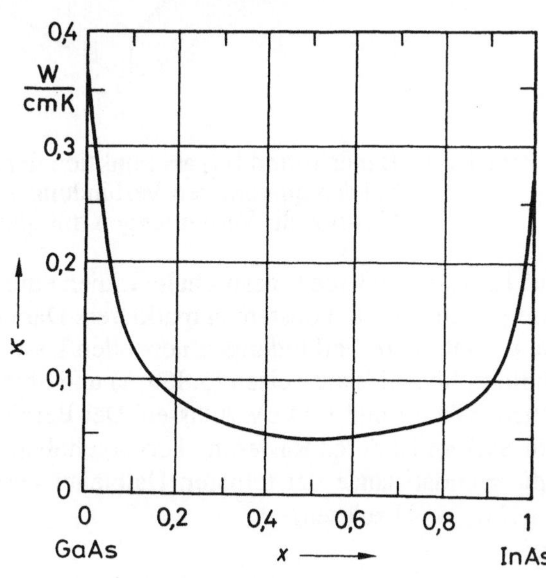

Die Zusammenhänge zwischen der Zusammensetzung, dem Bandabstand und der Gitterkonstanten einer quaternären Verbindung lassen sich in einem dreidimensionalen Schaubild darstellen. Bild 1.20 zeigt ein derartiges Schaubild für das System $Ga_{1-x}In_xP_{1-y}As_y$. In der Basisebene wird jede Verbindung durch die Koordinaten x und y gekennzeichnet (mit $0 \leq x \leq 1$ und $0 \leq y \leq 1$). Die darüber aufgetragenen Bandabstände liefern eine (in der Regel gekrümmte) Fläche, welche dieses System charakterisiert. Eine "Höhenlinie" auf dieser Fläche kennzeichnet Verbindungen mit gleichem Bandabstand.

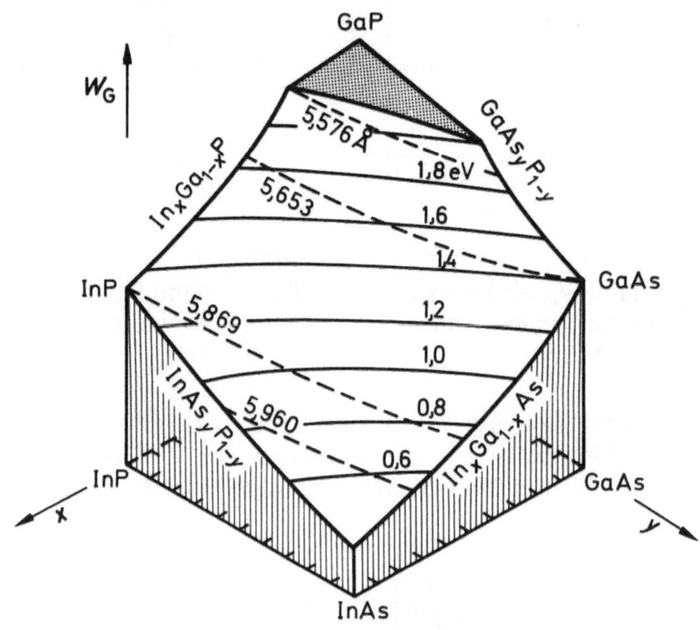

Bild 1.20   Bandabstand W_G als Funktion der Zusammensetzung x, y
bei den quaternären Verbindungen $Ga_{1-x}In_xP_{1-y}As_y$.
Gestrichelt: Verbindungen mit gleichen Gitterkonstanten.

In Bild 1.20 sind außerdem gestrichelte Linien eingezeichnet, welche Verbindungen mit gleichen Gitterkonstanten markieren. Daraus geht beispielsweise hervor, daß sich quaternäre Verbindungen herstellen lassen, welche die Gitterkonstante des Indiumphosphids aufweisen (5,869 Å) und eine Variation des Bandabstandes zwischen 0,75 eV und 1,34 eV zulassen. Der Bereich der indirekten Halbleiter in diesem System ist durch Rasterung hervorgehoben. An den Flächenberandungen sind die Bandabstände der ternären Halbleiter $GaAs_yP_{1-y}$, $In_xGa_{1-x}P$, $InAs_yP_{1-y}$ und $In_xGa_{1-x}As$ abzulesen.

Die wichtigsten Eigenschaften der in Abschnitt 1.1.2 genannten II-VI-Verbindungen sind in Tafel 1.3 zusammengestellt. Es handelt sich um direkte Halbleiter, ausgenommen Quecksilberselenid und -tellurid (Halbmetalle). Bei Quecksilbersulfid sind Werte der trigonalen Modifikation (Zinnober) angegeben.

Halbleiter	W_G (eV)	μ_n (cm^2/Vs)	μ_p (cm^2/Vs)	κ (W/cmK)
ZnS	3,7	200	-	0,27
ZnSe	2,7	500	-	0,19
ZnTe	2,3	-	300	0,18
CdS	2,5	300	-	0,20
CdSe	1,8	600	-	0,09
CdTe	1,4	1.000	100	0,06
HgS	2,1	50	-	?
HgSe	- 0,06	20.000	-	?
HgTe	- 0,11	30.000	300	?

Tafel 1.3   Bandabstand, Elektronen- und Löcherbeweglichkeiten sowie Wärmeleitfähigkeit der II-VI-Verbindungen /1.3/

Der Bandabstand der halbleitenden binären II-VI-Verbindungen ist verhältnismäßig hoch. In einigen Fällen sind in Tafel 1.3 keine Werte für die Elektronen- oder Löcherbeweglichkeit angegeben. Das bedeutet, daß der entsprechende Leitungstyp nicht vorkommt oder daß Werkstoffe dieses Leitungstyps nur mit sehr geringer Leitfähigkeit hergestellt werden können; diese sind in der Regel für Halbleiterbauelemente nicht verwendbar.

Wie bereits erwähnt, werden in einigen Bauelementen Kombinationen von Halbleiterwerkstoffen benötigt, welche die gleiche Gitterkonstante haben und dabei unterschiedliche Bandabstände aufweisen. In Bild 1.21 sind die Gitterkonstanten und die Bandabstände der elementaren Halbleiter (Silizium, Germanium, α-Zinn), der III-V-Halbleiter und der II-VI-Halbleiter zusammengestellt. Wie daraus hervorgeht, weisen beispielsweise die Halbleiter Germanium, Galliumarsenid, Aluminiumarsenid und Zinkselenid (nahezu) übereinstimmende Gitterkonstanten auf, während die Bandabstände stark differieren.

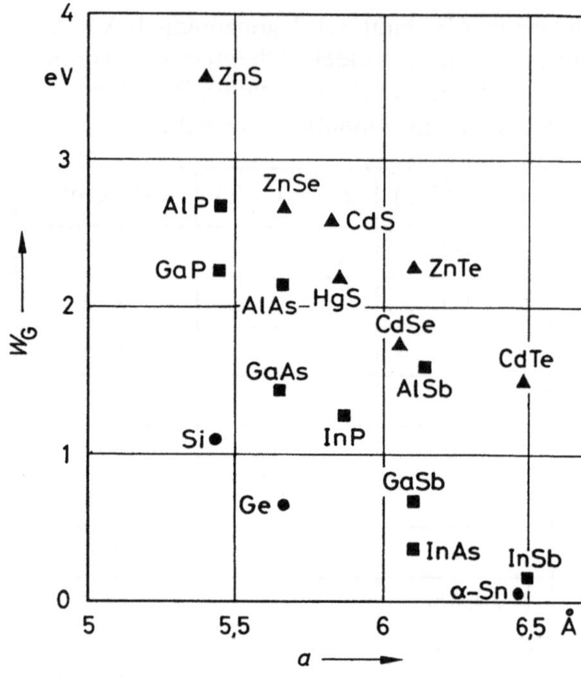

Bild 1.21
Gitterkonstante a und
Bandabstand W_G von
elementaren Halblei-
tern sowie von III-V-
und II-VI-Verbindun-
gen

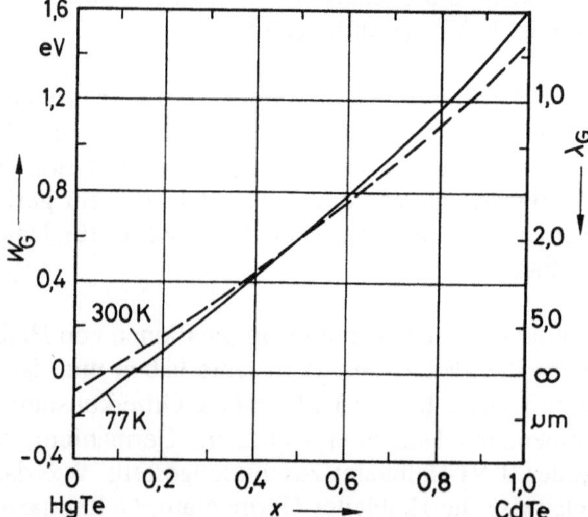

Bild 1.22
Bandabstand W_G in Abhängigkeit vom Kadmi-
umgehalt x im System
$Hg_{1-x}Cd_xTe$

Mit ternären II-VI-Verbindungen können Halbleiterwerkstoffe bereitgestellt werden, die einen großen Bereich von Bandabständen abdecken. Besonders wichtig
für die Infrarot-Detektortechnik sind Halbleiter vom Typ $Hg_{1-x}Cd_xTe$ (Kadmium-

Quecksilbertellurid). Bild 1.22 zeigt den Bandabstand in diesem System als Funktion des Kadmiumgehaltes bei Raumtemperatur und bei 77 K. Wie daraus hervorgeht, sind Verbindungen mit einem Kadmiumgehalt unter 15 % bei 77 K Halbmetalle, während sich durch Verbindungen mit größerem Kadmiumgehalt Halbleiter mit einem Bandabstand im Bereich $0 \leq W_G \leq 1,6$ eV realisieren lassen.

Wie in Abschnitt 1.1.2 bereits erwähnt, existieren bei Siliziumkarbid zahlreiche Polytypen, die sich u.a. im Bandabstand unterscheiden. Es ist daher - im Prinzip - möglich, aus Siliziumkarbid Heteroübergänge herzustellen, welche eine perfekte Gitteranpassung zweier Bereiche mit unterschiedlichem Bandabstand aufweisen. Aus Tafel 1.4 sind die Bandabstände für die wichtigsten Polytypen zu entnehmen. Die Angaben für die Beweglichkeiten sind nur als Abschätzung zu verstehen, da die Herstellung perfekter, hochreiner SiC-Kristalle sehr schwierig ist. Ähnliches gilt für die Angabe der Wärmeleitfähigkeit. Alle Polytypen des Siliziumkarbids sind indirekte Halbleiter.

W_G (eV)					μ_n (cm^2/Vs)	μ_p (cm^2/Vs)	κ (W/cmK)
3C	2H	4H	6H	15R			
2,2	3,3	3,2	2,8	2,9	1.000	50	4,9

Tafel 1.4   Bandabstände verschiedener Polytypen von Siliziumkarbid, Elektronen- und Löcherbeweglichkeiten, Wärmeleitfähigkeit /1.1/

Im Vergleich zu Silizium weist Siliziumkarbid (in allen Polytypen) einen wesentlich höheren Bandabstand und eine erheblich höhere Wärmeleitfähigkeit auf. Die Löcherbeweglichkeit ist bei Siliziumkarbid dagegen deutlich geringer als bei Silizium. Im Vergleich zu Diamant ist die Wärmeleitfähigkeit des Siliziumkarbids erheblich geringer. Andererseits ist die Dotierbarkeit des Siliziumkarbids - insbesondere hinsichtlich des n-Typs - wesentlich besser als bei Diamant.

Die anwendungstechnisch relevanten Eigenschaften der Bleichalkogenide (Bleisulfid, -selenid und -tellurid) sind in Tafel 1.5 aufgelistet. Es ist darauf hinzuweisen, daß in der Reihe mit steigender Atommasse der Chalkogenide beim Bleiselenid ein Minimum des Bandabstandes durchlaufen wird. Ferner ist bemerkenswert, daß bei den Bleichalkogeniden der Bandabstand einen positiven Temperaturkoeffizienten aufweist. Der genaue Verlauf der Temperaturabhängigkeit des Bandabstandes ist in Bild 1.23 dargestellt. Alle Bleichalkogenide sind direkte Halbleiter.

Halbleiter	W_G (eV)	dW_G/dT (meV/K)	μ_n (cm^2/Vs)	μ_p (cm^2/Vs)
PbS	*0,41*	*0,52*	*700*	*1.000*
PbSe	*0,28*	*0,51*	*1.000*	*1.000*
PbTe	*0,31*	*0,45*	*1.700*	*800*

Tafel 1.5   Bandabstand, Temperaturbeiwert des Bandabstandes, Elektronen-
und Löcherbeweglichkeit der Bleichalkogenide /1.4/

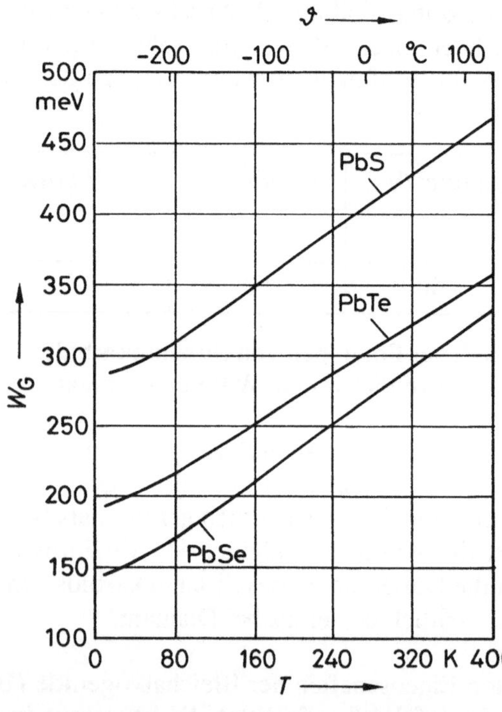

Bild 1.23
Temperaturabhängigkeit
des Bandabstandes W_G
der Bleichalkogenide

Bei den optoelektronischen Bauelementen für den Infrarotbereich ist u.U. die
exakte Einstellung des Bandabstandes sehr wichtig. Wie aus Bild 1.24 hervorgeht, läßt sich der Bandabstand bei ternären Bleichalkogeniden (bei 77 K) innerhalb eines Bereiches von 0,22 eV (Bleitellurid) bis 0,31 eV (Bleisulfid) variieren.
Kleinere Bandabstände (einschließlich W_G = 0) können mit ternären Verbindungen, die Zinn enthalten, realisiert werden. Im Falle des Bleiselenids ist eine Substitution von Blei durch Zinn nur bis etwa 40 % möglich, da Zinnselenid eine
andere Gitterstruktur (orthorhombisch) aufweist. Eine Erhöhung des Bandab-

standes ist durch eine partielle Substitution des Bleis durch Germanium oder Kadmium möglich.

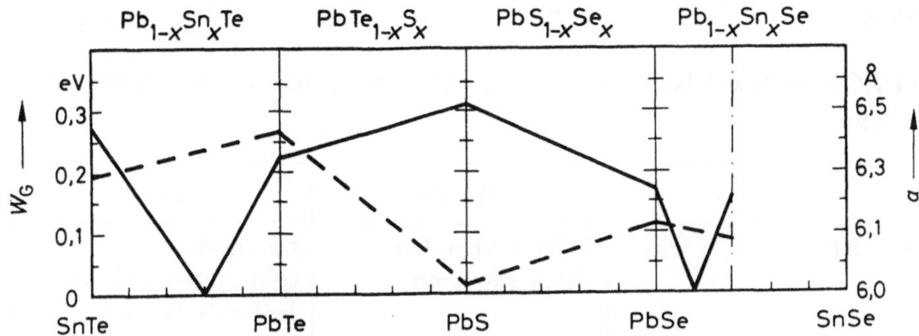

Bild 1.24   Bandabstand W_G und Gitterkonstante a für ternäre Blei-(Zinn-) Chalkogenide

1.3 Halbleiterbauelemente

Eine Einteilung der Halbleiterbauelemente kann nach unterschiedlichen Gesichtspunkten erfolgen, beispielsweise nach der Anzahl der Anschlüsse oder nach der Art der Eingangs- und Ausgangssignale. In diesem Abschnitt sollen in erster Linie Kriterien herangezogen werden, die eine Auswahl unter den Halbleiterwerkstoffen ermöglichen.

Bei allen hier betrachteten Bauelementen muß - in Abhängigkeit von der maximalen Betriebstemperatur - ein Mindestbandabstand gefordert werden, wobei die Bedingung

$$W_G \gg kT \qquad (1.4)$$

einzuhalten ist. Für den Betrieb bei Raumtemperatur kann ein Bandabstand $W_G = $ 0,5 eV als Untergrenze genannt werden. Für viele elektronische Anwendungen ist allerdings ein wesentlich höherer Bandabstand erforderlich, welcher beispielsweise mit Silizium (1,12 eV) oder Galliumarsenid (1,43 eV) realisiert wird. Zur Herstellung von Bauelementen mit bipolaren Eigenschaften muß ferner die Existenz von p- und n-leitenden Bereichen mit hinreichender Leitfähigkeit gefordert werden. Im Falle von Anwendungen in der Nachrichten- und Digitaltechnik muß darüber hinaus eine hinreichende Elektronen- und Löcherbeweglichkeit vorhanden sein. Als Halbleiterwerkstoffe kommen in diesem Falle Germanium, Silizium, Galliumarsenid, Indiumphosphid und - möglicherweise - Diamant in Frage. Die Verwendung von Galliumantimonid bietet (gegenüber Germanium) keine Vorteile. Es können auch geeignete ternäre III-V-Verbindungen eingesetzt werden.

Tafel 1.6 zeigt eine Übersicht über die wichtigsten elektronischen Halbleiterbauelemente.

	unipolar	bipolar
Dioden	*Schottky*-Dioden *Gunn*-Elemente	pn-Dioden (pin-, psn-Dioden) IMPATT-Dioden
Transistoren	Feldeffekttransistoren (JFET, MeSFET, MOSFET, TFT)	Bipolartransistoren (npn-, pnp-)
Vierschichtbauelemente	-	Thyristoren (rückwärtssperrend, rückwärtsleitend)

Tafel 1.6   Übersicht über elektronische Halbleiterbauelemente (Auswahl)

Zur Herstellung unipolarer Bauelemente können alle Werkstoffe herangezogen werden, die einen hinreichenden Bandabstand und eine hohe Elektronen- oder Löcherbeweglichkeit aufweisen. Neben den obengenannten Werkstoffen sind für die Herstellung von Feldeffekttransistoren u.a. Siliziumkarbid und einige II-VI-Verbindungen geeignet. Besonders hinzuweisen ist an dieser Stelle auf die Tatsache, daß sich Galliumarsenid und Indiumphosphid auf Grund des hohen Bandabstandes (1,43 bzw. 1,34 eV) auch in semiisolierender Form, d.h. mit einem spezifischen Widerstand $\rho > 10^8$ Ωcm, herstellen lassen. Dieses Material kann u.a. als Substratmaterial für Feldeffekttransistoren verwendet werden.

Für die Herstellung von Elektronentransferbauelementen (*Gunn*-Dioden) ist ein Halbleitermaterial mit spezieller Bandstruktur erforderlich. Der energetische Abstand W_{21} zwischen dem niedrigsten Minimum des Leitungsbandes und dem nächsthöheren Minimum muß kleiner als der Bandabstand W_G sein, d.h. es ist die Bedingung

$$kT \ll W_{21} < W_G \tag{1.5}$$

zu erfüllen. Außerdem muß die Beweglichkeit der Elektronen im niedrigsten Minimum deutlich größer als im nächsthöheren Minimum sein ($\mu_1 \gg \mu_2$). Als Halbleiterwerkstoffe für diese Anwendung kommen insbesondere Galliumarsenid und Indiumphosphid in Frage.

Bei den Bauelementen der Leistungselektronik stehen für die Werkstoffauswahl folgende Kriterien im Vordergrund:

- Geringer Sperrstrom,

- hohe Durchbruchfeldstärke,

- gute Wärmeableitung.

Die beiden erstgenannten Kriterien begünstigen Halbleiterwerkstoffe mit hohem Bandabstand. Hohe Werte der Wärmeleitfähigkeit weisen insbesondere Diamant, Siliziumkarbid und Silizium auf. Gegenwärtig werden die Bauelemente der Leistungselektronik ausschließlich aus Silizium hergestellt. Es ist jedoch denkbar, daß in Zukunft auch Siliziumkarbid und Diamant zur Herstellung spezieller Bauelemente der Leistungselektronik herangezogen werden.

Eine Einteilung der optoelektronischen Bauelemente ist nach einem Schema gemäß Tafel 1.7 möglich. Als Hauptkriterium ist dabei die Art der Energiewandlung gewählt.

Wandlungsprinzip	Bauelemente	Anwendungen
elektrisch → optisch	Leuchtdioden, LED (inkohärent)	Anzeigetechnik
		Nachrichtentechnik
	Injektionslaser, LD (kohärent)	Meßtechnik
optisch → elektrisch	Photodioden, Lawinenphotodioden, Phototransistoren	Nachrichtentechnik, Meßtechnik
	Solarzellen	Energieerzeugung

Tafel 1.7   Übersicht über optoelektronische Halbleiterbauelemente

Bei der Auswahl der Halbleiterwerkstoffe für optoelektronische Bauelemente spielt die Anpassung des Bandabstandes an die Wellenlänge λ (bzw. Quantenenergie $h\nu$) des emittierten bzw. absorbierten Lichtes eine wichtige Rolle. Da bei Injektionslasern nur Band-Band-Übergänge ausgenutzt werden können, gilt

$$\lambda = \lambda_G = \frac{hc}{W_G} \tag{1.6a}$$

bzw.

$$h\nu = W_G . \tag{1.6b}$$

Zur Herstellung von Injektionslasern sind nur direkte Halbleiter geeignet. Als Beispiele seien genannt: Galliumarsenid, Indiumphosphid, ternäre III-V-Halbleiter ($Ga_{1-x}Al_xAs$), quaternäre III-V-Halbleiter ($Ga_{1-x}In_xP_{1-y}As_y$), Bleichalkogenide.

Auch bei der Realisierung von Leuchtdioden strebt man Band-Band-Übergänge in direkten Halbleitern an. In Einzelfällen nutzt man auch das Prinzip der Paarrekombination an geeigneten Störstellen aus; in diesem Falle ist dann $\lambda > \lambda_G$ bzw. $h\nu < W_G$. Außerdem kann u.U. auch die Lichtemission bei indirekten Halbleitern, die "isoelektronische" Störstellen enthalten, genutzt werden. Als Beispiele für Halbleiterwerkstoffe, die für Leuchtdioden genutzt werden, seien genannt:

- direkte Halbleiter: Galliumarsenid,
$Ga_{1-x}Al_xAs$ $(x < 0,3)$,
$GaAs_{1-x}P_x$ $(x < 0,35)$

- indirekte Halbleiter: Galliumphosphid (GaP:N),
Siliziumkarbid (SiC:Al,N).

Bei den Bauelementen, die auf einer Bildung von Elektron-Loch-Paaren durch Absorption elektromagnetischer Strahlung basieren, ist die Bedingung

$$\lambda \leq \lambda_G = \frac{hc}{W_G} \tag{1.7a}$$

bzw.

$$h\nu \geq W_G \tag{1.7b}$$

zu erfüllen. In der Praxis ist zu berücksichtigen, daß an der Halbleiteroberfläche mit einer erhöhten Rekombination der Überschußladungsträger gerechnet werden muß. Es ist daher günstig, wenn die Lichtabsorption hauptsächlich im Halbleiterinnern stattfindet. Das bedeutet, daß die Photonenenergie den Bandabstand nur wenig überschreiten sollte. Zur Herstellung von Photodioden, Lawinenphotodioden und Phototransistoren für den sichtbaren Spektralbereich (und für den nahen Infrarotbereich) wird Silizium verwendet. Zur Detektion längerwelliger Infrarotstrahlung sind Bauelemente aus Germanium, III-V- und II-VI-Verbindungen (insbesondere $Hg_{1-x}Cd_xTe$) geeignet.

Mit Solarzellen soll eine möglichst vollständige Umwandlung solarer Strahlungsenergie in elektrische Energie bewerkstelligt werden. Die Forderungen nach einem möglichst hohen Kurzschlußstrom (d.h. möglichst vollständige Photonenabsorption) und einer möglichst hohen Leerlaufspannung führen zu einem - relativ flachen - Optimum des Bandabstandes von etwa 1,5 eV. In der Praxis werden Solarzellen aus Silizium in einkristalliner, polykristalliner (grobkristalliner) und amorpher Form gefertigt. Um zu einer möglichst wirtschaftlichen Umwandlung solarer Energie zu gelangen, ist es wünschenswert, die Strahlungsenergie in einer sehr dünnen Halbleiterschicht zu absorbieren. Aus diesem Grunde werden direkte Halbleiter, wie II-VI-Verbindungen und I-III-VI_2-Verbindungen (z.B. $CuInSe_2$), zur Herstellung von Solarzellen verwendet.

Sensoren sind Bauelemente, bei denen eine physikalische Einflußgröße (z.B. Temperatur) in eine elektrische Größe (Strom, Spannung etc.) umgewandelt wird. Die wichtigsten Sensoren und die dabei eingesetzten Halbleiterwerkstoffe sind anhand von Beispielen in Tafel 1.8 zusammengestellt. Die - sehr umfangreichen - Gebiete der Sensoren zur Erfassung chemischer oder biologischer Größen (Stoffkonzentrationen) sind nicht eingeschlossen.

Zur Temperaturmessung können verschiedene Effekte in Halbleitern herangezogen werden. PTC-Widerstände mit angenähert linearer $R(T)$-Kennlinie werden aus n-leitendem Silizium mit geringer Donatorenkonzentration (z.B. 10^{14} cm^{-3}) gefertigt. Des weiteren kann die Temperaturabhängigkeit der Diodenkennlinie im Sperr- oder Durchlaßbereich ausgenutzt werden. Die Auswahl des Halbleitermaterials ist in diesem Falle von dem angestrebten Temperaturbereich abhängig.

Bei Detektoren elektromagnetischer Strahlung ist die in den Gleichungen (1.7a,b) formulierte Bedingung für den Bandabstand des Halbleitermaterials zu berücksichtigen. Weitere Kriterien für die Materialauswahl können aus Forderungen hinsichtlich der Ionisierungskoeffizienten α_n und α_p für Elektronen und Löcher resultieren.

Bei den Werkstoffen für galvanomagnetische Bauelemente ist eine hohe Elektronenbeweglichkeit anzustreben. Der Einsatz von Galliumarsenid ermöglicht die Verwendung eines semiisolierenden Substratmaterials.

Bei der Herstellung von Kraft-, Druck- und Beschleunigungssensoren nutzt man u.a. den piezoresistiven Effekt, d.h. die Änderung der Ladungsträgerbeweglichkeit unter dem Einfluß mechanischer Spannungen, aus. Die zur Realisierung derartiger Bauelemente notwendigen Verfahrensschritte der Mikromechanik sind beim Silizium weitgehend ausgereift.

Einflußgröße	Sensoren	Werkstoffe
Temperatur	NTC-Widerstand PTC-Widerstand pn-Diode	(Metalloxide) n-Si, (BaTiO$_3$) Ge, Si, SiC
Strahlung	Photoleiter Photodiode, Lawinen- photodiode, Photo- transistor	(ZnS, CdS, CdTe) Ge, Si, III-V
Magnetfeld	Feldplatte Hall-Generatoren Magnetotransistor	InAs, InSb GaAs, InAs, InSb Ge, Si, GaAs
Kraft	Kraft-, Druck- und Beschleunigungssensoren	Si, GaAs

Tafel 1.8   Sensoren und ihre Werkstoffe; in Klammern: polykristalline Werkstoffe

Die Technologie der auf polykristallinen Werkstoffen basierenden Halbleiterbauelemente (Dünnschicht-Feldeffekttransistoren, Solarzellen, Sensoren) soll im Rahmen dieses Skriptums nicht behandelt werden.

2 Halbleitermaterial

In diesem Kapitel soll die Herstellung der wichtigsten (kristallinen) Halbleiterwerkstoffe beispielhaft dargestellt werden. Dabei liegt der Schwerpunkt der Ausführungen bei der Kristallzucht der elementaren Halbleiter Germanium und Silizium sowie der wichtigsten III-V-Verbindungen.

2.1 Bereitstellung des Rohmaterials

Die Herstellung von polykristallinem Silizium in Halbleiterqualität erfolgt prinzipiell nach folgendem Ablaufschema:

$$Quarz\ (SiO_2)$$
$$|$$
$$Reduktion \rightarrow Si$$
$$|$$
$$Hydrochlorierung \rightarrow SiHCl_3$$
$$|$$
$$Destillation$$
$$|$$
$$Reduktion \rightarrow Si$$

Elementares Rohsilizium wird durch elektrothermische Reduktion von Quarz mit Kohlenstoff nach der Reaktionsgleichung

$$SiO_2 + 2\,C \quad \rightarrow \quad Si + 2\,CO \tag{2.1}$$

gewonnen. Anschließend erfolgt eine Hydrochlorierung bei Temperaturen zwischen 300 und 400 °C gemäß

$$Si + 3\,HCl \quad \rightarrow \quad SiHCl_3 + H_2. \tag{2.2}$$

Dabei wird bereits der größte Teil der Verunreinigungen (z.B. Eisen) als Chlorid ausgeschieden, da nur relativ wenige Chlorverbindungen der Begleitstoffe eine ähnliche Flüchtigkeit wie Trichlorsilan aufweisen. Die weitere Reinigung erfolgt durch fraktionierte Destillation. In Tafel 2.1 sind die Siedepunkte der hierbei wichtigsten Chlorverbindungen aufgeführt.

Substanz	Siedepunkt (^{o}C)	Substanz	Siedepunkt (^{o}C)	Substanz	Siedepunkt (^{o}C)
BCl_3	12	SiH_2Cl_2	8	PCl_3	76
$AlCl_3$	188	$SiHCl_3$	32	$SbCl_5$	80
$GaCl_3$	203	$SiCl_4$	58	$AsCl_3$	132
$InCl_3$	300	$GeCl_4$	83	$SbCl_3$	283

Tafel 2.1   Siedepunkte einiger Chlorverbindungen

Zur Herstellung von polykristallinem Reinsilizium dient eine Reduktion mit Wasserstoff gemäß

$$SiHCl_3 + H_2 \ \rightarrow \ Si + 3\,HCl \qquad\qquad (2.3)$$

in einer Apparatur nach Bild 2.1.

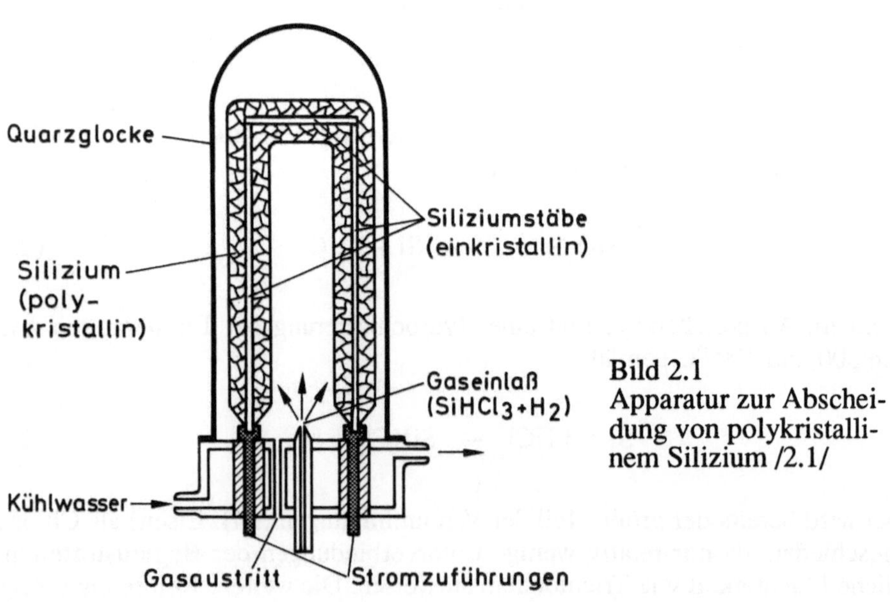

Bild 2.1
Apparatur zur Abscheidung von polykristallinem Silizium /2.1/

Die Abscheidung erfolgt an hochreinen Siliziumstäben (Durchmesser ca. 5 mm), die durch Stromdurchgang auf ca. 1000 bis 1150 °C aufgeheizt werden. Als Nebenprodukt entsteht Siliziumtetrachlorid, das abgetrennt und anderweitig verwertet wird.

Die Herstellung von Germanium in Halbleiterqualität erfolgt im wesentlichen nach folgendem Ablaufschema:

$$\begin{array}{c} \text{Erz} \\ | \\ \text{Abrösten} \;\rightarrow\; GeO_2 \\ | \\ \text{Chlorierung} \;\rightarrow\; GeCl_4 \\ | \\ \text{Destillation} \\ | \\ \text{Hydrolyse} \;\rightarrow\; GeO_2 \\ | \\ \text{Reduktion} \;\rightarrow\; Ge \end{array}$$

Germanium wird als Nebenprodukt bei der Verhüttung sulfidischer Erze (hauptsächlich Blei-Zink-Erze) gewonnen. Beim Abrösten derartiger Erze fällt Germaniumdioxid an. Dieses wird gemäß

$$GeO_2 + 4\,HCl \;\rightarrow\; GeCl_4 + 2\,H_2O \tag{2.4}$$

in Germaniumtetrachlorid übergeführt. Wie im Falle des Siliziums schließt sich eine Reinigung durch fraktionierte Destillation an. Durch Hydrolyse nach

$$GeCl_4 + 2\,H_2O \;\rightarrow\; GeO_2 + 4\,HCl \tag{2.5}$$

erhält man hochreines Germaniumdioxid, das durch Wasserstoffreduktion bei ca. 600 °C in Germaniumpulver übergeführt wird:

$$GeO_2 + 2\,H_2 \;\rightarrow\; Ge + 2\,H_2O. \tag{2.6}$$

Ein Aufschmelzprozeß bei ca. 1000 °C schließt die Germaniumherstellung ab.

Die zur Synthese von III-V-Verbindungen benötigten Elemente sind in Tafel 2.2 aufgelistet. Es ist zu bemerken, daß die Elemente der V. Gruppe (P, As, Sb) einen wesentlich höheren Dampfdruck als die Elemente der III. Gruppe (Al, Ga, In) aufweisen.

Element	Vorkommen in der Erdrinde		Schmelzpunkt	Dampfdruck
	(%)	Erze	(^{o}C)	(Pa)
Al	7,5	Bauxit	660	$\sim 10^{-2}$ bei 1000 ^{o}C
Ga	$2 \cdot 10^{-4}$	Bauxit, Germanit	29	$\sim 10^{-1}$ bei 1000 ^{o}C
In	10^{-5}	Zn-, Cu-Erze	157	~ 1 bei 1000 ^{o}C
P	0,13	Phosphate	(417)	(1 atm)
As	$5 \cdot 10^{-4}$	As_2S_3, $FeAs_2$, FeSAs	(610)	(1 atm)
Sb	$6 \cdot 10^{-5}$	Sb_2S_3	630	~ 10 bei 630 ^{o}C

Tafel 2.2   Ausgangsprodukte für die Synthese von III-V-Verbindungen. Die Zahlen in Klammern beziehen sich auf die Sublimation bei Atmosphärendruck.

Die Herstellung von Aluminium erfolgt durch Elektrolyse in einer Kryolith-Schmelze. Zur Nachreinigung ist ein (horizontaler) Zonenschmelzprozeß in Graphit- oder Al_2O_3-Tiegeln erforderlich.

Gallium wird hauptsächlich als Nebenprodukt bei der Aluminiumgewinnung hergestellt (1 t Bauxit enthält etwa 30 g Ga). Einige Verunreinigungen (insbesondere Zn, Cd, Hg) werden durch Erhitzen unter Vakuum auf 800 bis 900 ^{o}C entfernt. Anschließend erfolgt eine wiederholte Kristallisation in Teflonbechern. Wegen der Gefahr der Unterkühlung ist eine Bekeimung zweckmäßig; bei der Erstarrung tritt eine Volumenausdehnung von ca. 3 % auf.

Indium wird in der Regel als Nebenprodukt bei der Zink- oder Kupferaufbereitung gewonnen. Die Nachreinigung erfolgt in ähnlicher Weise wie bei Gallium; die Reinigungsprozesse sind jedoch weniger effektiv.

Phosphor wird aus $Ca_3(PO_4)_2$ durch Erhitzen mit Quarz und Kohle hergestellt. Die Hauptverunreinigungen sind Kalzium, Kohlenstoff und Silizium. Nach einer Extraktion mit Säuren und Laugen erfolgt die Endreinigung durch wiederholte Destillation.

Zur Herstellung von Arsen dienen hauptsächlich Sulfide (z.B. As_2S_3) oder Arsenkies (FeSAs). Arsen kann durch wiederholte Sublimation bei Atmosphärendruck (oder bei erniedrigtem Druck) gereinigt werden. Die Hauptverunreinigung bildet Schwefel; dieser kann nach Bindung an Blei oder durch Überführen in H_2S abgetrennt werden. Besonders wirksam ist eine Reinigung durch Destillation von $AsCl_3$ (Kp 132 °C).

Antimon wird aus Sb_2S_3 gewonnen. Die Hauptverunreinigungen sind Schwefel, Arsen, Blei und Zinn. Es ist eine Reinigung sowohl durch Destillation als auch durch Zonenschmelze möglich.

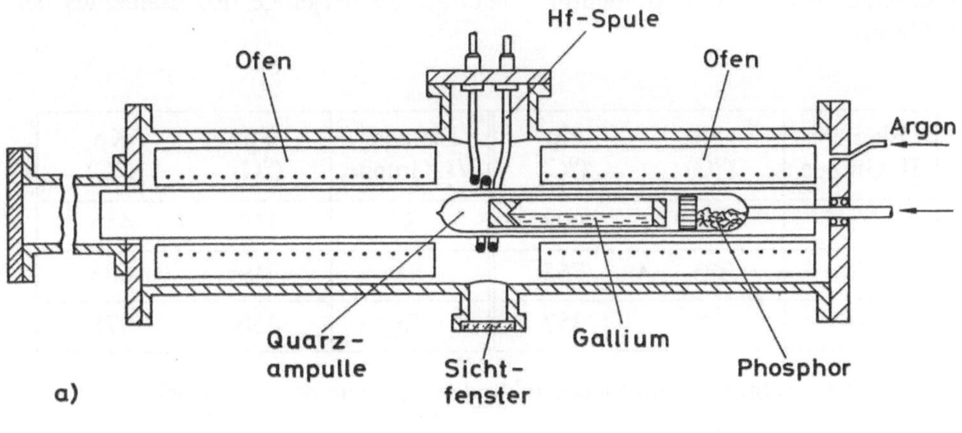

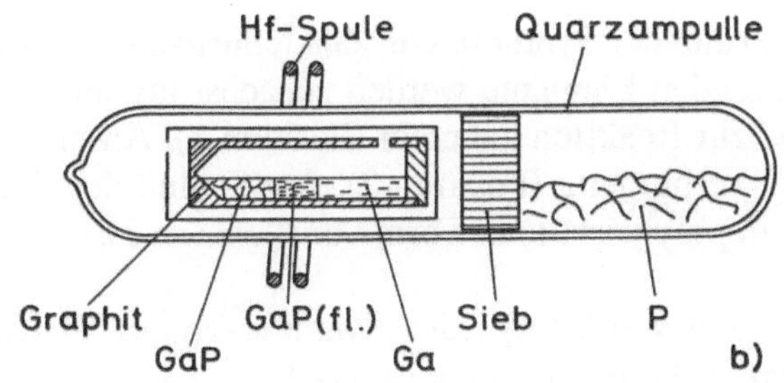

Bild 2.2   Apparatur zur Synthese von Galliumphosphid /2.2/
a) Gesamtansicht
b) Ampulle im Detail

Bei der Synthese der III-V-Verbindungen ist der z.T. sehr hohe Dampfdruck der Elemente der V. Gruppe zu berücksichtigen. Bild 2.2 zeigt eine Hochdruckapparatur zur Synthese von Galliumphosphid. Der über die Gasphase transportierte Phosphor wird in flüssigem Gallium gelöst. Am Ort der Kristallisation ist die Temperatur so weit zu steigern, daß dort eine stöchiometrisch zusammengesetzte Schmelze entsteht.

Um nachträgliche Verunreinigungen zu vermeiden, wird häufig eine Synthese "*in situ*" angewandt, d.h. die Synthese erfolgt in der gleichen Apparatur, in der die Kristallzucht stattfindet. Einige Beispiele werden in Abschnitt 2.2 behandelt.

In Tafel 2.3 sind die Schmelz- und Siedepunkte derjenigen Elemente zusammengestellt, die zur Synthese von II-VI-Verbindungen dienen. Im Vergleich zu den Elementen der III. Gruppe haben die Elemente der II. Gruppe einen wesentlich niedrigeren Siedepunkt. Bei einigen II-VI-Verbindungen ist der Dampfdruck des Elementes der VI. Gruppe deutlich niedriger als derjenige des Elementes der II.Gruppe.

Element II. Gruppe	Fp (^{o}C)	Kp (^{o}C)	Element VI. Gruppe	Fp (^{o}C)	Kp (^{o}C)
Zn	420	908	S	119	445
Cd	321	765	Se	219	685
Hg	- 39	357	Te	450	978

Tafel 2.3   Schmelz- und Siedepunkte der Elemente der II. Gruppe und der VI. Gruppe

Bild 2.3 zeigt das Prinip der Synthese von Zinktellurid aus den Elementen. Die in Pulverform vorliegenden Elemente werden zunächst im Temperaturbereich von ca. 500 bis 700 ^{o}C zur Reaktion gebracht (Position 1). Anschließend erfolgt das Aufschmelzen der Verbindung (Position 2). Am Schluß des Synthesevorganges liegt das Material in polykristalliner Form vor (Position 3).

Neben den Elementen werden bei der Synthese von II-VI-Halbleitern häufig auch Verbindungen (z.B. H_2S, H_2Se) eingesetzt.

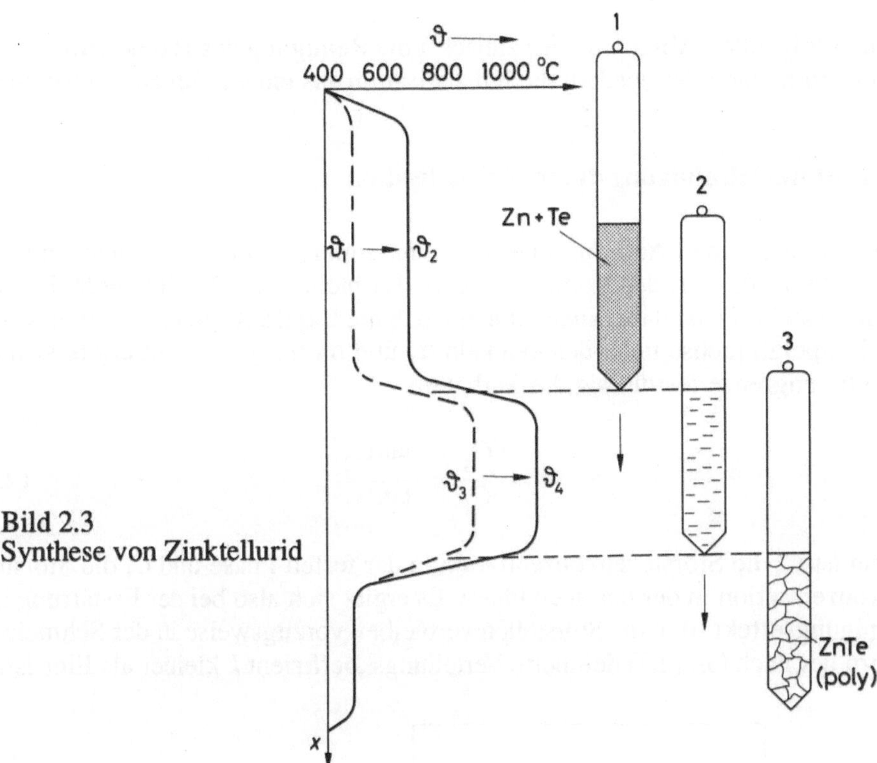

Bild 2.3
Synthese von Zinktellurid

Zur Herstellung von polykristallinem Siliziumkarbid wird eine ähnliche Apparatur wie die in Bild 2.1 dargestellte verwendet. Die Heizstäbe bestehen im Falle der SiC-Abscheidung aus Graphit; die Reaktionstemperatur liegt im Bereich von 1400 bis 1600 °C. Es werden gasförmige Verbindungen zugeführt, die Silizium und Kohlenstoff enthalten, beispielsweise Methyltrichlorsilan (CH_3Cl_3Si). Überschüssiges Silizium wird durch naßchemische Ätzung, überschüssiger Kohlenstoff durch Oxidation im Sauerstoffstrom entfernt /2.3/.

2.2 Kristallisation

Mit einer Kristallisation werden in der Regel folgende Ziele verfolgt:

- Reinigung des Halbleitermaterials,
- Umwandlung des polykristallinen Materials in einen Einkristall,
- Dotierung des Einkristalls.

In dem folgenden Abschnitt wird zunächst die Reinigung des Halbleitermaterials durch einmalige oder wiederholte Kristallisation aus einer Schmelze behandelt.

2.2.1 Materialreinigung durch Kristallisation

Bild 2.4 zeigt einen Ausschnitt aus dem Phasendiagramm eines einfachen binären Systems, das aus den Komponenten A (Halbleiter) und B (Störstelle, Fremdatom) besteht. Es ist dabei angenommen, daß die Liquidus- und die Soliduskurve die Temperaturachse unter den Winkeln α_1 und α_2 treffen. Damit ergibt sich an der Phasengrenze fest/flüssig das Verhältnis

$$k = \frac{C_s}{C_1} = \frac{\tan\alpha_2}{\tan\alpha_1} \; ; \tag{2.7}$$

hierin ist C_s die Störstellenkonzentration in der festen Phase und C_1 die Störstellenkonzentration in der flüssigen Phase. Es ergibt sich also bei der Erstarrung ein Reinigungseffekt (d.h. die Störstellen verbleiben vorzugsweise in der Schmelze), sofern der nach Gl. (2.7) definierte Verteilungskoeffizient k kleiner als Eins ist.

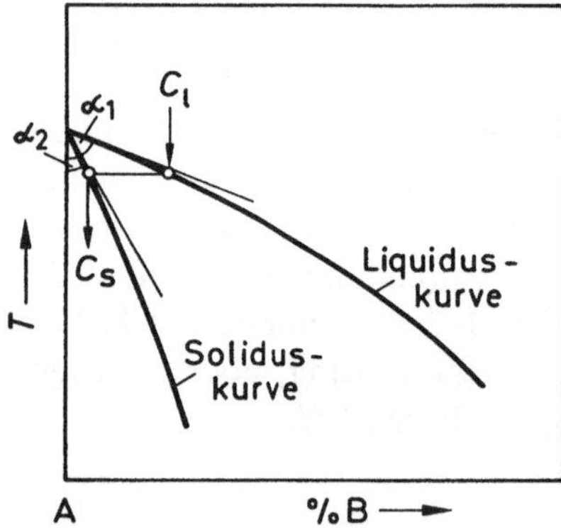

Bild 2.4
Zur Definition des Verteilungskoeffizienten k

In Tafel 2.1 sind die Verteilungskoeffizienten für einige wichtige Störstellen (Akzeptoren und Donatoren) in Silizium und Germanium zusammengestellt. Wie daraus hervorgeht, lassen sich die wesentlichen Störstellen durch Kristallisation entfernen. Eine Ausnahme hiervon bildet Bor in Germanium. Der Reinigungseffekt von Bor in Silizium ist nur schwach ausgeprägt.

Störstelle	k in Si	k in Ge
B	0,8	12
Al	0,002	0,07
Ga	0,008	0,09
In	0,0004	0,001
P	0,35	0,08
As	0,30	0,02
Sb	0,023	0,003

Tafel 2.4   Verteilungskoeffizient k für Störstellen in Silizium
und Germanium /2.4/

Bei der Berechnung der räumlichen Verteilung der Störstellen im erstarrten
Material (Kristall) werden folgende Annahmen gemacht:

- homogene Verteilung der Störstellen in der Schmelze,
- Vernachlässigung der Störstellendiffusion innerhalb der festen Phase
  und an der Grenze fest/flüssig,
- Unabhängigkeit des Verteilungskoeffizienten k von der Verunreinigungs-
  konzentration.

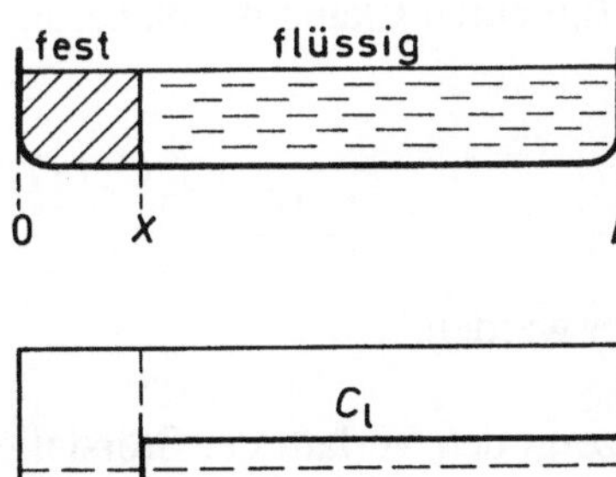

Bild 2.5
Horizontale Kristallisation /2.5/

Im ersten Beispiel soll die einmalige Kristallisation mit horizontaler Bewegung der Erstarrungsfront gemäß Bild 2.5 behandelt werden. Die Ausgangskonzentration der Störstellen in der Schmelze sei C_0.

Ist die Kristallisation - vom linken Tiegelende bei $x = 0$ beginnend - bis zum Ort x fortgeschritten, so gilt für die Störstellen folgende Gesamtbilanz:

$$C_1(L-x) = C_0 L - \int_0^x C_s(\xi)\, d\xi. \tag{2.8}$$

Mit $C_s(x) = kC_1(x)$ an der Phasengrenze folgt

$$C_s(L-x) = k\left[C_0 L - \int_0^x C_s(\xi)\, d\xi \right]. \tag{2.9}$$

Nach Differentiation und Umstellung ergibt sich die Differentialgleichung

$$\frac{dC_s}{dx} = (1-k)\frac{C_s}{L-x} \tag{2.10}$$

mit der Lösung

$$C_s(x) = kC_0\left(1-\frac{x}{L}\right)^{k-1}; \tag{2.11}$$

dabei ist die Randbedingung $C(0) = kC_0$ evident. Für kleine Werte des Verteilungskoeffizienten k kann die Näherung

$$C_s(x) = \frac{kC_0}{1-\dfrac{x}{L}} \tag{2.12}$$

verwendet werden.

Bild 2.6 zeigt den Verlauf der Störstellenkonzentration in einem Kristall bei einmaliger gerichteter Erstarrung. Am Kristallanfang ($x = 0$) ist die Störstellenkonzentration auf den Wert kC_0 abgesenkt. Mit wachsender Entfernung vom Kristallanfang nimmt die Störstellenkonzentration zu; die Ausgangskonzentration C_0 wird (im Fall $k \ll 1$) bei $x/L = 1 - k$ überschritten. Das Kristallende ist stark mit Störstellen angereichert.

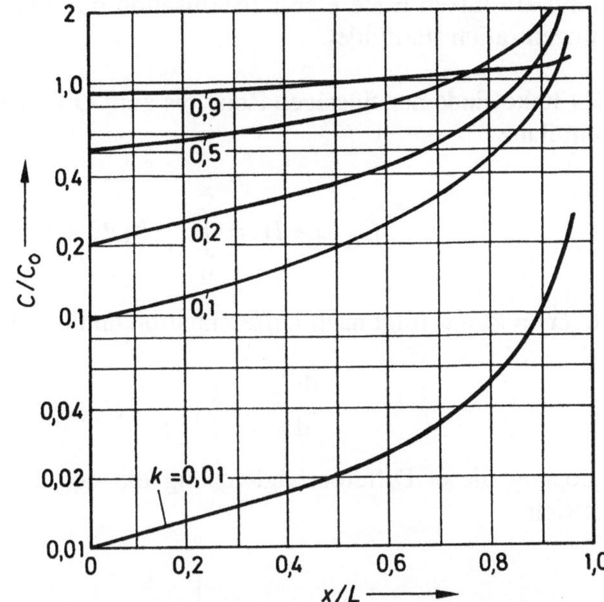

Bild 2.6
Verteilung der Stör-
stellen nach einmali-
ger gerichteter Erstar-
rung (Parameter: Ver-
teilungskoeffizient k)

Eine zusätzliche Reinigung ist möglich, indem man den stark verunreinigten Teil des Kristalls entfernt, das verbleibende Material aufschmilzt und hiermit einen weiteren Kristallisationsprozeß durchführt. Dabei ist allerdings darauf zu achten, daß keine zusätzlichen Verunreinigungen eingebracht werden.

Eine mehrmalige Kristallisation ohne zwischenzeitliche Materialbearbeitung ist mit Hilfe des Zonenschmelzverfahrens möglich; diese Methode ist in Bild 2.7 schematisch dargestellt.

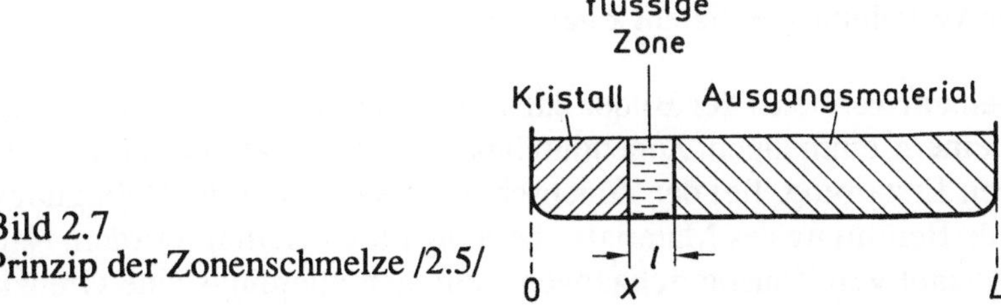

Bild 2.7
Prinzip der Zonenschmelze /2.5/

Das in fester Form mit der Störstellenkonzentration C_0 vorliegende Ausgangsmaterial wird zunächst am linken Ende in einer kurzen Zone der Länge l aufgeschmolzen. Bei einer Bewegung des Heizers (z.B. Induktionsspule) nach rechts wird am jeweiligen rechten Ende der flüssigen Zone Material aufgeschmolzen, während am linken Ende eine Kristallisation mit einer Absenkung der Störstellenkonzentration stattfindet.

Ist das linke Ende der flüssigen Zone bis zum Ort x gewandert, so gilt die Störstellenbilanz

$$C_0 (x + l) = \int_0^x C_s (\xi) \, \mathrm{d}\xi + C_1 (x) \, l. \qquad (2.13)$$

Mit $C_s(x) = kC_1(x)$ folgt nach Differentiation und Umstellung

$$\frac{\mathrm{d}C_s}{\mathrm{d}x} = \frac{k}{l} [C_0 - C_s (x)]. \qquad (2.14)$$

Als Lösung dieser Differentialgleichung mit der Randbedingung $C_s(0) = kC_0$ ergibt sich

$$C_s (x) = C_0 \left[1 - (1 - k) \, e^{\frac{-kx}{l}} \right]. \qquad (2.15)$$

Für $k \ll 1$ gilt hier die Näherung

$$C_s (x) = kC_0 \left(1 + \frac{x}{l}\right). \qquad (2.16)$$

Bild 2.8 zeigt die Verteilung der Störstellen im Kristallmaterial nach einem Zonendurchgang; es wurde dabei angenommen, daß die flüssige Zone eine Länge $l = L/10$ aufweist (L = Gesamtlänge des Ausgangsmaterials). Als Parameter ist der Verteilungskoeffizient k gewählt.

Wie aus einem Vergleich der Bilder 2.8 und 2.6 hervorgeht, ist der Reinigungseffekt bei einem einmaligen Zonendurchgang geringer als bei einer einseitigen gerichteten Erstarrung. Bei der Zonenschmelze kann aber der Reinigungsprozeß - ohne jede Berührung des Materials - beliebig oft wiederholt werden. Nach einer großen Anzahl von Zonendurchgängen stellt sich allerdings eine Grenzkonzentrationsverteilung ein, die durch weitere Zonenschmelzprozesse nicht mehr beeinflußt werden kann. In Bild 2.9 ist die Verteilung der Störstellen nach mehreren Zonendurchgängen dargestellt.

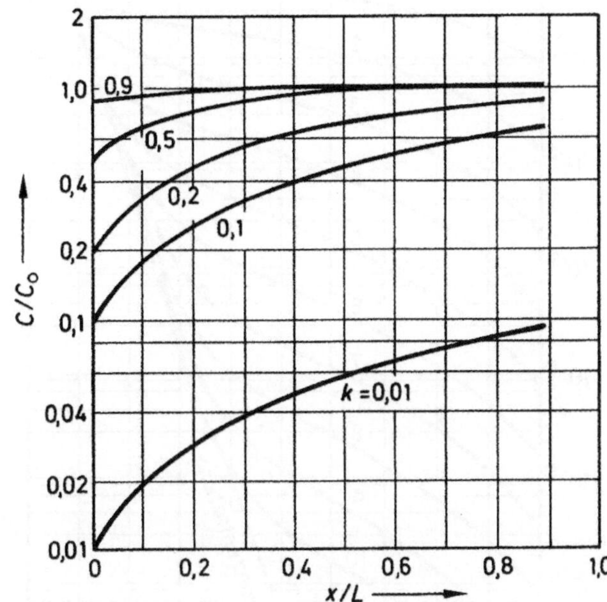

Bild 2.8
Verteilung der Stör-
stellen nach einem
Zonendurchgang
($l = L/10$)

Bei den vorstehenden Herleitungen wurde vorausgesetzt, daß die Störstellenkonzentration in der flüssigen Zone ortsunabhängig ist. Diese Bedingung ist nur dann erfüllt, wenn eine ausreichende Zeit für die Durchmischung der Schmelze zur Verfügung steht, d.h. die Wachstumsgeschwindigkeit des Kristalls muß hinreichend gering gewählt werden. Ist diese Bedingung nicht erfüllt, so muß mit einem effektiven Verteilungskoeffizienten gerechnet werden, der von dem in Tafel 2.4 angegebenen abweicht, d.h. der Reinigungseffekt (für $k < 1$) ist dann weniger ausgeprägt.

Abschließend sei bemerkt, daß die Materialreinigung durch ein- oder mehrmalige Kristallisation auch in vertikalen Anordnungen durchgeführt werden kann. Derartige Apparaturen werden im Zusammenhang mit der Einkristallzucht in Abschnitt 2.2.2 behandelt.

Ferner ist darauf hinzuweisen, daß auch bei einem Materialtransport über die Gasphase (Sublimation) unter geeigneten Bedingungen ein Reinigungseffekt erzielt werden kann; notwendig ist hierfür ein hinreichender Unterschied der Dampfdrücke des Halbleitermaterials und der Verunreinigungen.

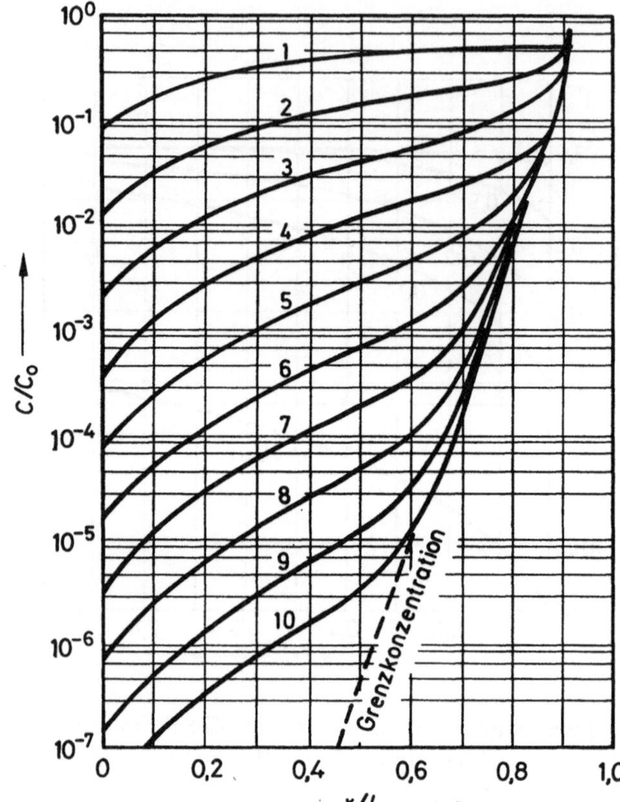

Bild 2.9
Verlauf der Stör-
stellenkonzentration
nach mehreren
Zonendurchgängen
($k = 0{,}1$, $l = L/10$,
Parameter : Anzahl
der Zonendurch-
gänge)

2.2.2 Einkristallzucht

Die meisten Halbleiterbauelemente werden aus einkristallinen Halbleiterwerkstoffen hergestellt, da Korngrenzen in der Regel die Halbleitereigenschaften ver-
schlechtern (z.B. durch Reduktion der Beweglichkeit und/oder Verringerung der
Trägerlebensdauer). Nur in wenigen Fällen werden spezielle Korngrenzeneigen-
schaften genutzt, wie beispielsweise bei PTC-Widerständen und Varistoren. In
einigen Fällen ist die Verwendung polykristallinen Materials aus technologischen bzw. wirtschaftlichen Gründen geboten; als Beispiele seien genannt: Pho-
toleiter, Dünnschichttransistoren, Solarzellen.

Zur Herstellung von Einkristallen stehen verschiedene Verfahren zur Verfügung.
In dem folgenden Schema sind die wichtigsten Verfahren mit einigen Varianten

zusammengestellt. Bevorzugt werden Verfahren der Kristallisation aus einer elementaren bzw. stöchiometrisch zusammengesetzten Schmelze.

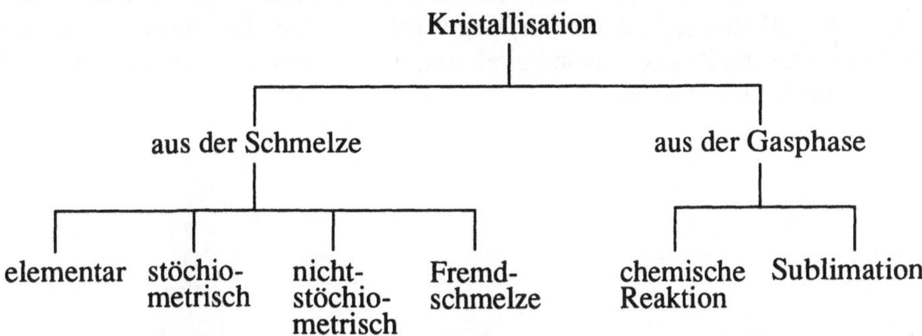

Die wichtigsten Prinzipien der Kristallzucht aus einer Schmelze sollen zunächst am Beispiel des Siliziums bzw. des Germaniums erläutert werden. In Tafel 2.5 sind einige physikalisch-technologische Daten der elementaren Halbleiter Diamant, Silizium und Germanium zusammengestellt. Diamant ist eine bei Normaldruck metastabile Substanz mit extrem hohem Schmelzpunkt; die für Silizium und Germanium verwendeten Kristallisationsverfahren sind daher nicht auf Diamant übertragbar.

	Diamant	Silizium	Germanium
Gitterkonstante (Å)	3,567	5,431	5,658
Dichte (g/cm^3)	3,52	2,30	5,26
Schmelzpunkt (°C)	~ 4000	1420	937
Volumenänderung beim Schmelzen (%)	?	- 10	- 4,7
Dampfdruck am Schmelzpunkt (Pa)	?	$8 \cdot 10^{-2}$	10^{-4}
Thermischer Ausdehnungskoeffizient (K^{-1})	$1,1 \cdot 10^{-6}$	$2,3 \cdot 10^{-6}$	$5,8 \cdot 10^{-6}$

Tafel 2.5   Physikalisch-technologische Eigenschaften von Diamant, Silizium und Germanium/2.1/

Bild 2.10 zeigt das Prinzip der Zugtechnik (*Czochralski*-Verfahren). Hierbei wird das Material zunächst in einem Tiegel aufgeschmolzen. Nach Einstellung des thermischen Gleichgewichtes wird ein Keimkristall (mit geeigneter Kristallorientierung) in die Schmelze eingetaucht. Durch Absenkung der Temperatur der Schmelze und durch vertikale Bewegung des Keimes wird das Wachstum eines

Halbleitereinkristalles bewirkt; die Kristallorientierung wird dabei durch den Keim vorgegeben. Zur Durchmischung der Schmelze und zur Aufrechterhaltung einer symmetrischen Temperaturverteilung läßt man den Keim (mit dem wachsenden Kristall) und ggf. auch den Tiegel rotieren. Der Durchmesser des Kristalls kann über die Zuggeschwindigkeit und das Temperatur-Zeit-Programm der Schmelze beeinflußt werden.

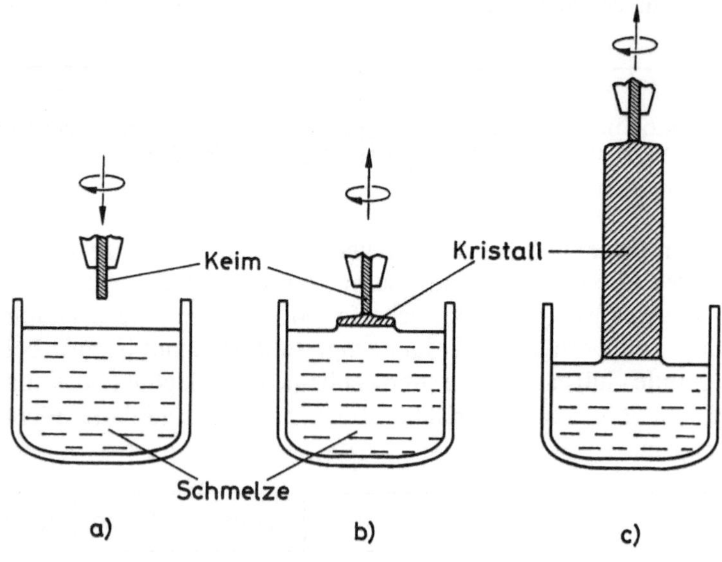

Bild 2.10   Prinzip der Zugtechnik (*Czochralski*-Verfahren)
a) Schmelze und Keim vor der Kristallisation
b) Beginn der Kristallisation (zunehmender Durchmesser)
c) Wachstum mit konstantem Durchmesser

Das *Czochralski*-Verfahren ist dadurch gekennzeichnet, daß nur die Schmelze in Kontakt mit dem Tiegel steht. Es ist ein Tiegelmaterial auszuwählen, mit dem die Schmelze nicht - oder möglichst wenig - reagiert. Für die Silizium-Kristallzucht ist nur Quarz als Tiegelmaterial geeignet. Dabei ist jedoch mit einer partiellen Reduktion des Tiegelmaterials (Bildung von SiO) und mit der Aufnahme von Sauerstoff in den Siliziumkristall (bis etwa 10^{18} Atome/cm^3) zu rechnen. Die Beheizung der Schmelze erfolgt entweder induktiv oder mittels eines stromdurchflossenen Graphitkörpers. Bild 2.11 zeigt die wesentlichen Teile einer Tiegelziehanlage mit Strombeheizung zur Herstellung von einkristallinen Siliziumstäben. Im Falle der Germanium-Kristallzucht kann ein Graphittiegel verwendet und dieser ggf. gleichzeitig als Suszeptor ausgebildet werden.

Die Kristallzucht erfolgt im Vakuum oder unter einer Schutzgasatmosphäre
(Argon). Die Grenze zwischen der Schmelze und dem Kristall ist durch einen
Helligkeitskontrast definiert und läßt sich daher mit optischen Methoden erfas-
sen. Hierdurch ist eine automatische Steuerung des Kristalldurchmessers über die
Ziehgeschwindigkeit und die zugeführte Heizleistung möglich. Bei der Kristall-
zucht erfolgt eine Materialreinigung entsprechend einer einmaligen gerichteten
Erstarrung gemäß Bild 2.5 bzw. Bild 2.6.

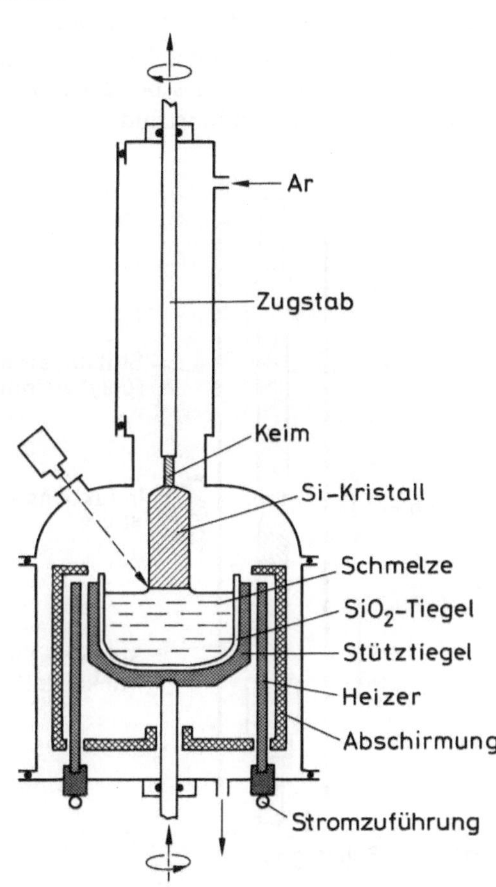

Bild 2.11
Tiegelziehanlage
mit Strombeheizung
(Beispiel Silizium)
/2.6/

Die Kontamination der Schmelze durch Verunreinigungen aus dem Tiegelmaterial kann durch Anwendung des tiegelfreien Zonenschmelzverfahrens nach Bild
2.12 vermieden werden. Eine schmale Hochfrequenzspule erzeugt in einem senkrecht eingespannten polykristallinen Stab eine Schmelzzone, die durch ihre
Oberflächenspannung festgehalten wird. Durch vertikale Bewegung der Spule
wird ein (ein- oder mehrmaliger) Zonendurchgang bewirkt. Das Verfahren kann
somit sowohl zur Materialreinigung entsprechend den Bildern 2.7, 2.8 und 2.9

als auch - bei Vorgabe eines Keimes - zur Einkristallherstellung eingesetzt werden. Das tiegelfreie Zonenschmelzverfahren ist besonders für Silizium geeignet, da dieser Werkstoff eine hohe Oberflächenspannung und eine geringe Dichte aufweist.

Zwei Varianten des Zonenschmelzverfahrens sind in den Bildern 2.12b und 2.12c dargestellt. Bei Bild 2.12b handelt es sich um das "Podest-Verfahren", welches u.a. zur Herstellung dünner Siliziumstäbe für die Abscheidung von Silizium aus der Gasphase gemäß Bild 2.1 genutzt wird. In Bild 2.12c ist das "Nadelöhr-Verfahren" dargestellt, welches bei der Herstellung von Siliziumstäben mit großem Durchmesser Verwendung findet.

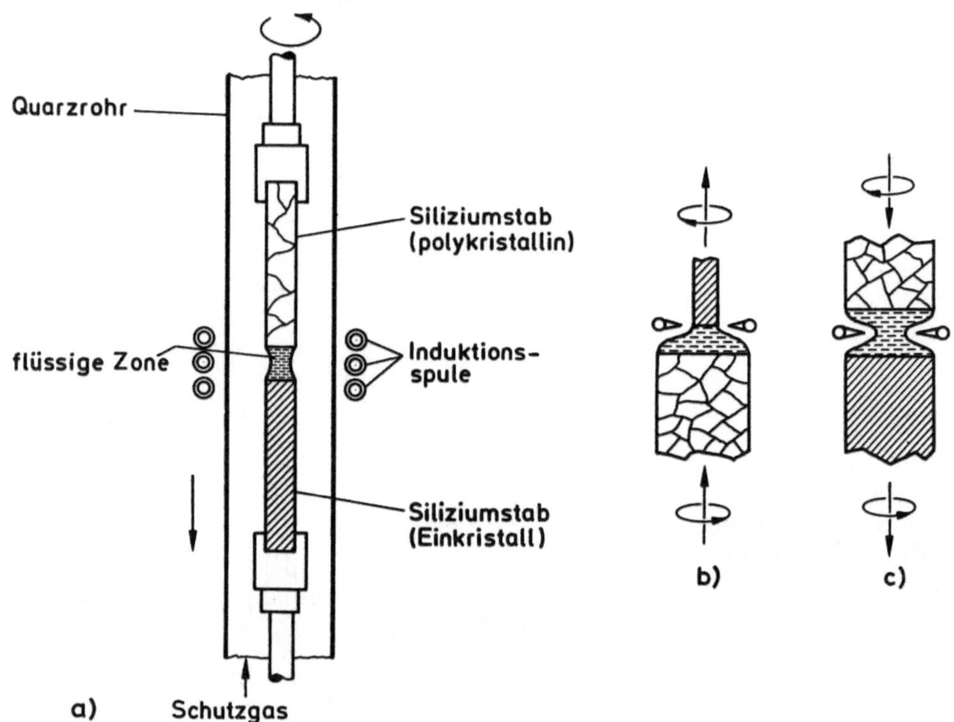

Bild 2.12   Prinzip der tiegelfreien Zonenschmelze /2.6/
a) Gesamtansicht (schematisch)
b) "Podest-Verfahren"
c) "Nadelöhr-Verfahren"

Bei der horizontalen Kristallisation stehen sowohl die Schmelze als auch der erstarrte Kristall in Kontakt mit der Tiegelwandung. Es ist dabei eine Benetzung des Tiegelmaterials durch die Schmelze zu vermeiden; anderenfalls resultieren beim Abkühlen mechanische Spannungen zwischen dem Tiegel und dem Kristall.

Infolge der Reaktion von geschmolzenem Silizium mit den Tiegelwerkstoffen (Quarz, Graphit) ist das horizontale Kristallisationsverfahren für Silizium ungeeignet. Zur Reinigung und Kristallisation von Germanium lassen sich SiO_2-Tiegel mit aufgerauhter Oberfläche, SiO_2-Tiegel mit Graphitbeschichtung sowie Graphittiegel verwenden; letztere können auch als Suszeptor bei induktiver Beheizung ausgebildet sein. Wie in Bild 2.13 dargestellt, können bei der horizontalen Zonenreinigung mehrere Schmelzzonen gleichzeitig durch das Halbleitermaterial bewegt werden; hierdurch läßt sich der Zeitaufwand für die Reinigung durch Rekristallisation wesentlich vermindern. Die horizontale Zonenreinigung von Germanium kann im Vakuum oder in einer Schutzgasatmosphäre (Wasserstoff oder Argon) erfolgen.

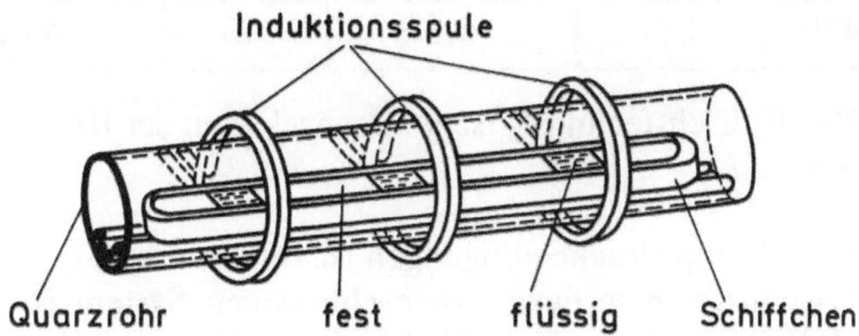

Bild 2.13   Prinzip der horizontalen Zonenschmelze

Bei der Kristallzucht der III-V-Verbindungen ist vor allem der Dampfdruck (der Elemente der V. Gruppe) über der Schmelze zu berücksichtigen. Wie aus Tafel 2.6 hervorgeht, ist der Dampfdruck der Antimonide (AlSb, GaSb, InSb) am Schmelzpunkt verhältnismäßig niedrig, so daß diese Verbindungen in Apparaturen hergestellt werden können, die sich nur wenig von denen unterscheiden, die für die Silizium- und Germanium-Kristallzucht verwendet werden. Bei der Herstellung der Arsenide und Phosphide muß jedoch ein hinreichender Arsen- bzw. Phosphordampfdruck über der Schmelze aufrechterhalten werden. Gleichzeitig muß ein Niederschlag von Arsen bzw. Phosphor an anderer Stelle des Systems vermieden werden.

	Gitter-konstante a (Å)	Dichte d (g/cm^3)	Ausdehnungs-koeffizient $\alpha_\mathrm{l} \cdot 10^6$ (K^{-1})	Schmelz-punkt ϑ_S (°C)	Dampfdruck am Schmelzpunkt p_DS (Pa)
AlP	5,463	2,40	?	2550	?
AlAs	5,660	3,76	4,9	1740	10^5
AlSb	6,135	4,26	4,1	1065	10
GaP	5,450	4,14	4,8	1460	$32 \cdot 10^5$
GaAs	5,653	5,32	5,8	1240	$0,96 \cdot 10^5$
GaSb	6,096	5,61	6,2	712	0,1
InP	5,869	4,81	4,8	1062	$28 \cdot 10^5$
InAs	6,058	5,67	4,4	942	$0,32 \cdot 10^5$
InSb	6,479	5,77	5,1	527	$4 \cdot 10^{-3}$

Tafel 2.6   Physikalisch-technologische Eigenschaften der III-V-Verbindungen /2.2/

Die Einhaltung der Dampfdruckbedingungen ist verhältnismäßig leicht bei einer horizontalen Kristallisation in einem abgeschlossenen System (Quarzampulle) zu realisieren. In Bild 2.14 ist dieses Verfahren am Beispiel der Kristallisation von Galliumarsenid (in zwei Verfahrensvarianten) erläutert. Mittels eines Arsenreservoirs, das sich während des gesamten Prozesses auf einer Temperatur von 610 °C befindet, wird der erforderliche Arsendampfdruck in der Ampulle eingestellt. In dem Tiegel befinden sich zunächst der Keim und die GaAs-Schmelze. Durch eine geeignete Ofenanordnung wird beispielsweise die im unteren Teilbild gestrichelt eingezeichnete Temperaturverteilung eingestellt. Bei einer Verschiebung der Ofenanordnung in x-Richtung (relativ zur Ampulle) resultiert die ausgezogene Linie der Temperaturverteilung; dementsprechend findet ein Kristallwachstum mit horizontaler Bewegung der Erstarrungsfront statt (horizontales *Bridgman*-Verfahren).

Alternativ kann eine Ofenanordnung gewählt werden, welche zunächst einen Temperaturgradienten entsprechend der gestrichelten Linie im oberen Teilbild liefert. Durch Absenkung der Heizleistung nimmt der unterhalb des Schmelzpunktes befindliche Teil der Hochtemperaturzone zu (ausgezogene Linie des Temperaturprofils); hierdurch wird ebenfalls eine Verschiebung der Phasengrenze fest/flüssig erreicht ("Gradientenmethode"). Der Vorteil dieser Methode besteht darin, daß eine Bewegung des Ofens (bzw. der Ampulle) vermieden wird.

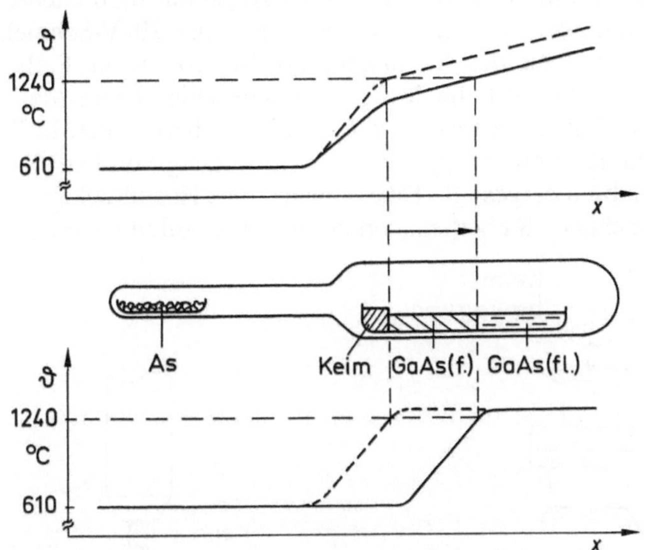

Bild 2.14   Horizontale Kristallisation von Galliumarsenid /2.7/
Oben: Temperaturprofile bei der Gradientenmethode
Unten: Temperaturprofile beim *Bridgman*-Verfahren

Bei der horizontalen Kristallisation ist zu berücksichtigen, daß sowohl die Schmelze als auch der bereits erstarrte Kristall in Berührung mit dem Tiegel stehen. Als Tiegelwerkstoffe werden verwendet: Quarz (mit aufgerauhter Oberfläche), Graphit, Bornitrid, Aluminiumnitrid. Als wesentlicher Nachteil der horizontalen Kristallisation ist die Tatsache zu nennen, daß dabei Kristalle mit einem (angenähert) rechteckigen bzw. quadratischen Querschnitt entstehen. Für die Weiterverarbeitung des Materials ist dagegen ein kreisförmiger Kristallquerschnitt erwünscht.

Es ist evident, daß die in Bild 2.14 dargestellte Anordnung auch zu einer Synthese des Galliumarsenids *in situ* dienen kann. In diesem Falle befindet sich in dem Tiegel - neben dem Keim - zunächst nur reines Gallium. Durch langsame Steigerung der Temperaturen des Arsenreservoirs und des Tiegels wird solange Arsen in Gallium gelöst, bis eine stöchiometrisch zusammengesetzte Schmelze resultiert. Anschließend wird das vorstehend beschriebene Kristallisationsverfahren eingeleitet.

Bei der Anwendung des *Czochralski*-Verfahrens zur Herstellung von III-V-Kristallen müssen Vorkehrungen getroffen werden, die ein Entweichen des Arsens bzw. des Phosphors aus der Schmelze verhindern. Hierzu befindet sich eine flüssige B_2O_3-Schicht auf der Schmelze. In der Apparatur muß außerdem ein Gasdruck aufrechterhalten werden, der denjenigen der III-V-Schmelze übertrifft (d.h. rd. 1 atm im Falle des Galliumarsenids, rd. 30 atm im Falle des Indiumphosphids, rd. 35 atm im Falle des Galliumphosphids). Diese Methode wird als LEC-Verfahren (liquid encapsulation *Czochralski*) bezeichnet. In Bild 2.15 sind die wichtigsten Teile einer Apparatur zur Herstellung von GaP-Kristallen nach dem LEC-Verfahren dargestellt. Da es sich um eine Hochdruckapparatur handelt, müssen entsprechende Sicherheitsvorkehrungen getroffen werden.

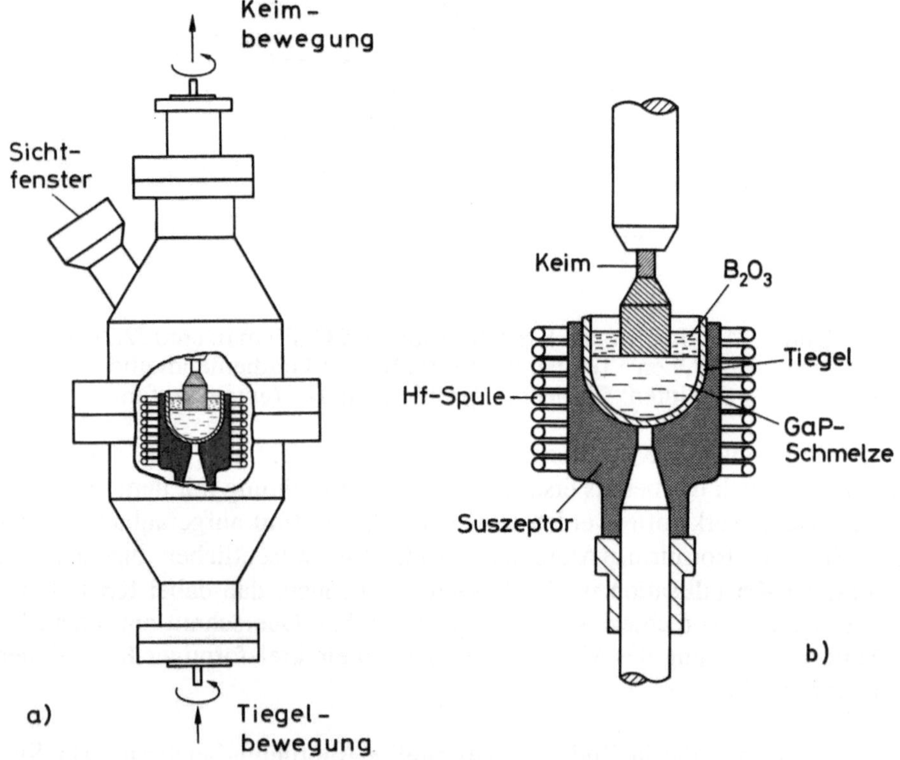

Bild 2.15   Apparatur zur Herstellung von Galliumphosphid-Kristallen
nach dem LEC-Verfahren
a) Gesamtansicht
b) Tiegelanordnung

Die LEC-Methode wird auch zur Herstellung von GaAs- und InP-Kristallen verwendet. In der Regel wird polykristallines Ausgangsmaterial eingesetzt. Eine Synthese *in situ* ist beim LEC-Verfahren apparativ aufwendig.

Eine Herabsetzung der Temperatur der Schmelze und damit eine erhebliche Reduktion des Dampfdruckes ist möglich, wenn eine nichtstöchiometrische Schmelze eingesetzt wird. Bei einer Galliumschmelze mit einem Phosphorgehalt von 5 at.% ist die Liquidustemperatur beispielsweise rd. 1100 °C; der Phosphordampfdruck über dieser Schmelze beträgt größenordnungsmäßig 100 Pa. Es ist also - im Gegensatz zum LEC-Verfahren - keine Hochdruckapparatur erforderlich. Andererseits ist zu bemerken, daß die Kristallisationsgeschwindigkeit bei der nichtstöchiometrischen Ga/P-Schmelze extrem niedrig gewählt werden muß, um die Nachlieferung von Phosphoratomen durch Diffusion oder Konvektion in der Schmelze zu gewährleisten.

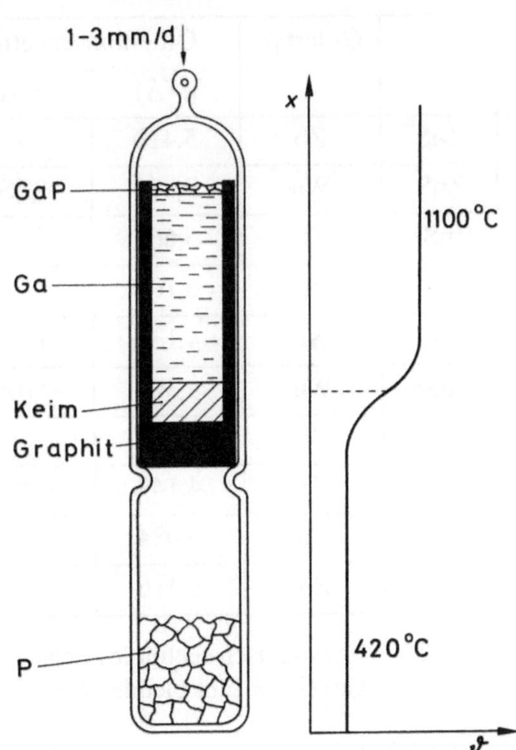

Bild 2.16
Herstellung von GaP-Kristallen
nach dem SSD-Verfahren /2.8/

Bild 2.16 zeigt ein Verfahren zur Herstellung von GaP-Kristallen mit nichtstöchiometrischer Schmelze. Auf der Galliumschmelze wird zunächst eine dünne GaP-Schicht gebildet. Von hier aus diffundieren Phosphoratome zur Phasengrenze fest/flüssig am Keimkristall. Die Phosphoratome werden von einem Phosphorreservoir über die Gasphase nachgeliefert. Das Verfahren ist unter den Bezeichnungen SSD (solute, synthesis, diffusion) bzw. TGS (temperature gradient solution) bekannt. Das SSD-(TGS-)Verfahren wird auch zur Herstellung von InP-Kristallen eingesetzt.

Weitere Kristallisationsverfahren mit nichtstöchiometrischer Schmelze sind durch eine begrenzte Schmelzzone - ähnlich der horizontalen oder vertikalen Zonenschmelze - gekennzeichnet. Diese Verfahren werden als travelling solvent method (TSM) oder travelling heater method (THM) bezeichnet.

In Tafel 2.7 sind die wichtigsten physikalisch-technologischen Eigenschaften der II-VI-Verbindungen zusammengestellt.

	Gittertyp	Gitterkonstante(n)		Dichte	Schmelzpunkt
		a (Å)	c (Å)	d (g/cm^3)	ϑ_S (°C)
ZnS	Zb	5,410	-	4,09	1830
ZnS	Wu	3,822	6,260	4,09	1830
ZnSe	Zb	5,668	-	5,26	1520
ZnTe	Zb	6,104	-	5,64	1295
CdS	Wu	4,136	6,714	4,82	1475
CdSe	Wu	4,300	7,011	5,81	1240
CdTe	Zb	6,481	-	5,85	1090
HgS	Zi	4,149	4,495	7,73	1450
HgSe	Zb	6,084	-	8,25	800
HgTe	Zb	6,416	-	8,07	670

Tafel 2.7   Physikalisch-technologische Eigenschaften von II-VI-Verbindungen (Zb = Zinkblende, Wu = Wurtzit, Zi = Zinnober)

Die II-VI-Verbindungen - mit Ausnahme der ternären Verbindungen vom Typ $Hg_{1-x}Cd_x Te$ - werden derzeit in der Halbleiterelektronik fast ausschließlich in der Form polykristalliner Schichten eingesetzt. Dementsprechend existieren noch keine Standardverfahren zur Einkristallzucht.

In Bild 2.17 und 2.18 sind beispielhaft Verfahren zur Zonenreinigung und zur Kristallisation von Zinktellurid und Kadmiumtellurid dargestellt.

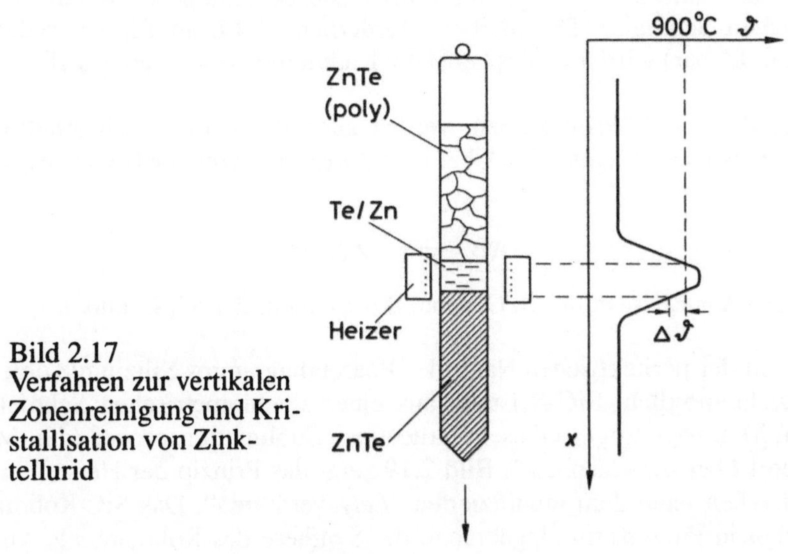

Bild 2.17
Verfahren zur vertikalen Zonenreinigung und Kristallisation von Zinktellurid

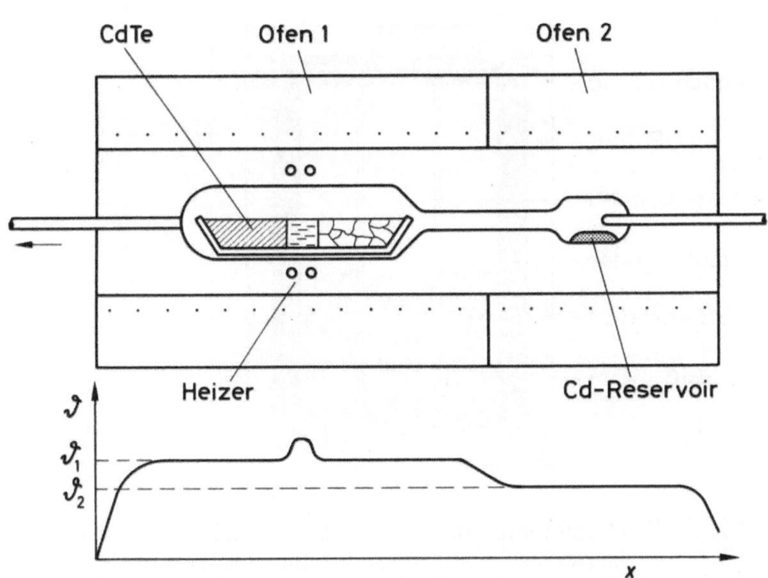

Bild 2.18   Verfahren zur horizontalen Zonenreinigung und Kristallisation von Kadmiumtellurid /2.9/

In Bild 2.17 handelt es sich um ein abgeschlossenes System mit kleinem Restvolumen und vertikaler Bewegung der (nichtstöchiometrischen) Schmelze. In dem System nach Bild 2.18 erfolgt eine horizontale Bewegung der in einem Tiegel befindlichen Schmelze. Der hierbei erforderliche Cd-Dampfdruck in der Ampulle (ca. 0,5 bar) wird über das beheizte Kadmiumreservoir eingestellt.

Kristalle der II-VI-Verbindungen werden auch durch einen Materialtransport über die Gasphase hergestellt. Dabei macht man u.a. von der Gleichgewichtsreaktion

$$2\,AB \;\rightleftharpoons\; 2\,A + B_2 \qquad\qquad (2.17)$$

Gebrauch (A = Element der II. Gruppe, B = Element der VI. Gruppe).

Auf Grund der peritektischen Natur des Phasendiagramms Silizium/Kohlenstoff ist es nicht möglich, SiC-Kristalle aus einer stöchiometrischen Schmelze zu züchten. Man bevorzugt in diesem Falle einen Sublimationsprozeß (d.h. Materialtransport über die Gasphase). Bild 2.19 zeigt das Prinzip der Herstellung von SiC-Kristallen nach dem modifizierten "*Lely*-Verfahren". Das SiC-Rohmaterial wird dabei in Pulverform eingebracht; die Synthese des Rohmaterials wurde in Abschnitt 2.1 beschrieben.

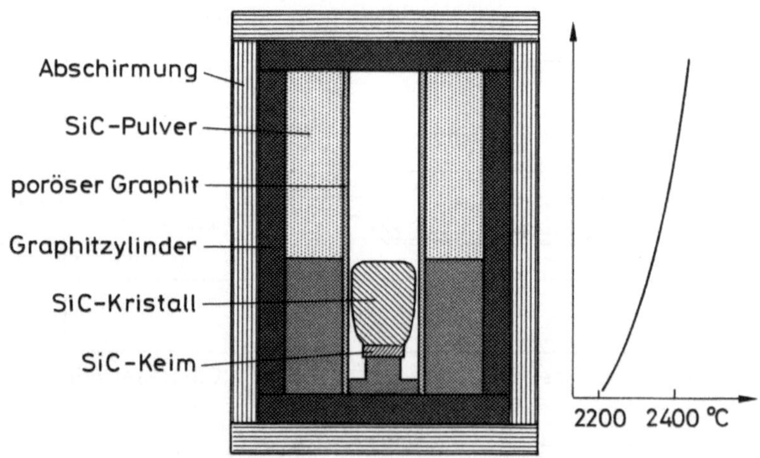

Bild 2.19   Herstellung von SiC-Kristallen nach dem modifizierten *Lely*-Verfahren. Rechts: Temperaturverteilung entlang der Tiegelachse /2.10/

Die Sublimation erfolgt im Temperaturbereich von ca. 2200 bis 2400 °C; dabei diffundieren gasförmige Spezies aus dem SiC-Reservoir zur Oberfläche des SiC-Kristalls. Die induktive Beheizung der Tiegelanordnung ist in Bild 2.19 nicht eingezeichnet. Im Hinblick auf die hohe Sublimationstemperatur ist eine gute thermische Abschirmung der Tiegelanordnung erforderlich. Hierfür werden Graphitfolien bzw. Graphitzylinder mit anisotroper Wärmeleitung verwendet.

Das in Bild 2.19 dargestellte Verfahren wird hauptsächlich zur Züchtung von SiC-Kristallen des 6H-Typs eingesetzt; diese Kristalle werden insbesondere zur Herstellung von blauen Leuchtdioden benötigt. Das Kristallwachstum erfolgt in der [0001]-Richtung, d.h. die Oberfläche des Keimkristalls ist mit Si-Atomen besetzt. In ähnlicher Weise können auch SiC-Kristalle des 4H-Typs erzeugt werden.

In Tafel 2.8 sind die wichtigsten physikalisch-technologischen Eigenschaften der Bleichalkogenide zusammengestellt. Die Bleichalkogenide kristallisieren im NaCl-Gittertyp (Bild 1.8). Dementsprechend wird ein Kristallwachstum in [100]-Richtung bevorzugt.

	Gitterkonstante	Dichte	Ausdehnungs-koeffizient	Schmelzpunkt
	a (Å)	d (g/cm^{-3})	$\alpha_1 \cdot 10^6$ (K^{-1})	ϑ_S (°C)
PbS	5,936	7,60	19	1110
PbSe	6,124	8,26	20	1082
PbTe	6,462	8,22	27	924

Tafel 2.8   Physikalisch-technologische Eigenschaften der Bleichalkogenide /2.2/

Bei der Herstellung von Bleichalkogenid-Kristallen werden hauptsächlich Sublimationsmethoden eingesetzt. In Bild 2.20 ist ein derartiges Verfahren schematisch dargestellt. Die Bleichalkogenide verdampfen in molekularer Form, d.h. die Gasphase enthält PbS-, PbSe- und PbTe-Moleküle. Eine Dotierung der Bleichalkogenide ist über Abweichungen von der stöchiometrischen Zusammensetzung möglich.

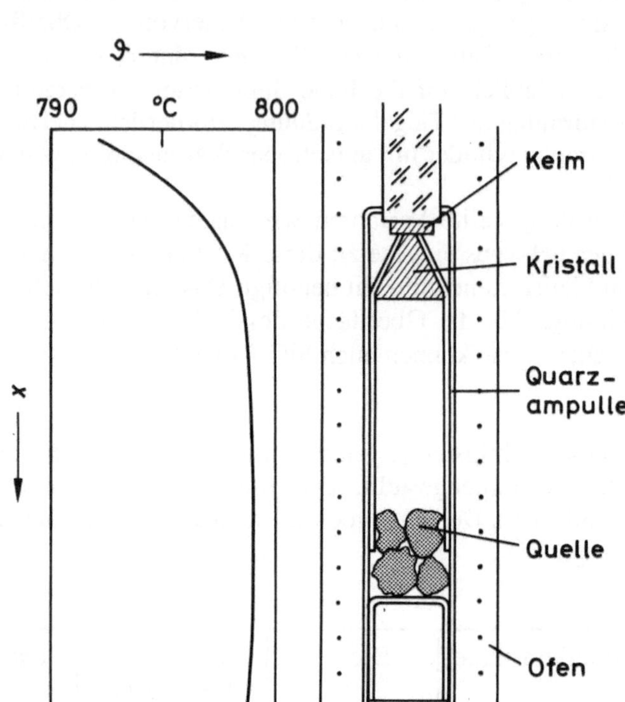

Bild 2.20   Herstellung von Bleichalkogenidkristallen
durch Sublimation

2.3 Scheibenherstellung

Zur Herstellung elektronischer Bauelemente werden in der Regel Halbleiterscheiben mit einer ebenen, kristallographisch möglichst wenig gestörten Oberfläche benötigt. Die hierzu erforderlichen Fertigungsvorgänge sollen zunächst am
Beispiel des Halbleiterwerkstoffes Silizium beschrieben werden.

Die nach Bild 2.11 bzw. 2.12 gezogenen Siliziumkristalle weisen Rillen in Um-
fangsrichtung und orientierungsbedingte Ausbuchtungen der Mantelfläche im
Querschnitt auf. Die Stäbe müssen daher zunächst mit Schleifwalzen rund und
auf Maß geschliffen werden. Die dabei auf der Mantelfläche erzeugten Gitterstö-
rungen (bis etwa 100 μm tief) werden anschließend durch chemische Ätzung in
einer Mischung von Flußsäure, Salpetersäure und Essigsäure entfernt. Für den

Trennvorgang verwendet man eine Innenlochsäge gemäß Bild 2.21. Das Innenlochsägeblatt (Stahl- oder Bronzefolie) besitzt eine zentrische, diamantbesetzte Öffnung und ist auf einen Trommelrahmen gespannt, um eine hohe Formstabilität zu gewährleisten.

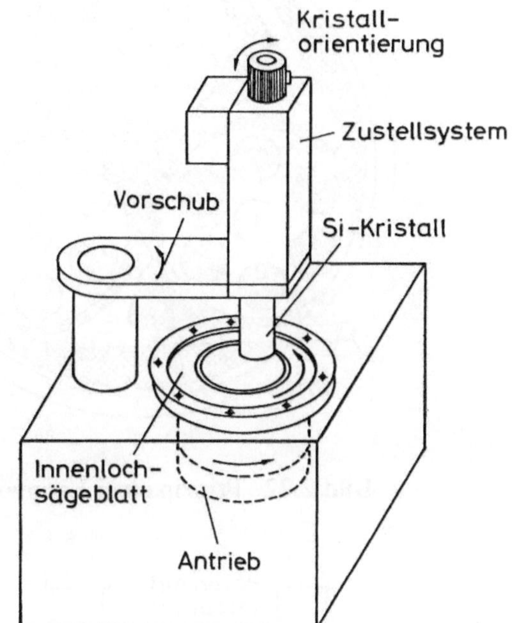

Bild 2.21
Prinzip der Innenloch-
säge /2.6/

Die Unregelmäßigkeiten gesägter Siliziumscheiben (z.B. Balligkeit oder Keiligkeit) werden durch einen Läppvorgang auf einer ebenen Stahlscheibe mit radialen Nuten beseitigt. Die Bewegung der in Käfigläufern geführten Siliziumscheiben ist schematisch in Bild 2.22 dargestellt. Die Läppscheibe wird dabei laufend mit der Aufschlämmung eines Schleifmittels (Siliziumkarbid, Aluminiumoxid oder Zirkonoxid) benetzt, welche in den Nuten abläuft. Mit den Käfigläufern verbundene zylindrische Stempel sorgen für den Andruck der Siliziumscheiben auf die Läppfläche, so daß planparallele Flächen entstehen. Bei dem Läppvorgang werden wiederum gittergestörte Zonen erzeugt, welche durch einen allseitigen chemischen Abtrag von ca. 50 µm entfernt werden müssen.

Der letzte Schritt der Scheibenbearbeitung ist eine chemomechanische Politur auf einer Anlage gemäß Bild 2.23.

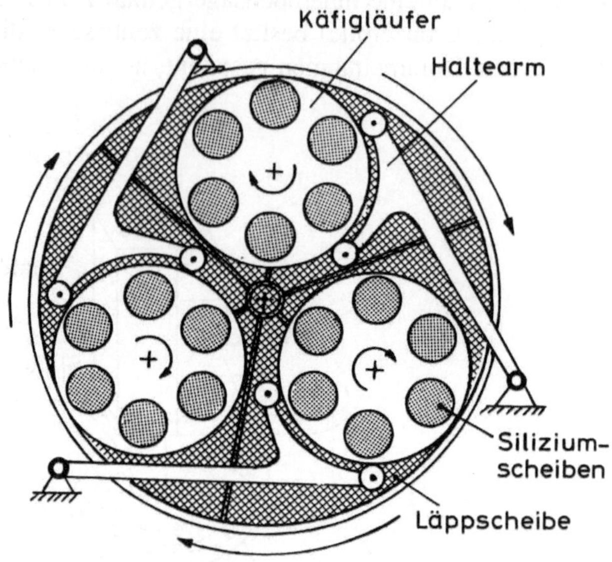

Bild 2.22   Prinzip einer Läppvorrichtung /2.6/

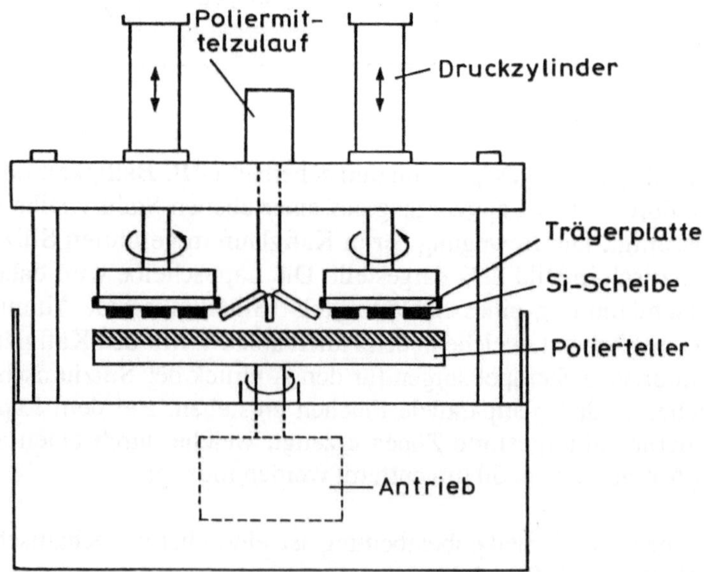

Bild 2.23   Prinzip einer Polieranlage für Silizium /2.6/

Das chemisch aktive Medium bei der Polierätzung ist üblicherweise verdünnte Alkalilauge, die mit Hilfe eines Poliertuches gleichmäßig auf die Siliziumoberfläche einwirkt. Der Zusatz eines (sehr feinkörnigen) Schleifmittels beschleunigt die Abtragung und deren Vergleichmäßigung. Im Anschluß an den Poliervorgang muß die Scheibenoberfläche von Poliermittelrückständen gereinigt werden.

Zur Kennzeichnung des Leitungstyps sowie der beiden anwendungstechnisch wichtigsten Kristallorientierungen, (111) und (100), werden die Si-Scheiben in der Regel mit Randmarkierungen gemäß Bild 2.24 versehen. Dieser Fertigungsschritt erfolgt unmittelbar im Anschluß an das Rundschleifen der Si-Stäbe.

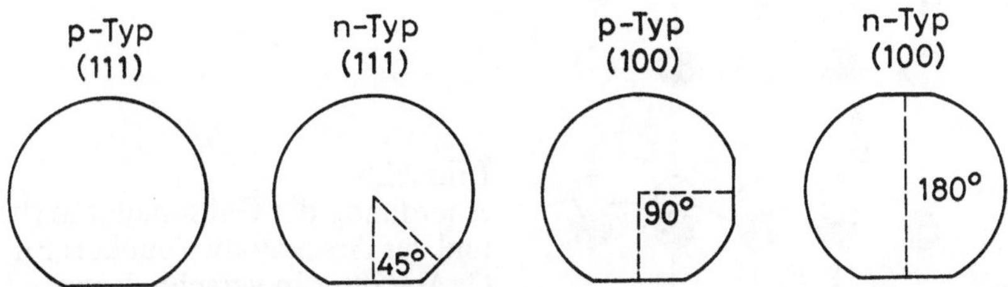

Bild 2.24   Kennzeichnung von Si-Scheiben durch Randmarkierungen

Die Herstellung von Scheiben aus anderen Halbleiterwerkstoffen erfolgt in analoger Weise, ggf. unter Verwendung von anderen Schleif-, Polier- und Ätzmitteln. Bei mechanisch empfindlichen Halbleiterwerkstoffen wird anstelle der Innenlochsäge eine Drahtsäge unter Zuführung einer geeigneten Schleifmittelsuspension eingesetzt.

Bei den Verbindungshalbleitern ist ggf. auch eine Bestimmung der Polarität der Halbleiteroberfläche erforderlich. Wie aus Bild 2.25a,b hervorgeht, sind die (100)- und die (110)-Ebenen des Galliumarsenids jeweils abwechselnd mit Gallium- und Arsenatomen besetzt. Senkrecht zur <111>-Richtung findet man dagegen Doppelschichten, die gemäß Bild 2.25c mit Gallium- und Arsenatomen besetzt sind. Es sind daher unterschiedliche Eigenschaften der (111)-Fläche (d.h. Doppelschicht mit Ga-Atomen endend) und der ($\overline{111}$)-Fläche (d.h. Doppelschicht mit As-Atomen endend) zu erwarten.

Zur Unterscheidung der (111)-Flächen und der ($\overline{111}$)-Flächen werden geläppte GaAs-Scheiben mit folgender Ätzlösung behandelt:

$$H_2O_2/NaOH/H_2O \quad (9:1:2).$$

Die (111)-Flächen erscheinen nach der Ätzung metallisch glänzend, die ($\overline{1}\overline{1}\overline{1}$)-
Flächen dagegen dunkel (ähnlich einer leicht berußten Fläche).

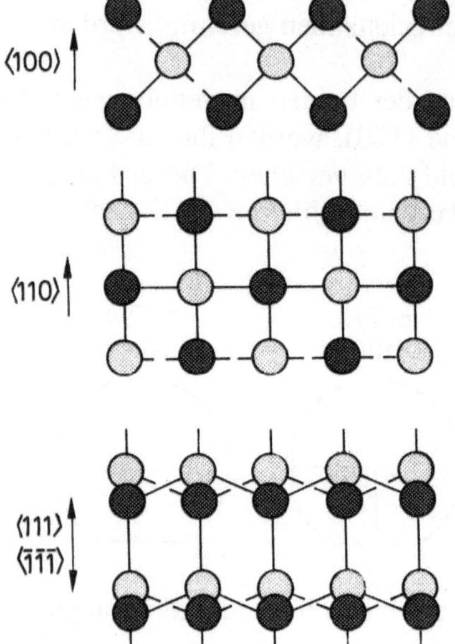

Bild 2.25
Anordnung der Galliumatome (hell)
und der Arsenatome (dunkel) im
GaAs-Gitter in verschiedenen
Orientierungen

Bei Siliziumkarbid ist es möglich, die unterschiedliche Oxidationsrate in verschiedenen Kristallorientierungen zu nutzen. So weist beispielsweise die mit
Kohlenstoffatomen besetzte ($000\overline{1}$)-Ebene der 6H-Modifikation eine wesentlich
höhere Oxidationsgeschwindigkeit als die mit Silizium besetzte (0001)-Ebene
auf. Es ist jedoch auch bei Siliziumkarbid eine Polaritätsbestimmung mittels chemischer Ätzverfahren möglich /2.1/.

3 Epitaxie

Unter Epitaxie versteht man in der Halbleitertechnologie das einkristalline Wachstum einer dünnen Schicht auf einem einkristallinen Substrat. Man unterscheidet Homoepitaxie und Heteroepitaxie. Im ersteren Falle sind die Werkstoffe der Epitaxieschicht und des Substrates - von der Dotierung abgesehen - identisch; im zweiten Falle besteht die Epitaxieschicht aus einem Material, das von demjenigen des Substrates verschieden ist.

Im Falle der Heteroepitaxie spielt die Gitteranpassung der Materialkombination Schicht/Substrat eine wesentliche Rolle. Wie in Bild 3.1a schematisch dargestellt ist, kann bei dünnen Epitaxieschichten eine (begrenzte) Gitterfehlanpassung durch eine Verspannung der Epitaxieschicht (durch zweidimensionale Kompression oder Dilatation) ausgeglichen werden (Bild 3.1b). Bei dicken Epitaxieschichten werden hingegen Versetzungen erzeugt, die im allgemeinen die Funktionsfähigkeit der Halbleiterbauelemente stark beeinträchtigen (Bild 3.1c).

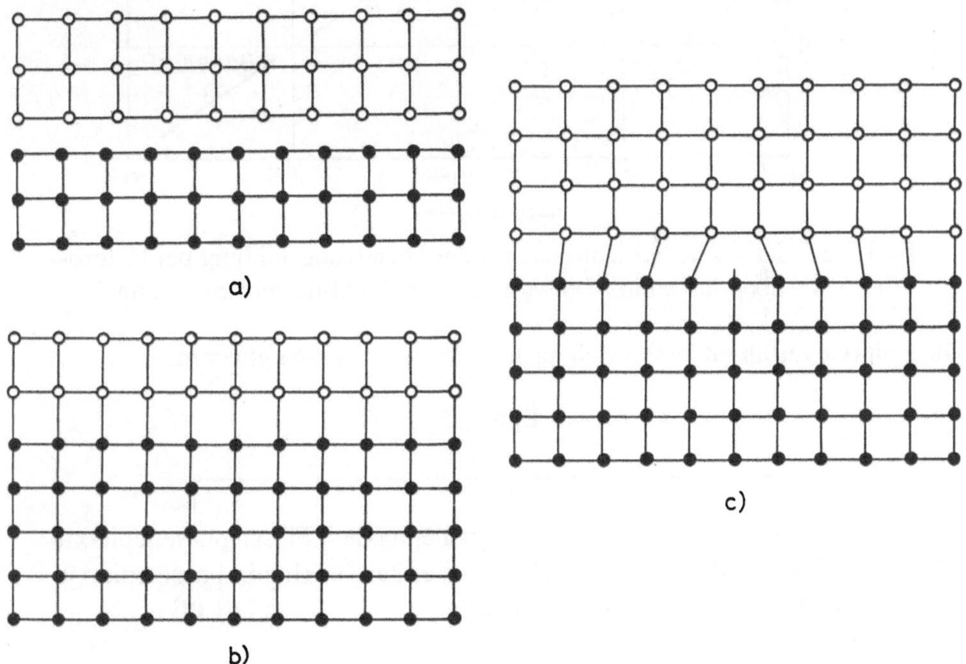

Bild 3.1 Heteroepitaxie mit Gitterfehlanpassung
a) Ungestörte Gitter mit unterschiedlichen Gitterkonstanten
b) Dünne Epitaxieschicht mit Gitteranpassung
c) Dicke Epitaxieschicht mit Versetzung

In Bild 3.2 ist die kritische Dicke (d.h. der Beginn der Versetzungsbildung) in Abhängigkeit von der Gitterfehlanpassung dargestellt. Ferner sind in Bild 3.2 einige Beispiele für die Kombination verschiedener Halbleiterwerkstoffe eingetragen. Bei der Heteroepitaxie muß ferner der - in der Regel unterschiedliche - thermische Ausdehnungskoeffizient des Substratwerkstoffes und des Schichtmaterials berücksichtigt werden. Es ist also im Anwendungsfalle zu prüfen, welche Gitterfehlanpassung bei einem Heteroübergang noch toleriert werden kann.

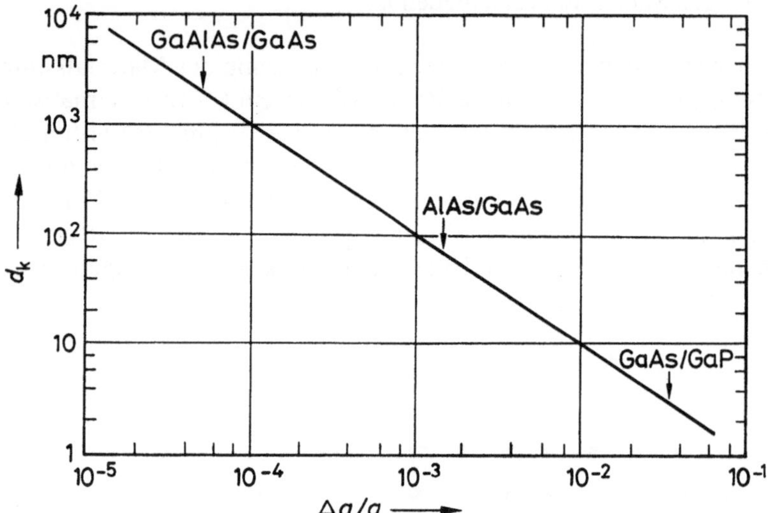

Bild 3.2   Kritische Schichtdicke für die Versetzungsbildung bei Heteroübergängen in Abhängigkeit von der Gitterfehlanpassung

Die Epitaxieverfahren lassen sich nach folgendem Schema gliedern:

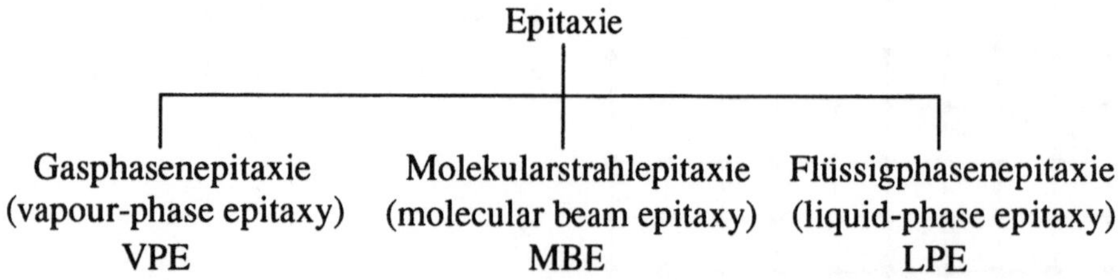

Die Auswahl des Epitaxieverfahrens richtet sich nach verschiedenen Kriterien, wie z.B. Schichtdicke, Schichtqualität, Dotierungsverlauf, Anlage- und Betriebskosten, Sicherheitsaspekte.

3.1 Gasphasenepitaxie

Die Gasphasenepitaxie basiert auf chemischen Reaktionen gasförmiger Substanzen an einer erhitzten Halbleiteroberfläche. Das Verfahren soll zunächst am Beispiel der Abscheidung von Siliziumschichten erläutert werden. Hierzu werden die folgenden Pyrolyse- und Transportreaktionen betrachtet.

Pyrolysereaktionen:

$$SiCl_4 + 2\,H_2 \;\rightleftharpoons\; Si + 4\,HCl \tag{3.1}$$

$$SiHCl_3 + H_2 \;\rightleftharpoons\; Si + 3\,HCl \tag{3.2}$$

$$SiH_2Cl_2 \;\rightleftharpoons\; Si + 2\,HCl \tag{3.3}$$

$$SiH_4 \;\rightarrow\; Si + 2\,H_2 \tag{3.4}$$

$$Si_2Cl_6 + 3\,H_2 \;\rightleftharpoons\; 2\,Si + 6\,HCl \tag{3.5}$$

$$Si_2H_6 \;\rightarrow\; 2\,Si + 3\,H_2 \tag{3.6}$$

Transportreaktionen:

$$2\,SiCl_2 \;\rightleftharpoons\; Si + SiCl_4 \tag{3.7}$$

$$2\,SiI_2 \;\rightleftharpoons\; Si + SiI_4 \tag{3.8}$$

Die wichtigsten physikalischen Eigenschaften einiger Ausgangssubstanzen für die Siliziumepitaxie sind in Tafel 3.1 zusammengestellt.

	$SiCl_4$	$SiHCl_3$	SiH_2Cl_2	SiH_4
Schmelzpunkt (°C)	- 70	- 127	- 122	- 185
Siedepunkt (°C)	58	32	8	- 111
Dampfdruck (Pa), 0 °C	$9 \cdot 10^3$	$3 \cdot 10^4$	$8 \cdot 10^4$	(gasf.)
Dampfdruck (Pa), 20 °C	$3 \cdot 10^4$	$7 \cdot 10^4$	$2 \cdot 10^5$	(gasf.)

Tafel 3.1   Physikalische Eigenschaften einiger Ausgangssubstanzen für
die Siliziumepitaxie

Es sei zunächst der Fall betrachtet, daß Siliziumtetrachlorid ($SiCl_4$) als Ausgangssubstanz in einer Apparatur gemäß Bild 3.3 verwendet wird. Als Trägergas und Reaktionspartner dient Wasserstoff.

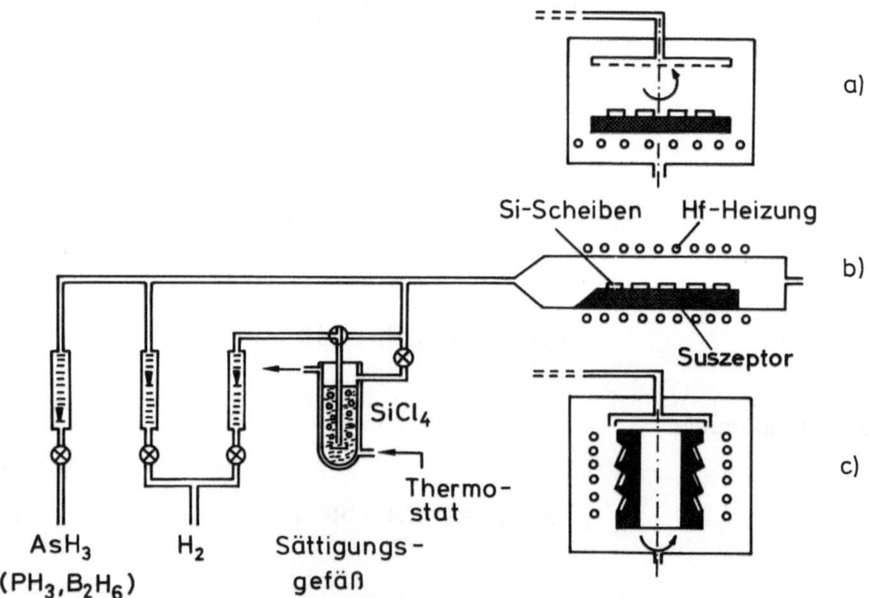

Bild 3.3   Prinzip der Siliziumepitaxie mit Siliziumtetrachlorid als
Ausgangssubstanz
a) Vertikalreaktor mit Drehteller
b) Horizontalreaktor
c) Vertikalreaktor mit Trommelsuszeptor

Aus den Reaktionsgleichungen (3.1) und (3.7) folgen zunächst die Gleichge-
wichtsbedingungen

$$\frac{p_{HCl}^{4}}{p_{SiCl_4}p_{H_2}^{2}} = K_1\,(T) \tag{3.9}$$

und

$$\frac{p_{SiCl_4}}{p_{SiCl_2}^{2}} = K_2\,(T) \tag{3.10}$$

mit den temperaturabhängigen Gleichgewichtskonstanten K_1 und K_2. Außerdem
kann der Gesamtdruck mit

$$p_{ges} = p_{SiCl_4} + p_{SiCl_2} + p_{HCl} + p_{H_2} \tag{3.11}$$

angegeben werden (beispielsweise p_{ges} = 1 bar). Ferner steht die Kontinuitätsgleichung für den Partialdruck des Siliziumtetrachlorids zur Verfügung:

$$p_{SiCl_4} = p_{SiCl_4}^{0} - \frac{1}{2}p_{SiCl_2} - \frac{1}{4}p_{HCl}. \tag{3.12}$$

Hierin ist $p_{SiCl_4}^{0}$ der Anfangspartialdruck des Siliziumtetrachlorids; dieser $SiCl_4$-
Partialdruck wird durch die Temperatur des $SiCl_4$-Sättigungsgefäßes und die
Wasserstoff-Strömungsverhältnisse am Eingang der Epitaxieapparatur nach Bild
3.3 vorgegeben. Aus den vorstehenden Gleichungen lassen sich die Partialdrücke
der einzelnen Komponenten berechnen. Das zur Abscheidung zur Verfügung stehende (elementare) Silizium läßt sich über die Beziehung

$$p_{Si} = \frac{1}{4}p_{HCl} - \frac{1}{4}p_{SiCl_2} \tag{3.13}$$

angeben, da das Auftreten von HCl nach Gleichung (3.1) eine Abscheidung von
Silizium zur Folge hat, während die Entstehung von $SiCl_2$ nach Gleichung (3.7)
mit einer Verminderung der festen Phase des Siliziums verbunden ist. Für p_{Si} > 0
resultiert also ein Wachstum der Epitaxieschicht, während im Falle p_{Si} < 0 eine
Abtragung (Ätzung) des Siliziums erfolgt. Für eine quantitative Berechnung der
Abscheidungs- bzw. Abtragungsrate ist das Ergebnis nach Gl. (3.13) nicht ausreichend.

Aus der schematischen Darstellung nach Bild 3.4 geht hervor, daß man über den $SiCl_4$-Anfangspartialdruck und über die Substrattemperatur die Wachstumsrate bzw. die Ätzrate des Siliziums einstellen kann. Um eine einwandfreie Substratoberfläche zu erhalten, wird in der Praxis zunächst eine Ätzung *in situ* vorgenommen, bevor mit der Siliziumabscheidung begonnen wird. Hierzu kann entweder die Substrattemperatur (bei konstantem $SiCl_4$-Anfangspartialdruck) erhöht werden oder es kann (bei konstanter Substrattemperatur) die $SiCl_4$-Zufuhr gesteigert werden. Alternativ ist eine kurzzeitige Zugabe von Chlorwasserstoff möglich.

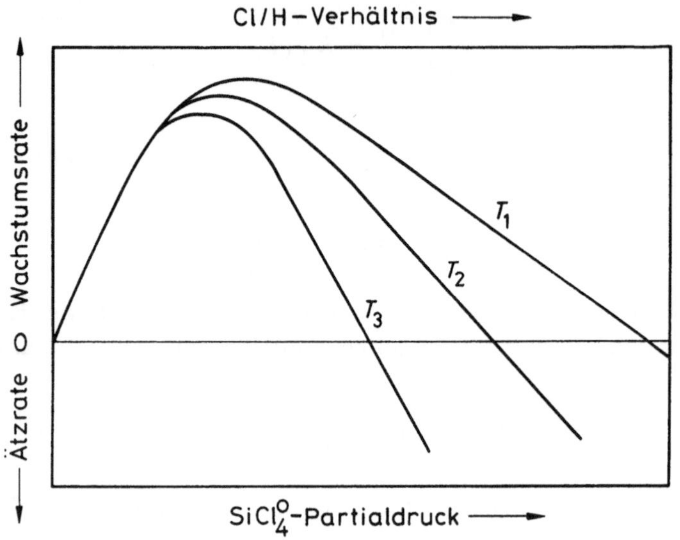

Bild 3.4   Wachstumsrate (Ätzrate) bei der Siliziumepitaxie
in Abhängigkeit vom $SiCl_4$-Anfangspartialdruck.
Parameter: Substrattemperatur ($T_1 < T_2 < T_3$)

Es ist zu betonen, daß der Silizium-Abscheidungsprozeß in der vorstehenden Beschreibung in stark vereinfachter Form dargestellt wurde. Bei genauerer Rechnung müssen auch die Partialdrücke der in den Gleichungen (3.2) bis (3.6) vorkommenden Verbindungen (und ggf. weiterer Spezies) berücksichtigt werden. In Bild 3.4 sind die Ergebnisse derartiger Rechnungen für ein Cl/H-Verhältnis von 0,01 (d.h. $p^0_{SiCl_4}$ = 250 Pa) bei einem Gesamtdruck von 10^5 Pa dargestellt. Wie aus Bild 3.5 beispielsweise hervorgeht, ist bereits bei verhältnismäßig niedriger Temperatur auch mit einem hohen Anteil von $SiHCl_3$ (neben $SiCl_4$) zu rechnen.

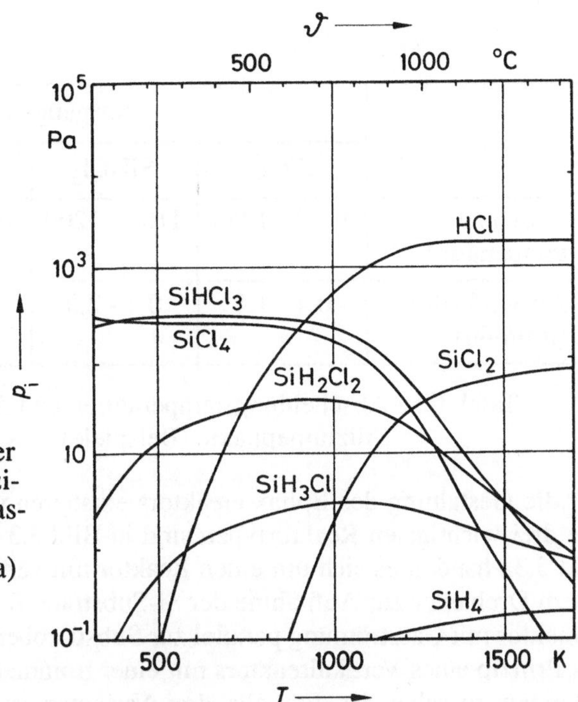

Bild 3.5
Partialdrücke verschiedener
Verbindungen bei der Silizi-
umabscheidung aus der Gas-
phase /3.1/
(Cl/H = 0,01, p_{ges} = 10^5 Pa)

Wie aus den entsprechenden Reaktionsgleichungen hervorgeht, ist bei Verwendung halogenhaltiger Ausgangssubstanzen zu berücksichtigen, daß Siliziumatome des Substrates und damit auch Dotierstoffe aus dem Substrat in die Gasat-
mosphäre gelangen. Diese Störstellen werden teilweise in die Epitaxieschicht
eingebaut ("Rückdotierung"). Außerdem muß im Falle einer hohen Temperatur
und einer langen Dauer des Epitaxievorganges mit einer Diffusion aus dem Substrat in die Epitaxieschicht gerechnet werden. Zur Herstellung dünner Epitaxieschichten mit einem möglichst abrupten Störstellenprofil an der Grenze Epi-
taxieschicht/Substrat wird daher die Verwendung halogenarmer bzw. halogenfreier Ausgangssubstanzen (SiH$_2$Cl$_2$ bzw. SiH$_4$) bei möglichst niedriger Abscheidungstemperatur bevorzugt. Zur Abtragung (*in-situ*-Ätzung) ist hier die
Zufuhr eines Ätzgases (z.B. HCl, HBr oder SF$_6$) vor dem Epitaxievorgang vorzusehen. Eine Verringerung des Effektes der Rückdotierung ist auch durch einen
Epitaxieprozeß bei vermindertem Gasdruck zu erreichen.

In Tafel 3.2 sind beispielhaft Werte für die Abscheidungstemperaturen und für
die Aufwachsraten in der Siliziumepitaxie bei Verwendung verschiedener Ausgangssubstanzen zusammengestellt. Silan ist pyrophor (selbstentzündlich); es
sind daher entsprechende Sicherheitsvorkehrungen zutreffen.

	Ausgangssubstanz			
	$SiCl_4$	$SiHCl_3$	SiH_2Cl_2	SiH_4
Abscheidungs-temperatur (^{o}C)	1150 - 1250	1100 - 1200	1050 - 1150	900 - 1150
Aufwachsrate ($\mu m/min$)	0,4 - 1,5	0,4 - 2,0	0,4 - 3,0	0,2 - 0,3

Tafel 3.2   Abscheidungstemperaturen und Aufwachsraten bei der Siliziumepitaxie (Beispiele)

Für die Gestaltung des Epitaxiereaktors existieren verschiedene Möglichkeiten. Die drei wichtigsten Reaktortypen sind in Bild 3.3 schematisch dargestellt. Bei Bild 3.3a handelt es sich um einen Reaktor mit vertikaler Gasströmung und mit einem Drehteller zur Aufnahme der Si-Substrate. Bild 3.3b zeigt einen Horizontalreaktor mit Gasströmung parallel zur Substratoberfläche, während in Bild 3.3c das Prinzip eines Vertikalreaktors mit einer trommelförmigen Aufnahme der Si-Scheiben zu sehen ist. Für alle drei Varianten ist in Bild 3.3 eine induktive Beheizung vorgesehen, d.h. die Wärmeübertragung erfolgt von dem Graphitsuszeptor zur Si-Scheibe. Es kann jedoch auch eine Beheizung durch Halogenlampen erfolgen. In diesem Falle wird ein Teil der Strahlung (sichtbares Licht, naher Infrarotbereich) direkt in der Siliziumscheibe in Wärme umgesetzt; der Rest der Strahlung wird vom Scheibenträger absorbiert. In Bild 3.3 ist auch das Prinzip der Dotierung der Epitaxieschichten mit Arsen, Phosphor und Bor durch Zufuhr geeigneter gasförmiger Verbindungen dargestellt.

Es ist evident, daß eine Siliziumabscheidung auch mit brom- oder jodhaltigen Substanzen erfolgen kann; die Reaktionsgleichung (3.8) bezieht sich beispielsweise auf den Siliziumtransport mittels Jod. Von dieser Möglichkeit wird jedoch nur in Ausnahmefällen Gebrauch gemacht.

Unter Verwendung von Silan ist eine heteroepitaktische Abscheidung von Silizium auf einkristallinen Isolatoren (beispielsweise auf Saphir oder auf Spinell) möglich. Die Qualität derartiger Schichten erlaubt jedoch nur die Herstellung von unipolaren Bauelementen (Feldeffekttransistoren). Mit diesem Verfahren können parasitäre Kapazitäten, die bei konventionellen Integrationsverfahren entstehen, weitgehend vermieden werden.

Die Epitaxie der III-V-Verbindungen soll am Beispiel des Galliumarsenids veranschaulicht werden. Hierfür sind Ausgangssubstanzen zu verwenden, die Gallium und Arsen enthalten; in Tafel 3.3 sind einige dieser Substanzen zusammengestellt.

Galliumquellen	Arsenquellen
Ga, GaCl$_3$, Ga(CH$_3$)$_3$, Ga(C$_2$H$_5$)$_3$, Ga$_2$H$_6$, GaCl(CH$_3$)$_2$	As, AsCl$_3$, AsH$_3$, As(CH$_3$)$_3$, AsH(CH$_3$)$_2$, AsH(C$_2$H$_5$)$_2$

Tafel 3.3   Zusammenstellung wichtiger Gallium- und Arsenquellen für die Galliumarsenid-Epitaxie

Das Prinzip der Galliumarsenid-Epitaxie unter Verwendung von elementarem Gallium und Arsen ist in Bild 3.6 dargestellt. Als Trägergas dient Wasserstoff in hoher Reinheit.

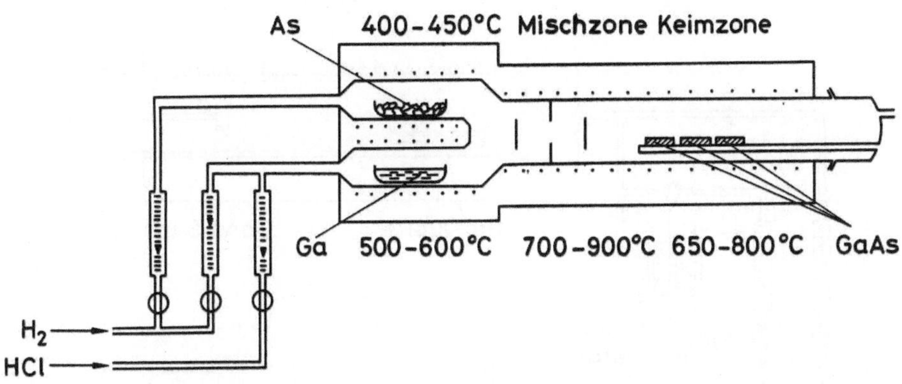

Bild 3.6   Apparatur zur epitaktischen Abscheidung von Galliumarsenid unter Verwendung elementarer Ausgangssubstanzen /3.2/

Während Arsen bereits bei Temperaturen um 400 °C einen für die Epitaxie ausreichenden Dampfdruck aufweist, muß Gallium durch Chlorierung gemäß

$$2\,\mathrm{Ga} + 2\,\mathrm{HCl} \longrightarrow 2\,\mathrm{GaCl} + \mathrm{H}_2 \tag{3.14}$$

in eine bei der Epitaxietemperatur hinreichend flüchtige Verbindung (Gallium-monochlorid) übergeführt werden. Nach einer Durchmischung der Reaktanden (GaCl- und As_4-Moleküle) erfolgt auf den GaAs-Substraten die Abscheidung von Galliumarsenid durch die Reaktion

$$4\,GaCl + As_4 + 2\,H_2 \;\longrightarrow\; 4\,GaAs + 4\,HCl \qquad (3.15)$$

in einem Temperaturbereich von etwa 650 °C bis 800 °C.

Ein (zeitweilig) weitverbreitetes Verfahren der Galliumarsenid-Epitaxie ("*Effer*-Verfahren") basiert auf der Verwendung von Gallium und Arsentrichlorid (Bild 3.7). Hierbei dient das durch Kristallisation und Destillation leicht zu reinigende Arsentrichlorid (Fp: -18 °C, Kp: 132 °C) sowohl als Arsenquelle als auch zur Erzeugung von Chlorwasserstoff. Der in der Reaktion

$$4\,AsCl_3 + 6\,H_2 \;\longrightarrow\; 12\,HCl + As_4 \qquad (3.16)$$

gebildete Chlorwasserstoff reagiert nach Gl. (3.14) mit der Galliumquelle, während das nach Gl. (3.16) gleichzeitig freigesetzte Arsen zu einem Teil im Gallium gelöst wird. Der verbeibende Teil des Arsens wird in die Substratzone transportiert und kann mit dem Galliummonochlorid nach Gl. (3.15) unter Abscheidung einer GaAs-Epitaxieschicht reagieren.

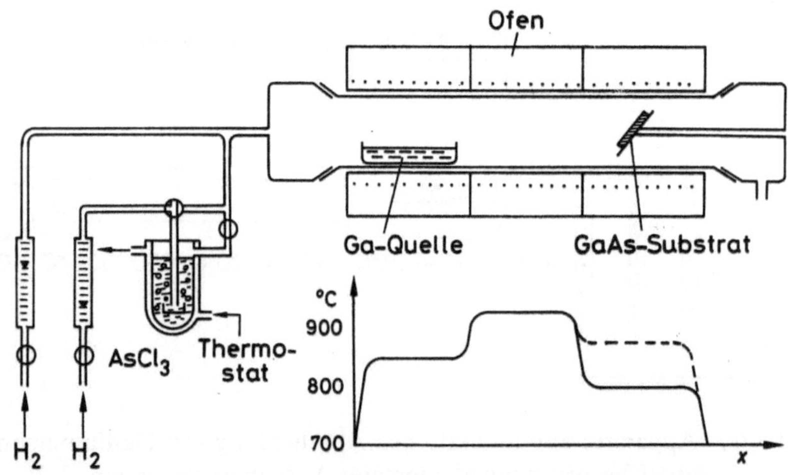

Bild 3.7   Apparatur zur epitaktischen Abscheidung von Galliumar-senid unter Verwendung von Gallium und Arsentrichlorid

Das Temperaturprofil während der Abscheidung ist in Bild 3.7 unter der Ofenan-ordnung eingezeichnet. Durch kurzzeitige Temperaturerhöhung in der Substratzone (gestrichelter Temperaturverlauf) wird vor der Abscheidung eine Ätzung des Substrates *in situ* vorgenommen.

Eine weitere Methode zur Galliumarsenid-Epitaxie basiert auf der Verwendung von Gallium und Arsenwasserstoff ("*Tietjen*-Verfahren", Bild 3.8). Hiermit ist eine besonders genaue Dosierung der Arsenzufuhr möglich. Das Temperaturprofil der Anordnung ist ähnlich wie in Bild 3.7 zu wählen. In der Mischzone zerfällt der Arsenwasserstoff, so daß in der Substratzone wiederum die Komponenten GaCl und As_4 für die Abscheidungsreaktion (3.15) zur Verfügung stehen. Arsenwasserstoff ist extrem giftig; bei der Verwendung dieses Gases sind daher entsprechende Sicherheitsvorkehrungen zu treffen.

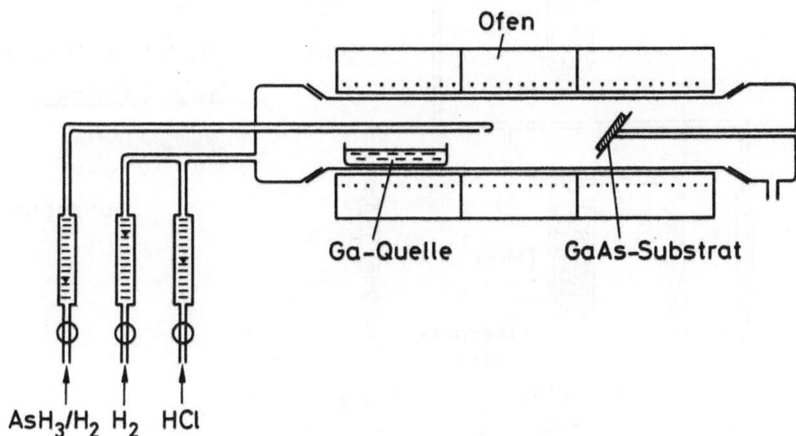

Bild 3.8   Apparatur zur epitaktischen Abscheidung von Galliumarsenid unter Verwendung von Gallium und Arsenwasserstoff

Um auch die Galliumzufuhr möglichst exakt dosieren zu können, ist die Verwendung einer Galliumverbindung, welche bei Raumtemperatur gasförmig vorliegt bzw. einen hinreichenden Dampfdruck aufweist, wünschenswert. Es werden hierfür geeignete metallorganische Verbindungen, beispielsweise Trimethylgallium, $Ga(CH_3)_3$, eingesetzt. Das Verfahren ist unter der Bezeichnung MO-CVD (metal organic chemical vapour deposition) bekannt /3.3/.

In Bild 3.9 ist schematisch eine Apparatur dargestellt, mit der sowohl GaAs-Schichten als auch (ternäre) $Ga_{1-x}Al_xAs$-Schichten hergestellt werden können. Dazu werden Teile des Wasserstoffstroms durch die mit Trimethylgallium bzw. Trimethylaluminium gefüllten Sättigungsgefäße geleitet. Als Arsenquelle dient - wie beim *Tietjen*-Verfahren - Arsenwasserstoff. Im Gegensatz zu den Apparaturen nach Bild 3.6, 3.7 und 3.8 wird hier ein Kaltwandreaktor verwendet, d.h. die

GaAs-Substrate befinden sich auf einem hochfrequenzbeheizten Graphitsuszeptor. Alternativ kann die Beheizung der Substrate auch durch Halogenlampen erfolgen. Die Abscheidung erfolgt nach der Reaktion

$$Ga(CH_3)_3 + AsH_3 \longrightarrow GaAs + 3\,CH_4 \qquad (3.17)$$

bei Temperaturen im Bereich von ca. 600 bis 800 °C. Um das Abdampfen von Arsen aus der GaAs-Oberfläche zu vermeiden, ist ein Arsenüberschuß notwendig; üblich ist ein Verhältnis As : Ga > 10.

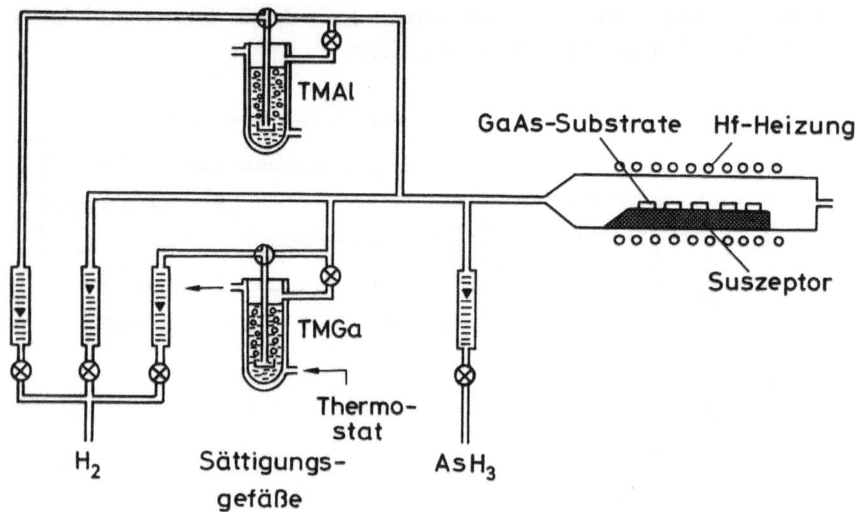

Bild 3.9   Apparatur zur Abscheidung von Galliumarsenid und Gallium-Aluminiumarsenid unter Verwendung metallorganischer Verbindungen (TMGa = Trimethylgallium, TMAl = Trimethylaluminium)

Da es sich bei der Abscheidung in einem MO-CVD-Prozeß um ein Nichtgleichgewichtsverfahren handelt, ist der Umfang der Rückdotierung gering. Es können somit dünne Schichten mit einem steilen Verlauf des Dotierungsprofils hergestellt werden.

Die vorstehend beschriebenen Epitaxieverfahren können unter Verwendung geeigneter Ausgangssubstanzen und ggf. mit apparativen Abwandlungen zur Herstellung von Epitaxieschichten verschiedener binärer, ternärer und quaternärer III-V-Verbindungen eingesetzt werden. Bei der Abscheidung phosphorhaltiger Schichten mit einem MO-CVD-Verfahren ist zu berücksichtigen, daß Phosphin (PH₃) wesentlich stabiler als Arsenwasserstoff (AsH₃) ist. Demzufolge muß eine Vorzerlegung des Phosphins in einer beheizten Zuleitung vorgesehen werden. Antimonwasserstoff ist dagegen extrem instabil. Bei der Abscheidung antimonhaltiger Epitaxieschichten wird daher die Verwendung von Trimethylantimon ($Sb(CH_3)_3$) bevorzugt.

In Bild 3.10 sind die Dampfdrücke der in MO-CVD-Prozessen verwendeten organometallischen Verbindungen der Elemente der III. Gruppe über der Temperatur dargestellt. In der Praxis strebt man einen Dampfdruck im Bereich von etwa 10^3 bis $5 \cdot 10^3$ Pa an. Die Temperatur des Sättigungsgefäßes ist dementsprechend einzustellen. Bild 3.10 enthält außerdem die Dampfdrücke zweier als Dotierstoffe eingesetzter Zinkverbindungen.

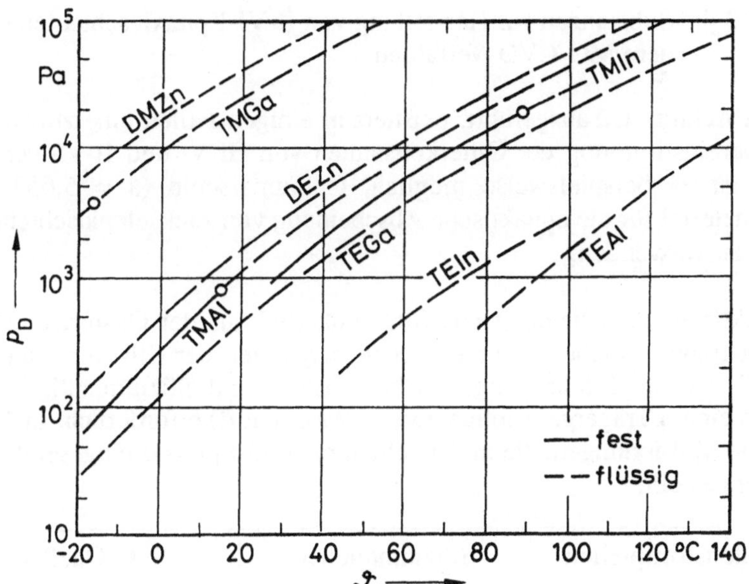

Bild 3.10   Dampfdrücke gebräuchlicher metallorganischer Verbindungen
(DMZn = Dimethylzink, TMGa = Trimethylgallium,
DEZn = Diethylzink, TMAl = Trimethylaluminium,
TMIn = Trimethylindium, TEGa = Triethylgallium,
TEIn = Triethylindium, TEAl = Triethylaluminium)

Organometallische Verbindungen können auch zur Herstellung von Epitaxieschichten der II-VI-Verbindungen eingesetzt werden. Als Quellen von Schwefel und Selen dienen die (gasförmigen) Wasserstoffverbindungen. Wegen der Instabilität des Tellurwasserstoffs wird eine Alkylverbindung des Tellurs (z.B. Dimethyltellur oder Diethyltellur) verwendet. In Tafel 3.4 sind einige Substanzen für die Herstellung von II-VI-Halbleitern nach dem MO-CVD-Verfahren zusammengestellt.

Quellen II. Gruppe	Quellen VI. Gruppe	II-VI-Verbindungen
$Zn(CH_3)_2$, $Zn(C_2H_5)_2$, $Cd(CH_3)_2$	H_2S, H_2Se, $(CH_3)_2Te$, $(C_2H_5)_2Te$	ZnS, ZnSe, ZnTe CdS, CdSe, CdTe

Tafel 3.4   Substanzen zur Herstellung von II-VI-Epitaxieschichten nach dem MO-CVD-Verfahren

Wie in Abschnitt 1.2 ausgeführt, existiert in einigen Fällen eine zufriedenstellende Übereinstimmung der Gitterkonstanten von III-V- und II-VI-Verbindungen. So ist es beispielsweise möglich, Galliumarsenid (a = 5,653 Å) als Substratmaterial für die epitaktische Abscheidung von Zinkselenidschichten (a = 5,668 Å) zu verwenden.

Die epitaktische Abscheidung von Siliziumkarbid aus der Gasphase erfolgt in einer Apparatur, welche im wesentlichen derjenigen der Siliziumepitaxie entspricht. Es ist die Zufuhr geeigneter kohlenstoff- und siliziumhaltiger Verbindungen in einem Trägergas (üblicherweise Wasserstoff) erforderlich. In Tafel 3.5 sind einige Verbindungen, die in der Siliziumkarbid-Epitaxie eingesetzt werden, zusammengestellt.

Kohlenstoffquellen	Siliziumquellen	Si/C-Quellen
CH_3, C_2H_6, C_2H_4, C_3H_8, C_6H_{14}	SiH_4, $SiHCl_3$, $SiCl_4$	CH_3SiCl_3, CH_3SiH_3, $(CH_3)_2SiCl_2$

Tafel 3.5   Zusammenstellung von Kohlenstoff- und Siliziumquellen für die Siliziumkarbidepitaxie

Bild 3.11 zeigt eine Anordnung zur epitaktischen Abscheidung von Siliziumkarbid. In diesem Falle werden die (flüssigen) Quellen Hexan und Siliziumtetrachlorid verwendet. Es ist eine Dotierung mit dem Akzeptor Aluminium vorgesehen; dazu wird Trimethylaluminium in einem Kohlenwasserstoff mit geringem Dampfdruck (n-Decan) gelöst. Ferner sind in der Apparatur nach Bild 3.11 Einrichtungen zur Evakuierung des Reaktors (vor der Abscheidung) sowie zum Spülen mit Stickstoff (nach der Abscheidung) vorhanden. Die Beheizung der Substrate erfolgt induktiv.

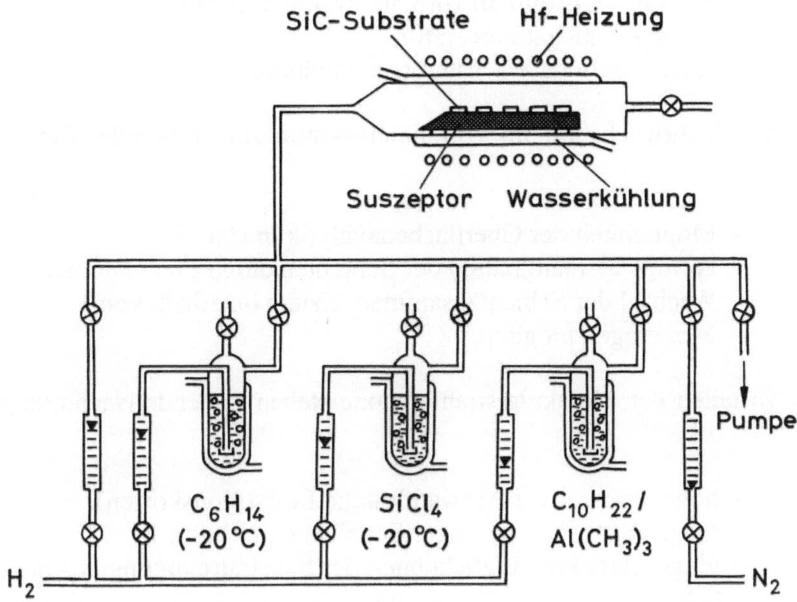

Bild 3.11   Apparatur zur epitaktischen Abscheidung von Siliziumkarbid /3.4/

Die Homoepitaxie von Siliziumkarbid (beispielsweise 6H-Schichten auf 6H-Substraten) erfolgt bei Temperaturen im Bereich von ca. 1600 bis 1800 °C. Die Wachstumsrate beträgt dabei rd. 0,1 µm/min. Bei niedrigeren Temperaturen entstehen kubische Schichten (3C-Modifikation).

Unter Verwendung halogenfreier Quellenstoffe lassen sich kubische SiC-Schichten auf Siliziumsubstraten herstellen (Heteroepitaxie). Die Abscheidungstemperatur liegt im Bereich von 1100 bis 1300 °C. Der Wachstumsprozeß wird üblicherweise durch Reaktion der Si-Oberfläche mit einem Kohlenwasserstoffgas (z.B. Propan) bei hoher Temperatur eingeleitet.

3.2 Molekularstrahlepitaxie

Bei der Molekularstrahlepitaxie handelt es sich um einen fortentwickelten Auf-dampfprozeß. Das Verfahren läßt sich im wesentlichen wie folgt charakterisie-ren:

- Schichtwachstum im Ultrahochvakuum (UHV),
- geringe Substrattemperatur,
- extrem geringe Wachstumsgeschwindigkeit.

Mit dem Schichtwachstum im Ultrahochvakuum sind folgende Vorteile ver-knüpft:

- Möglichkeit der Oberflächenanalytik *in situ*,
- geringe Kontamination der Schichten durch Fremdatome,
- Wechsel der Schichtzusammensetzung innerhalb von 1 - 2
  Monolagen möglich.

Diesen Vorteilen der Molekularstrahlepitaxie stehen folgende Nachteile gegen-über:

- hoher apparativer Aufwand (hohe Investitionskosten),
- lange Rüstzeiten (geringer Scheibendurchsatz),
- eingeschränkte Möglichkeiten der Substratreinigung *in situ*.

In Bild 3.12 sind die wichtigsten Komponenten einer Apparatur zur Herstellung von Siliziumschichten mittels Molekularstrahlepitaxie dargestellt. In der Appara-tur soll vor der Abscheidung ein Druck von ca. 10^{-10} Pa erreicht werden; während des Schichtwachstums wird ein Druck von weniger als 10^{-8} Pa angestrebt /3.5/.

Die Verdampfung des Siliziums erfolgt in einer Elektronenstrahlverdampfer-quelle. Das zu verdampfende Silizium befindet sich in einem wassergekühlten Kupferblock. Die von der Kathode emittierten Elektronen werden beschleunigt und in einem Magnetfeld derart abgelenkt, daß sie im Zentrum des Si-Quellen-materials auftreffen. Auf diese Weise ist gewährleistet, daß der mit dem Kupfer-block in Berührung stehende Teil des Siliziums nicht aufgeschmolzen wird. Es entsteht somit ein Silizium-Atomstrahl hoher Reinheit. Die Verdampfungsrate kann über die Leistung des Elektronenstrahls (Strom und Beschleunigungsspan-nung) gesteuert werden.

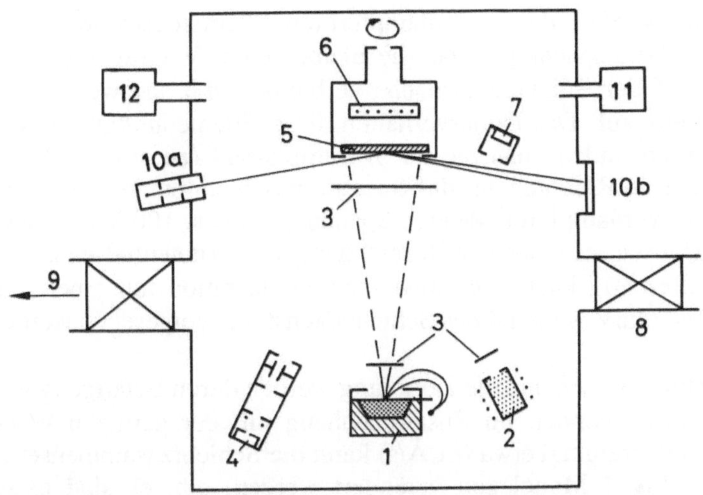

Bild 3.12   Apparatur zur Herstellung von Siliziumschichten mittels
Molekularstrahlepitaxie
1 Elektronenstrahlverdampfer (Si-Quelle), 2 Verdampferofen
(Dotierung), 3 Blenden, 4 Ionenstrahlquelle, 5 Si-Substrat,
6 Substratheizer, 7 Schichtdickenmeßgerät, 8 Substratschleuse,
9 Pumpsystem, 10a RHEED-Quelle, 10b RHEED-Schirm,
11 Druckmessung, 12 Restgasanalyse (Massenspektrometer)

Es ist evident, daß die in der Gasphasenepitaxie eingesetzten Methoden der Substratvorbehandlung *in situ* (z.B. Reaktion mit chlorhaltigen Gasen) nicht auf die Molekularstrahlepitaxie zu übertragen sind. Im Falle der Silizium-Molekularstrahlepitaxie wird das Substrat im Ultrahochvakuum auf ca. 800 bis 900 $^\circ$C aufgeheizt. Das an der Oberfläche befindliche Siliziumdioxid wird dabei gemäß

$$Si + SiO_2 \longrightarrow 2\,SiO \tag{3.18}$$

zu Siliziummmonoxid reduziert, welches unter UHV-Bedingungen in dem genannten Temperaturbereich flüchtig ist. Alternativ kann ein Beschuß der SiO_2-Oberfläche mit Inertgasionen erfolgen. Dabei ggf. auftretende Strahlenschäden müssen durch einen Tempervorgang vor der Epitaxie beseitigt werden.

Der epitaktische Wachstumsprozeß erfolgt bei Temperaturen im Bereich von ca. 400 bis 650 $^\circ$C. Die Wachstumsrate liegt in der Größenordnung von 1 µm/h. Eine Schichtdickenkontrolle ist während des Wachstums möglich.

Dotierstoffe werden durch Verdampferöfen ("Effusionszellen") eingebracht. Dabei ist zu berücksichtigen, daß die Elemente der V. Gruppe (Donatoren) nur kurzzeitig auf der Siliziumoberfläche verbleiben, d.h. sie weisen eine geringe Dotiereffizienz auf. Das Dotierverhalten dieser Elemente kann wesentlich verbessert werden, indem man die im Si-Dampfstrahl (zu etwa 1 %) enthaltenen Siliziumionen in Richtung auf das Substrat beschleunigt. Hierzu wird zwischen Substrat und Verdampferquelle eine Spannung von ca. 100 V bis 1 kV angelegt. Dieses Verfahren ist unter der Bezeichnung PED (potential enhanced doping) bekannt. Alternativ kann auch eine Ionenimplantation mit einer Ionenenergie von ca. 1 bis 3 keV während des Schichtwachstums vorgesehen werden.

Der Wachstumsprozeß und die Dotierung werden durch Betätigung von Blenden begonnen bzw. beendet. Im Zusammenhang mit der geringen Wachstumsgeschwindigkeit (minimal etwa 0,1 Å/s) kann die Schichtzusammensetzung innerhalb von 1 bis 2 Monolagen verändert werden, d.h. es sind extrem dünne Schichten und ein steiler Verlauf des Dotierungsprofils realisierbar. Das Verfahren wird u.a. zur Herstellung von $Si/Si_{1-x}Ge_x$-Heteroübergängen eingesetzt /3.6/.

Es ist besonders zu betonen, daß das Schichtwachstum unter UHV-Bedingungen verschiedene Verfahren der Schicht- und Oberflächenanalyse *in situ* (d.h. unmittelbar vor Beginn des Wachstums, während des Wachstums und nach Abschluß des Wachstums) ermöglicht. So sind beispielsweise in Bild 3.12 eine RHEED-Quelle und ein RHEED-Bildschirm eingezeichnet (RHEED = reflection high-energy electron diffraction). Als weitere Methoden der Oberflächenanalyse seien das LEED-Verfahren (low-energy electron diffraction) und die *Auger*-Spektroskopie genannt.

Das Verfahren der Molekularstrahlepitaxie für die Herstellung von III-V-Verbindungen soll - in Analogie zur Beschreibung des MO-CVD-Verfahrens - am Beispiel der Galliumarsenid- und der Gallium-Aluminiumarsenidschichten erläutert werden. In Bild 3.13 sind die wichtigsten Teile einer derartigen Anlage dargestellt /3.7/.

Zur Herstellung von GaAs-Schichten werden Gallium und Arsen aus den entsprechenden Effusionszellen verdampft; dabei entsteht ein Gallium-Atomstrahl und ein Arsenstrahl, welcher aus As_4-Molekülen besteht. Die auf das GaAs-Substrat auftreffenden As_4-Moleküle werden zunächst nur sehr kurzzeitig adsorbiert, d.h. der Ablagerungskoeffizient des Arsens ist sehr klein. Erst nach Bedeckung der Substratoberfläche mit Galliumatomen erfolgt eine Kondensation (und Aufspaltung) der As_4-Moleküle. Auf diese Weise wächst eine stöchiometrisch zusammengesetzte GaAs-Schicht, sofern ein hinreichendes Arsenangebot an der Substratoberfläche herrscht. Überschüssige Arsenmoleküle werden ohne Reaktion mit der Substrat- bzw. Schichtoberfläche desorbiert.

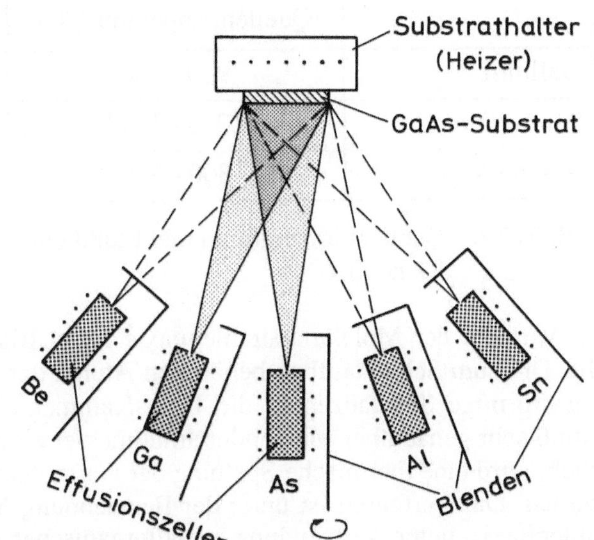

Bild 3.13
Prinzip der Herstellung von GaAs- und $Ga_{1-x}Al_xAs$-Schichten durch Molekularstrahlepitaxie

Es ist evident, daß durch eine zusätzliche Verdampfung von Aluminium auch ternäre Verbindungen des Typs $Ga_{1-x}Al_xAs$ hergestellt werden können. Zur Dotierung verwendet man u.a. Beryllium (Akzeptor) und Zinn (Donator). Die Atom- bzw. Molekularstrahlen werden durch Betätigung entsprechender Blenden aktiviert und unterbrochen. Auf diese Weise ist es möglich, die Schichtdicke, die Schichtzusammensetzung und die Dotierung zu steuern. Es können insbesondere sehr dünne Schichten mit wechselnder Zusammensetzung und Dotierung erzeugt werden.

Wie bereits bei der Behandlung der Silizium-Molekularstrahlepitaxie erläutert, existieren unter UHV-Bedingungen nur begrenzte Möglichkeiten der Substratvorbehandlung (Ausheizen, Ionenbeschuß mit anschließender Temperung). Dagegen können verschiedene Verfahren der Schicht- und Oberflächenanalyse eingesetzt werden.

Bei Wachstumsraten im Bereich von etwa 0,3 bis 1,0 µm/h gelten die in Tafel 3.6 zusammengestellten Bedingungen für die Quellentemperaturen und die Flußdichten der Atom- bzw. Molekularstrahlen an der Substratoberfläche. Die Substrattemperaturen bei der GaAs- bzw. der $Ga_{1-x}Al_xAs$-Molekularstrahlepitaxie liegen im Bereich von etwa 400 bis 630 °C. Es werden vorwiegend (100)-orientierte Substrate verwendet.

	Quellentemperatur ($^{\circ}$C)	Flußdichte ($cm^{-2}s^{-1}$)
Gallium	930 - 980	10^{14} - 10^{15}
Aluminium	1070 - 1130	10^{14} - 10^{15}
Arsen (As_4)	300 - 330	10^{15} - 10^{16}

Tafel 3.6   Quellentemperaturen und Flußdichten an der Substratoberfläche /3.7/

Eine Variante der Molekularstrahlepitaxie ist in Bild 3.14 schematisch dargestellt. Die zum Schichtaufbau benötigten Atome der III. und V. Gruppe werden
als gasförmige Substanzen in die UHV-Kammer eingeleitet. Dabei kann der
Gasfluß sehr genau über Massendurchflußmesser eingestellt werden. Falls erforderlich, wird eine thermische Spaltung der Gasmoleküle in der Zuleitung vorgenommen. Das Verfahren ist unter der Bezeichnung MO-MBE (d.h. Molekularstrahlepitaxie unter Verwendung metallorganischer Verbindungen) bzw. CBE
(chemical beam epitaxy) bekannt.

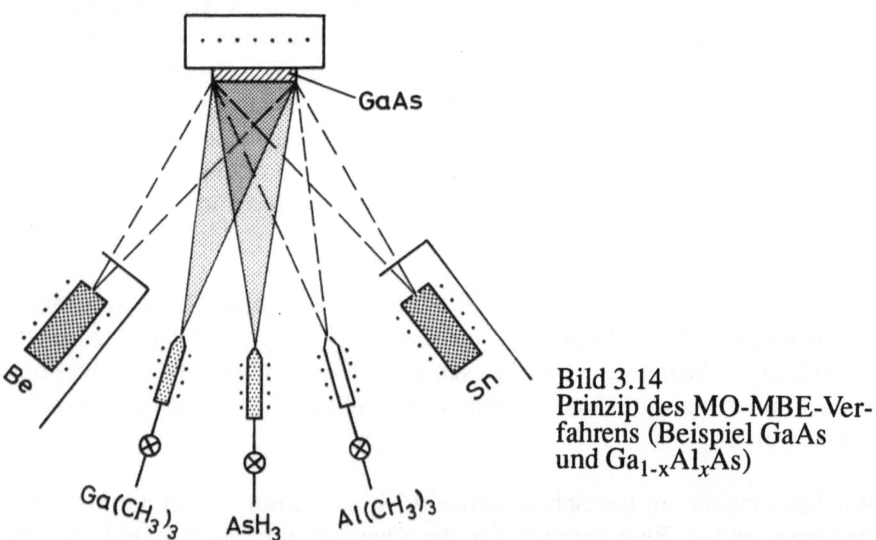

Bild 3.14
Prinzip des MO-MBE-Ver-
fahrens (Beispiel GaAs
und $Ga_{1-x}Al_xAs$)

Bei diesem Verfahren entfällt das Nachfüllen der entsprechenden Effusionszellen. Es sind jedoch die beim MO-CVD-Verfahren besprochenen Gefahrenpoten-
tiale (pyrophore Eigenschaften der metallorganischen Verbindungen, hohe
Toxizität von Arsen- und Phosphorwasserstoff) zu berücksichtigen. Mit dem

MO-MBE-Verfahren können im allgemeinen etwas höhere Wachstumsraten (ca. 5 µm/h) als mit dem konventionellen MBE-Verfahren nach Bild 3.13 erzielt werden.

Die vorstehend beschriebenen Verfahren der Molekularstrahlepitaxie können - unter Verwendung geeigneter Ausgangssubstanzen - zur Herstellung verschiedener binärer, ternärer und quaternärer III-V-Verbindungen eingesetzt werden. Ferner ist die Erzeugung von Epitaxieschichten der II-VI- und IV-VI-Verbindungen durch Molekularstrahlepitaxie möglich.

3.3 Flüssigphasenepitaxie

Die Flüssigphasenepitaxie basiert auf der gezielten Ausscheidung eines Halbleitermaterials aus einer zwei- oder mehrkomponentigen Schmelze. Für die Epitaxie elementarer Halbleiter ist dieses Verfahren nur in Sonderfällen geeignet, da hierbei der Einbau von Fremdatomen (als notwendiger Bestandteil der Schmelze) grundsätzlich nicht ausgeschlossen werden kann. Bei den Verbindungshalbleitern bietet sich dagegen die Verwendung einer nichtstöchiometrischen Schmelze für die Flüssigphasenepitaxie an; es ist somit kein Zusatz eines Fremdstoffes erforderlich.

Die Flüssigphasenepitaxie soll zunächst am Beispiel des Galliumarsenids erläutert werden. Die Herstellung epitaktischer Galliumarsenidschichten geht im wesentlichen in folgenden Schritten vor sich:

1. Eine Galliumschmelze wird bei einer bestimmten Temperatur mit Arsen gesättigt.

2. Die gesättigte Schmelze wird mit dem Substrat in Kontakt gebracht.

3. Langsames Absenken der Temperatur bewirkt eine epitaktische Abscheidung von Galliumarsenid auf dem Substrat.

4. Nach Erreichen der gewünschten Dicke der Epitaxieschicht wird die Schmelze vom Substrat getrennt.

Für die Durchführung der Flüssigphasenepitaxie existieren zahlreiche Verfahrensvarianten. Neben Galliumarsenid können viele binäre, ternäre und quaternäre III-V-Verbindungen hergestellt werden.

Im Vergleich zur Kristallisation aus einer stöchiometrischen Schmelze weist die
Flüssigphasenepitaxie von Galliumarsenid folgende Vorteile auf:

- geringere Arbeitstemperatur,

- niedrigerer Arsendampfdruck,

- geringere Aufnahme von Verunreinigungen aus dem Tiegelmaterial,

- höhere Kristallqualität.

Außerdem wirkt die Galliumschmelze getternd, d.h. unerwünschte Verunreinigungen verbleiben weitgehend in der Restschmelze.

Bild 3.15 zeigt den galliumreichen Teil des Ga/As-Phasendiagramms. Wie aus
dem Verlauf der Liquiduslinie hervorgeht, steigt die Löslichkeit des Arsens in
einer Galliumschmelze im Bereich oberhalb 29 °C (Schmelzpunkt des Galliums)
mit zunehmender Temperatur stark an. Die Liquiduslinie dieses Systems verläuft
horizontal, d.h. die Restschmelze erstarrt in jedem Fall bei 29 °C.

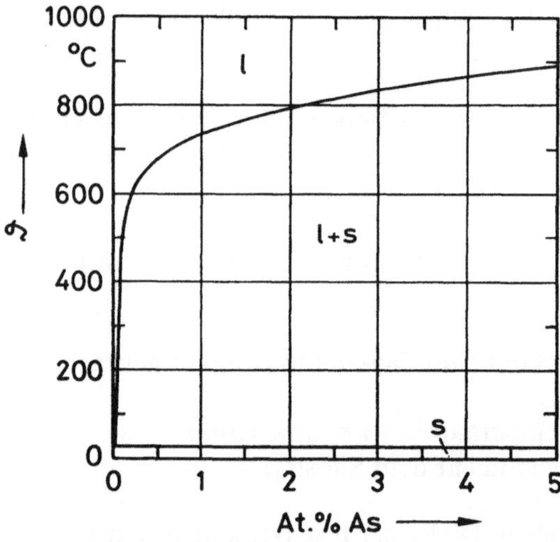

Bild 3.15
Phasendiagramm des
Systems Ga/As (gal-
liumreicher Teil)

Zur genaueren Beschreibung des Löslichkeitsverhaltens von Arsen in einer Galliumschmelze im Temperaturbereich von 650 bis 850 °C dient Bild 3.16. Bei
einer Temperatur von 800 °C werden beispielsweise etwa 2,5 % Arsen in Gallium gelöst (d.h. rd. 25 mg Arsen in 1 g Galliumschmelze). Die Zufuhr des
Arsens erfolgt üblicherweise durch Zugabe einer entsprechenden Menge Galliumarsenid.

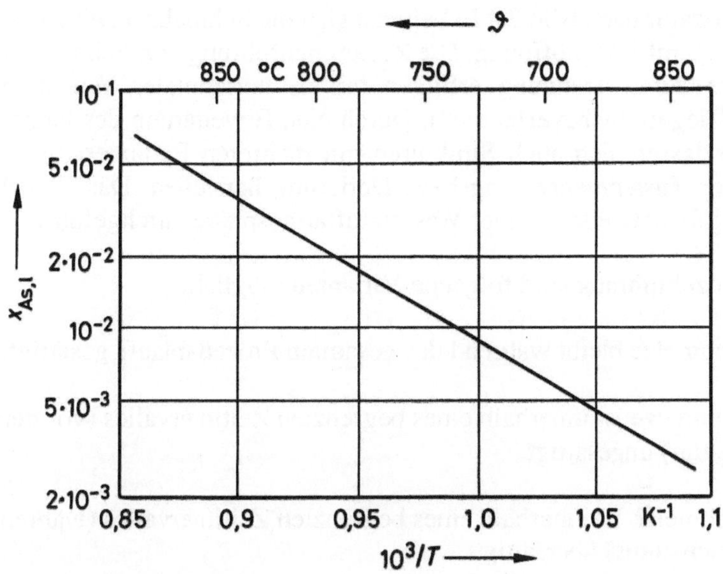

Bild 3.16   Löslichkeit von Arsen in Gallium (*Arrhenius*-Darstellung)

In Bild 3.17 sind zwei Systeme zur epitaktischen Abscheidung von Galliumarsenid aus der Schmelze dargestellt. In der Apparatur nach Bild 3.17a wird die Schmelze durch Kippen des Ofens mit dem Substrat in Berührung gebracht und zum Abschluß des Schichtwachstums wieder vom Substrat getrennt ("Kippofenverfahren").

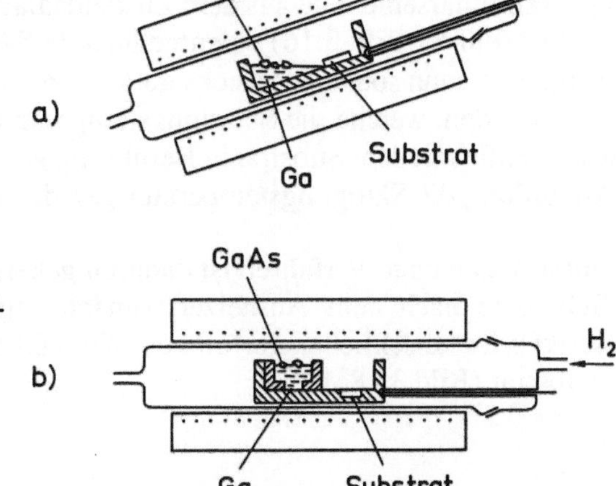

Bild 3.17
Apparaturen für die Flüssigphasenepitaxie von Galliumarsenid
a) Kippofenverfahren
b) Tiegelschiebeverfahren

In der Apparatur nach Bild 3.17b befindet sich die Schmelze in einem verschiebbaren Tiegel mit Bodenöffnung. Die Zusammenführung von Schmelze und Substrat sowie deren Trennung erfolgen mittels horizontaler Verschiebung des Tiegels ("Tiegelschiebeverfahren"). Durch eine Erweiterung des letztgenannten Verfahrens lassen sich auch Strukturen mit mehreren Epitaxieschichten unterschiedlicher Zusammensetzung bzw. Dotierung herstellen. Das Schichtwachstum wird üblicherweise in einer Wasserstoffatmosphäre durchgeführt.

Bei der Prozeßführung sind folgende Varianten möglich:

1.   Die Schmelze bleibt während des gesamten Prozeßablaufs gesättigt.

2.   Die Schmelze ist innerhalb eines begrenzten Zeitintervalles (vor dem Wachstum) ungesättigt.

3.   Die Schmelze ist innerhalb eines begrenzten Zeitintervalles (während des Wachstums) übersättigt.

Der erstgenannte Fall wird dadurch realisiert, daß sich auf der Schmelze (ein- oder polykristallines) Galliumarsenid im Überschuß befindet. Das epitaktische Wachstum beginnt dann unmittelbar nach Überschreiten des Temperaturmaximums; zu diesem Zeitpunkt ist der Kontakt zwischen der Schmelze und dem Substrat herzustellen (Bild 3.18a). Bei der Einstellung der Schichtdicke ist zu berücksichtigen, daß ein Teil des Materials am GaAs-Vorrat auskristallisiert, d.h. nicht für das Schichtwachstum zur Verfügung steht.

Bei dem unter 2. genannten Verfahren wird durch Einwaage einer begrenzten Menge Galliumarsenid eine aus dem Zustandsdiagramm (Bild 3.15) bzw. aus der Löslichkeitskurve (Bild 3.16) zu entnehmende Sättigungstemperatur eingestellt. Die Schmelze kann sodann - zwecks guter Durchmischung - auf eine Temperatur gebracht werden, welche die Sättigungstemperatur übertrifft. Die Schmelze muß in diesem Falle mit dem Substrat in Berührung gebracht werden, wenn im Verlauf der Abkühlung die Sättigungstemperatur gerade erreicht wird (Bild 3.18b).

Das unter 3. genannte Verfahren ist dadurch gekennzeichnet, daß die Temperatur der Schmelze nach dem Aufheizen zunächst unter die Sättigungstemperatur abgesenkt wird; anschließend erfolgt der Kontakt der übersättigten Schmelze mit dem Substrat (Bild 3.18c).

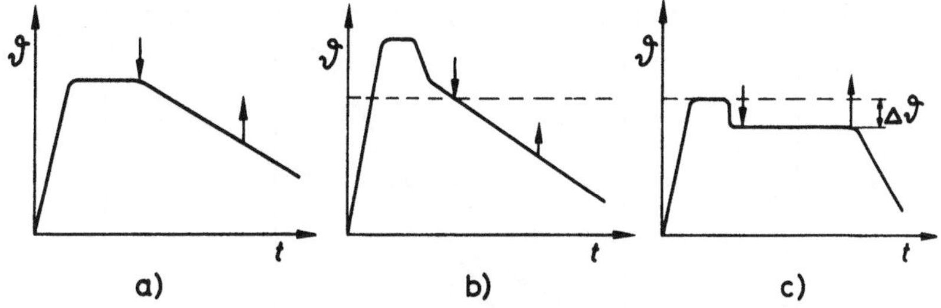

Bild 3.18   Temperaturverläufe bei verschiedenen Prozeßvarianten der
GaAs-Epitaxie; die Pfeile bezeichnen die Zeitpunkte der Zusammenführung und Trennung von Schmelze und Substrat
a) Prozeß mit dauernd gesättigter Schmelze
b) Prozeß mit zeitweilig ungesättigter Schmelze
c) Prozeß mit zeitweilig übersättigter Schmelze
(--- Sättigungstemperatur)

Es ist evident, daß perfekte Epitaxieschichten nur dann erhalten werden können,
wenn zu Beginn des Wachstums eine einwandfreie Substratoberfläche zur Verfügung steht. In Analogie zu der chemischen Ätzung bei der Gasphasenepitaxie ist
es wünschenswert, vor Beginn des epitaktischen Wachstums eine dünne Schicht
von der Oberfläche des Substrates abzutragen. Zu diesem Zweck kann das Substrat mit der Schmelze in Berührung gebracht werden bevor die Temperatur ihr
Maximum erreicht. Die gleiche Wirkung wird erzielt, wenn der Kontakt der
Schmelze mit dem Substrat erfolgt solange diese noch nicht vollständig gesättigt
ist.

Bild 3.19 zeigt beispielhaft den zeitlichen Verlauf des Schichtwachstums bei der
Flüssigphasenepitaxie. Bei stufenförmiger Abkühlung gemäß Bild 3.18c resultiert eine Schichtdicke, welche proportional zur Wurzel aus der Wachstumsdauer
ansteigt. Dieses Verhalten ist durch die diffusionsbegrenzte Nachlieferung von
Arsenatomen zur Phasengrenze flüssig/fest zu erklären. Im Falle einer linearen
Temperaturabsenkung nach Bild 3.18b ist zusätzlich die mit fortschreitender Zeit
ansteigende Übersättigung der Schmelze zu berücksichtigen. Die Schichtdicke
nimmt daher überproportional zur Zeit zu.

Die maximale Schichtdicke läßt sich (bei Galliumarsenid) wie folgt abschätzen:
Wie früher angegeben, beträgt die Arsenlöslichkeit in Gallium etwa 2,5 % bei
800 °C. Aus einer 1 mm dicken Ga-Schmelze kann in diesem Falle eine GaAs-
Schicht von maximal rd. $2 \cdot 25$ μm = 50 μm ausgeschieden werden. Dabei ist
vorausgesetzt, daß die Kristallisation ausschließlich am Substrat erfolgt.

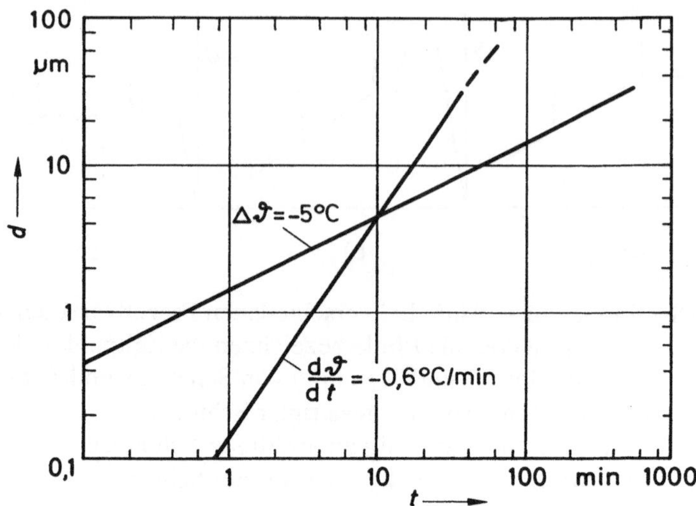

Bild 3.19 Zeitlicher Verlauf des Schichtwachstums bei der Flüssigphasenepitaxie (je ein Beispiel für stufenförmige
Abkühlung und für zeitlich lineare Abkühlung).

Bei der Flüssigphasenepitaxie ist u.U. auch eine Prozeßführung möglich, bei der
eine Bewegung der Schmelze während der Aufheizung und Abkühlung entfällt.
So kann z.B. eine Galliumfolie vor Beginn der Aufheizung aufgelegt werden;
die Sättigung der Schmelze mit Arsen erfolgt in diesem Falle durch partielle
Auflösung des Substrates. Nach Beendigung des Epitaxieprozesses verbleibt auf
dem Substrat eine Galliumschicht, die durch chemische Ätzung entfernt werden
kann. Das Verfahren ist der später in Abschnitt 4.4 beschriebenen Legierungstechnik ähnlich.

Die Dotierung der Epitaxieschicht erfolgt üblicherweise durch Zugabe von
Dotierungselementen zur Galliumschmelze. Bevorzugt werden Dotierungselemente mit niedrigem Dampfdruck, um eine Abdampfung während des Epitaxieprozesses zu vermeiden. Bei der Bemessung der Menge des Dotierungsele-
mentes ist der Einfluß des nach Gl. (2.7) definierten Verteilungskoeffizienten k
zu berücksichtigen. Der Verteilungskoeffizient ist von der Temperatur, bei der
die Abscheidung erfolgt, abhängig. In einigen Fällen ist auch ein Einfluß der
Substratorientierung auf den Verteilungskoeffizienten festzustellen. In Tafel 3.7
sind die Verteilungskoeffizienten für einige Dotierungselemente bei der GaAs-
Flüssigphasenepitaxie zusammengestellt.

	Se	Te	Si	Sn
ϑ (°C)	800	900	800	700
k	5	0,7	$8 \cdot 10^{-2}$	10^{-4}

Tafel 3.7   Verteilungskoeffizienten einiger Dotierungselemente bei der GaAs-Flüssigphasenepitaxie. Substratorientierung: (100)

Ein besonderes Einbauverhalten weist Zink (Akzeptor) auf. Wie aus Bild 3.20 hervorgeht, ist die Zinkkonzentration in der GaAs-Schicht annähernd proportional zur Wurzel aus der Zinkkonzentration in der Schmelze. Aus Bild 3.20 ist auch die Temperaturabhängigkeit der Einbaurate von Zink in Galliumarsenid ersichtlich.

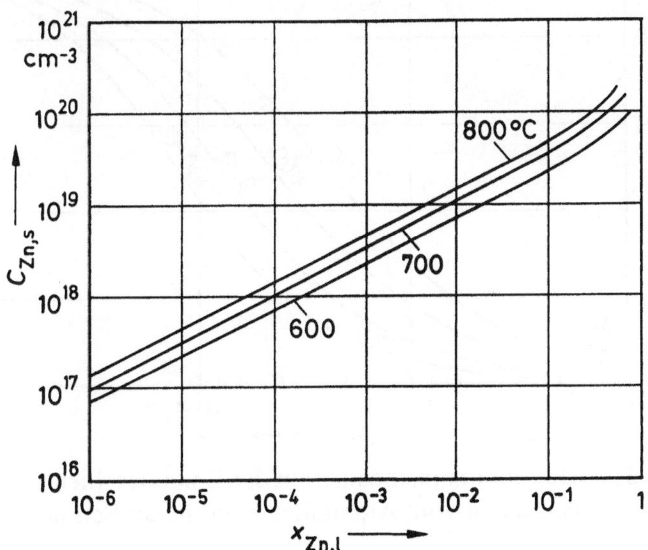

Bild 3.20   Zinkkonzentration in GaAs-Schichten in Abhängigkeit vom Zinkgehalt der Galliumschmelze /3.3/

Als alternative Dotierungsmethode ist in einigen Fällen die Dotierung über die Gasphase vorzuziehen. Dabei wird das zunächst in einer gasförmigen Verbindung vorliegende Dotierungselement während des Epitaxievorganges in der Galliumschmelze gelöst und zur Phasengrenze fest/flüssig transportiert. Auf diese Weise können auch Teile der Epitaxieschicht unterschiedlich dotiert werden, d.h.

es ist die Erzeugung eines Störstellengradienten und ggf. eines pn-Überganges möglich.

Es ist evident, daß ternäre Verbindungen vom Typ $Ga_{1-x}Al_xAs$ hergestellt werden können, indem man die Galliumschmelze durch eine aus Gallium und Aluminium zusammengesetzte Schmelze ersetzt. Dabei ist jedoch zu berücksichtigen, daß Aluminiumarsenid einen höheren Schmelzpunkt als Galliumarsenid aufweist. Das bedeutet, daß bei der Kristallisation bevorzugt ein Einbau von Aluminium stattfindet. Der Anteil des Aluminiumarsenids in der Epitaxieschicht ist also deutlich höher als der Aluminiumanteil in der Schmelze. Dieses Verhalten ist in Bild 3.21 graphisch dargestellt. Es ist insbesondere schwierig, niedrige Aluminiumkonzentrationen in der Epitaxieschicht exakt einzustellen.

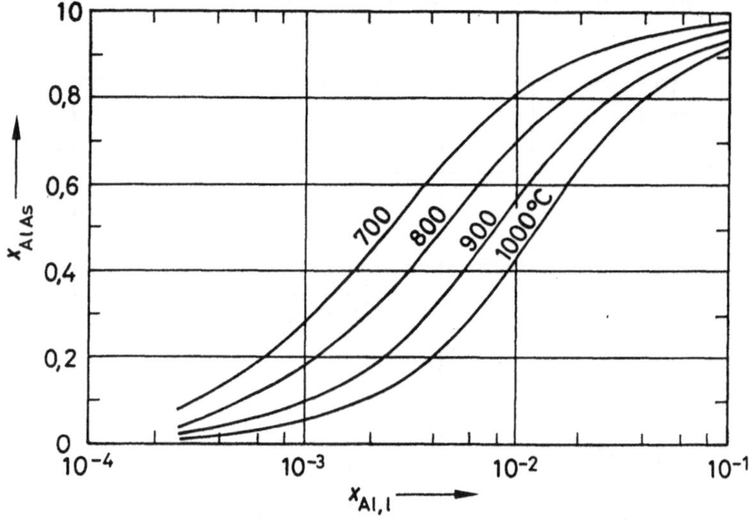

Bild 3.21   Aluminiumarsenidanteil in der Epitaxieschicht in Abhängigkeit vom Aluminiumanteil in der Schmelze /3.3/

Bei der Herstellung von Gallium- und Indiumphosphidschichten durch Flüssigphasenepitaxie muß auf den Dampfdruck über der phosphorhaltigen Schmelze geachtet werden. Bild 3.22 zeigt im rechten Teil die Liquiduslinien der Systeme Ga/P, Ga/As und In/P. Bei einem Phosphorgehalt von 1 % betragen die Sättigungstemperaturen der Ga/P- bzw. In/P-Schmelze beispielsweise rd. 950 °C bzw. rd. 650 °C. Die zugehörigen Dampfdrücke über der Schmelze sind aus dem linken Teilbild abzulesen; sie betragen in beiden Fällen größenordnungsmäßig 1 Pa. Demgegenüber ist der Dampfdruck über einer Ga/As-Schmelze mit 1 % Arsen nur rd. 10^{-3} Pa.

Ein ähnliches Verhalten gilt auch für den Dampfdruck über dem Substratmaterial. Bei Galliumphosphid und Indiumphosphid kann bei den genannten Temperaturen bereits eine Zersetzung der Oberfläche auftreten. Um die Integrität der Substratoberfläche aufrechtzuerhalten, ist daher ein Zusatz von Phosphin (PH_3) zu der Schutzgasatmosphäre (im allgemeinen Wasserstoff) vor und während des Epitaxieprozesses zweckmäßig.

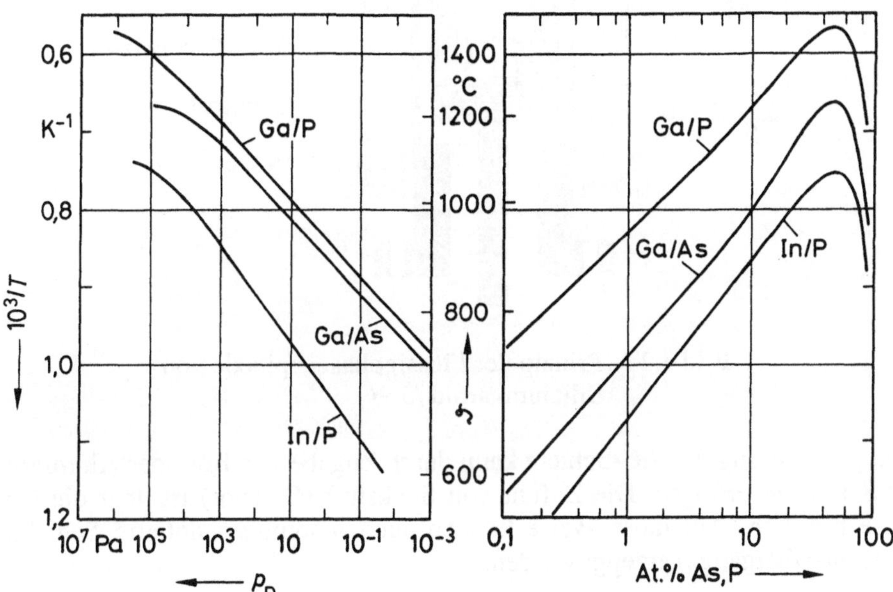

Bild 3.22 Liquiduslinien der Systeme Ga/P, Ga/As und In/P (rechtes Teilbild) und Dampfdrücke über den gesättigten Schmelzen (linkes Teilbild) /3.8/

Durch Flüssigphasenepitaxie können auch Siliziumkarbidschichten hergestellt werden. Dabei sind der verhältnismäßig hohe Schmelzpunkt von Silizium sowie die geringe Löslichkeit von Kohlenstoff in einer Siliziumschmelze zu berücksichtigen. Eine Anordnung für die Siliziumkarbid-Epitaxie ist in Bild 3.23 dargestellt. Das Substrat und die Siliziumschmelze befinden sich in einem Graphittiegel; die Sättigung der Schmelze erfolgt durch Aufnahme von Kohlenstoff aus der Tiegelwandung. Die Tiegelanordnung wird durch einen stromdurchflossenen Graphitkörper beheizt; das Temperaturprofil im Tiegelbereich ist links schematisch eingezeichnet. Angesichts der erforderlichen Temperatur von 1700 °C ist eine gute thermische Abschirmung notwendig; üblicherweise wird hierfür Graphit mit anisotroper Wärmeleitfähigkeit eingesetzt.

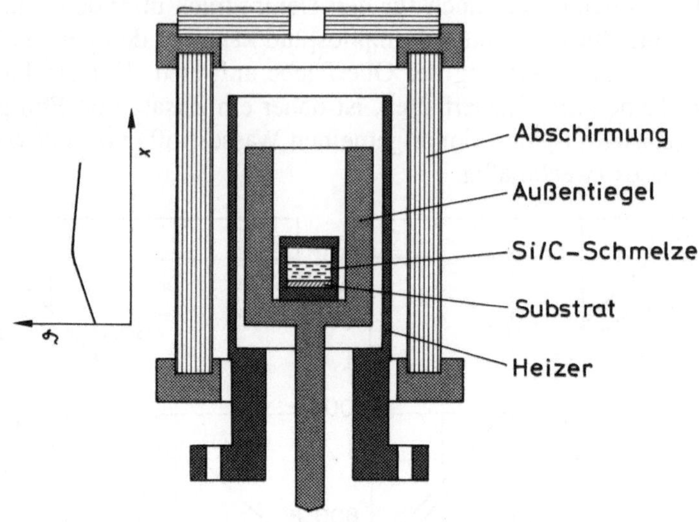

Bild 3.23   Prinzip der Flüssigphasenepitaxie von
Siliziumkarbid /3.9/

Eine p-Dotierung der SiC-Schicht kann durch Zugabe von Bor oder Aluminium
zur Schmelze erfolgen. Die Zufuhr von Stickstoff (Donator) ist über die Gasphase möglich. Auf diese Weise können auch inhomogen dotierte Schichten
(bzw. pn-Übergänge) erzeugt werden.

4 Dotierungsverfahren

Die Dotierung ist der - nach der Kristallzucht - wichtigste Prozeßschritt in der Halbleitertechnologie. Während bei der Kristallzucht in der Regel eine homogene Dotierung angestrebt wird, erfordern die Funktionsprinzipien der meisten Halbleiterbauelemente eine inhomogene Dotierung, vorwiegend in der Form von pn-Übergängen. Dementsprechend werden in den nachfolgenden Abschnitten hauptsächlich Verfahren behandelt, die eine inhomogene Verteilung der Störstellen zum Ziel haben.

4.1 Dotierstoffe

Bild 4.1 zeigt die Energieniveaus der wichtigsten Störstellen in einigen Halbleiterwerkstoffen. Störstellen mit geringer Ionisierungsenergie (sogenannte flache Donatoren und Akzeptoren) werden verwendet, um die Ladungsträgerkonzentration - gegenüber dem eigenleitenden Zustand - zu erhöhen. Störstellen mit hoher Ionisierungsenergie dienen dagegen der Kompensation flacher Donatoren und Akzeptoren, sofern ein Material geringerer Leitfähigkeit angestrebt wird, beispielsweise semiisolierendes Galliumarsenid oder Indiumphosphid. Störstellen mit einem Energieniveau nahe der Mitte der Bandlücke wirken als Rekombinationszentren; sie werden zur gezielten Einstellung der Minoritätsladungsträgerlebensdauer eingesetzt.

In Silizium und Germanium bilden die Elemente der III. Gruppe flache Akzeptoren (d.h. $W_A < 100$ meV), ausgenommen Indium und Thallium. Der Einbau von Elementen der V. Gruppe führt zur Bildung flacher Donatorniveaus ($W_D < 100$ meV). Auch Lithium wirkt als flacher Donator in Silizium und Germanium. Hingegen liefern die Schwermetalle tiefe Akzeptor- und Donatorniveaus. In Silizium wird insbesondere Gold als Rekombinationszentrum verwendet.

In den III-V-Verbindungen wirken die Elemente der II. Gruppe als Akzeptoren, die Elemente der VI. Gruppe als Donatoren. Bei den direkten III-V-Halbleitern (z.B. Galliumarsenid und Indiumphosphid) treten besonders flache Donatorniveaus auf ($W_D < 10$ meV). Die Elemente der IV. Gruppe wirken in III-V-Verbindungen als amphotere Störstellen, d.h. sie erzeugen bei Substitution von Elementen der III. Gruppe Donatorniveaus, bei Substitution von Elementen der V. Gruppe Akzeptorniveaus. Bei der Herstellung von semiisolierendem Galliumarsenid dient Chrom (tiefer Akzeptor) zur Kompensation restlicher flacher Donatoren.

Bei Halbleiterwerkstoffen mit hohem Bandabstand (z.B. Siliziumkarbid) haben die Akzeptoren und Donatoren in der Regel eine verhältnismäßig hohe Ionisierungsenergie, d.h. die Störstellen sind bei Raumtemperatur nur teilweise ionisiert.

Si

P	As	Sb	Bi	Li		
45	54	39	70	33	550 350	
45	67	72	157	250	350 230 400	
B	Al	Ga	In	Tl	Au	Ni	Fe

Ge

P	As	Sb	Bi	Li		
13	14	10	13	10	300 270 330	
11	11	11	12	13	230 350 40	
B	Al	Ga	In	Tl	Ni	Fe	Cu

6H-SiC

N			
95			
420	700 280 320		
Be	B	Al	Ga

GaP

S	Se	Te	Sn	Si	Ge	Li	O
107	105	93	72	85	204	91	900
57	60	70	102	210	265	54	580
Be	Mg	Zn	Cd	Si	Ge	C	Cu

GaAs

S	Se	Te	Sn	Si	Ge	O
6	6	6	6	6	6	400 630 670
28	28	31	35	35	40	
Be	Mg	Zn	Cd	Si	Ge	Cr

InP

S	Se	Te	Si				
7	7	7	7	400 650			
31	31	46	57	98	41		
Be	Mg	Zn	Cd	Hg	C	Cr	Fe

Bild 4.1   Störstellenniveaus der wichtigsten Donatoren und Akzeptoren in einigen Halbleitern (— Donatorniveaus, --- Akzeptorniveaus). Die Ziffern geben den Abstand zur nächstliegenden Bandkante in meV an /4.1/.

Bei hohen Störstellenkonzentrationen sind die Grenzen der Löslichkeit zu beachten. In Bild 4.2a,b ist die Temperaturabhängigkeit der Löslichkeit verschiedener Elemente in Silizium und Germanium dargestellt. In der Regel wird das Maximum der Löslichkeit bei einer Temperatur etwas unterhalb des Schmelzpunktes des Halbleitermaterials erreicht. In Silizium weist Arsen (Donator) die höchste

Löslichkeit auf. In Germanium ist die maximale Löslichkeit der Akzeptoren Gallium und Aluminium deutlich höher als diejenige der Donatoren Arsen und Antimon.

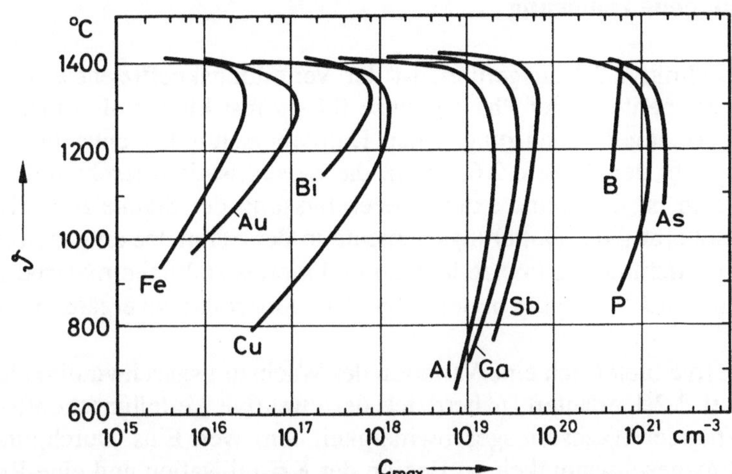

Bild 4.2a   Temperaturabhängigkeit der Löslichkeit verschiedener Elemente in Silizium /4.2/

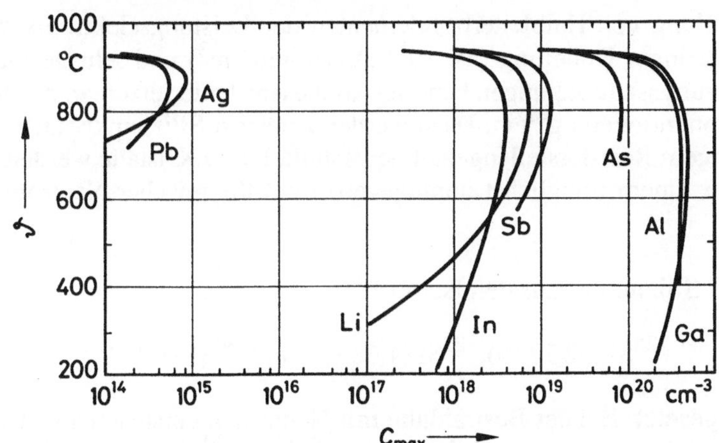

Bild 4.2b   Temperaturabhängigkeit der Löslichkeit verschiedener Elemente in Germanium /4.2/

Im Falle der Bleichalkogenide ist eine Dotierung auch über eine Abweichung von der stöchiometrischen Zusammensetzung möglich. Bei Bleiüberschuß (Chalkogendefizit) entsteht ein n-Material; ein Überschuß von Chalkogenen bewirkt die Bildung von p-Material.

4.2 Dotierung während der Kristallzucht

4.2.1 Homogene Dotierung

Wie in Abschnitt 2.2.1 ausgeführt, ist der Verteilungskoeffizient k der meisten Dotierungselemente an der Phasengrenze flüssig/fest kleiner als Eins. Bei einer einseitig gerichteten Erstarrung einer Halbleiterschmelze entsteht daher ein Störstellenprofil gemäß Bild 2.6, sofern die Kristallisationsgeschwindigkeit hinreichend klein ist und keine externe Beeinflussung der Schmelze vorliegt. Um einer Anreicherung der Dotierungselemente in der Schmelze entgegenzuwirken, ist es erforderlich, der Schmelze laufend undotiertes Halbleitermaterial zuzuführen; für den Fall $k > 1$ müßte in der Schmelze Dotiermaterial ergänzt werden.

Als Alternative bietet sich eine Variation der Wachstumsgeschwindigkeit an. Wie in Abschnitt 2.2.1 erläutert, nähert sich der effektive Verteilungskoeffizient k_{eff} mit zunehmender Wachstumsgeschwindigkeit dem Wert Eins. Durch eine erhöhte Wachstumsgeschwindigkeit zu Beginn der Kristallisation und eine Reduktion der Wachstumsgeschwindigkeit im Verlauf des Kristallisationsprozesses ist also ein gleichmäßigerer Einbau von Störstellen in der Kristallzucht zu erreichen.

Zur Herstellung von Halbleiterbauelementen der Leistungselektronik wird Silizium mit geringer Dotierung (ca. 10^{14} Donatoren/cm^3) und sehr geringen örtlichen Dotierungsschwankungen benötigt. In diesem Falle setzt man das Verfahren der "Neutronendotierung" ein. Dazu werden zunächst Siliziumkristalle mit möglichst geringem Reststörstellengehalt hergestellt. Diese Kristalle werden in einem Kernreaktor einem (möglichst homogenen) Fluß thermischer Neutronen ausgesetzt.

Natürliches Silizium ist aus den Isotopen

$$^{28}\text{Si } (92{,}27\ \%),\ \ ^{29}\text{Si } (4{,}68\ \%)\ \text{ und }\ ^{30}\text{Si } (3{,}05\ \%)$$

zusammengesetzt. Bei der Bestrahlung mit Neutronen entstehen aus den Kernen ^{28}Si und ^{29}Si die wiederum stabilen Kerne ^{29}Si und ^{30}Si. Der aus ^{30}Si hervorgehende Kern ^{31}Si ist jedoch instabil und zerfällt unter Bildung von Phosphor gemäß

$$^{31}\text{Si } \longrightarrow\ ^{31}\text{P} + \text{e}^- + \overline{\nu}_\text{e}\ ;$$

die Halbwertszeit für diese Zerfallsreaktion beträgt 2,6 h. Die durch den Kernzerfall bedingten Strahlenschäden müssen anschließend durch einen Temperprozeß ausgeheilt werden. Auf diese Weise ist eine extrem homogene Phosphorverteilung in Silizium zu erreichen /4.3/.

4.2.2 Inhomogene Dotierung

Die Tatsache, daß der effektive Verteilungskoeffizient k_{eff} von der Wachstumsgeschwindigkeit eines Kristalls abhängt, kann selbstverständlich auch ausgenutzt werden, um eine inhomogene Störstellenverteilung bereits bei der Kristallzucht zu erzielen. Ein hierauf basierendes Verfahren sei am Beispiel des Germaniums geschildert.

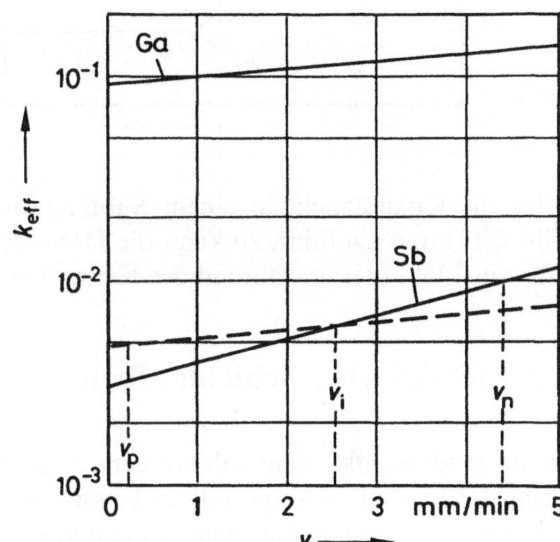

Bild 4.3
Abhängigkeit der effektiven Verteilungskoeffizienten von Gallium und Antimon in Germanium in Abhängigkeit von der Wachstumsgeschwindigkeit /4.4/

Wie aus Bild 4.3 hervorgeht, weisen die Verteilungskoeffizienten für Gallium (Akzeptor) und Antimon (Donator) sowohl unterschiedliche Werte für die auf Null extrapolierte Wachstumsgeschwindigkeit als auch eine unterschiedliche Abhängigkeit von der Wachstumsgeschwindigkeit auf. Durch Zugabe von Gallium und Antimon in geeignetem Mengenverhältnis zur Germaniumschmelze kann erreicht werden, daß bei einer definierten Wachstumsgeschwindigkeit v_i ein Einbau von Gallium und Antimon in gleicher Konzentration erfolgt; das bei dieser Wachstumsgeschwindigkeit entstehende Germanium ist also eigenleitend (Kompensation der Störstellen). Bei geringerer Wachstumsgeschwindigkeit ($v_p <$ v_i) überwiegt der Einbau von Gallium, während bei höherer Wachstumsgeschwindigkeit ($v_n > v_i$) die Antimondotierung dominiert.

In Bild 4.4 ist schematisch der Verlauf der effektiven Dotierung bei einer Verringerung der Wachstumsgeschwindigkeit in dem geschilderten System (Ge + Ga + Sb) dargestellt. Es entsteht also beim Unterschreiten der Wachstumsgeschwindigkeit v_i ein pn-Übergang.

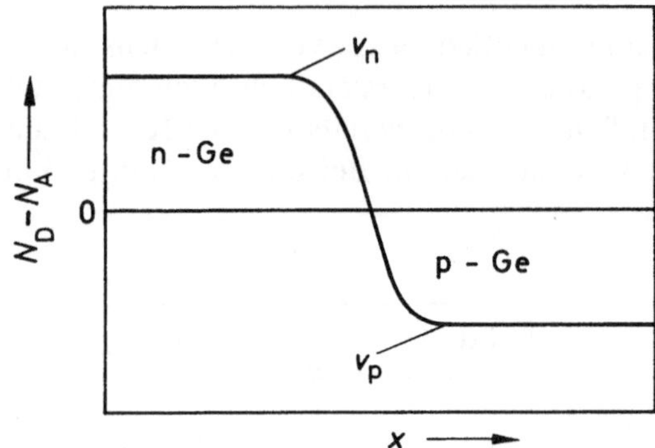

Bild 4.4
Verlauf der effektiven Dotierung bei Variation der Wachstumsgeschwindigkeit

Wird die Kristallzucht in einem Sublimationsverfahren (beispielsweise gemäß Bild 2.19) durchgeführt, so kann die Dotierung durch zeitlich veränderliche Zufuhr von Dotiergasen während des Kristallwachstums variiert werden.

4.3 Epitaktischer Schichtaufbau

Es ist evident, daß eine inhomogene Dotierung von Halbleiterstrukturen mit Hilfe der in Kap. 3 vorgestellten Epitaxieverfahren erzielt werden kann. Dazu wählt man in der epitaktischen Schicht eine Dotierung, welche in ihrer Konzentration - und ggf. in ihrem Leitungstyp - von derjenigen des Substrates abweicht.

Bei der Epitaxie wird vorwiegend eine abrupte Dotierungsänderung an der Grenze Substrat/Epitaxieschicht angestrebt. Stellvertretend für viele derartige Strukturen seien folgende Beispiele genannt:

- n^+/n-Übergang, d.h. n-dotierte Siliziumschicht auf stark n-dotiertem Substrat zur Herstellung von Bipolartransistoren mit geringem Kollektorbahnwiderstand,

- p^-/n-Übergang, d.h. n-dotierte Siliziumschicht auf einem schwach p-leitenden Substrat als Ausgangsmaterial für integrierte Bipolarschaltungen,

- s.i./n-Übergang, d.h. n-dotiertes Galliumarsenid auf einem semiisolierenden GaAs-Substrat zur Herstellung von Feldeffekttransistoren mit *Schottky*-Gate.

Mit Hilfe der Epitaxieverfahren ist es auch möglich, nacheinander mehrere Schichten mit unterschiedlicher Störstellenkonzentration bzw. abwechselnden Leitungstyps herzustellen. Des weiteren können Heteroübergänge mit Halbleiterschichten unterschiedlicher Zusammensetzung erzeugt werden. Von dieser Möglichkeit macht man u.a. in der Optoelektronik Gebrauch. Für die Abscheidung einer großen Zahl dünner Schichten mit unterschiedlicher Dotierung bzw. Zusammensetzung eignet sich besonders die in Abschnitt 3.2 beschriebene Molekularstrahlepitaxie.

Grundsätzlich ist es auch möglich, die Störstellenkonzentration während des Wachstums einer Epitaxieschicht kontinuierlich zu verändern. So wird beispielsweise für Varaktordioden eine Epitaxieschicht verwendet, deren Störstellenkonzentration von der Grenze Substrat/Epitaxieschicht zur Oberfläche laufend abnimmt. Das Verfahren der Variation der Dotierung läßt sich besonders einfach bei der Gasphasenepitaxie anwenden.

Eine Möglichkeit zur Herstellung von pn-Übergängen mittels Flüssigphasenepitaxie geht aus Bild 4.5 hervor.

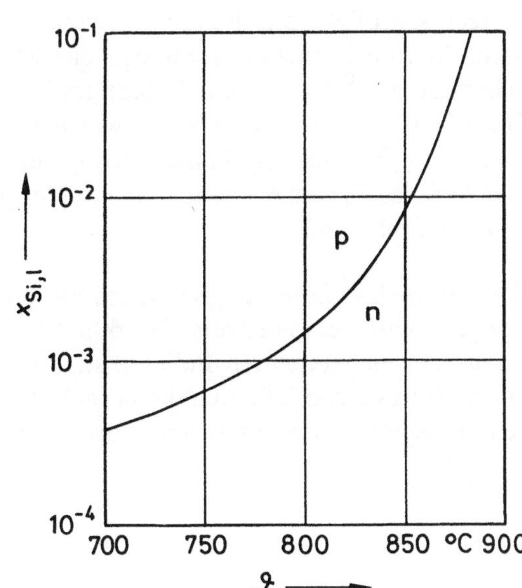

Bild 4.5
Grenzlinie der Bildung von
p- und n-leitendem Galliumarsenid bei der Flüssigphasenepitaxie mit Siliziumdo-
tierung /4.5/

In Galliumarsenid bildet Silizium ein amphoteres Dotierungselement. Die Art des Einbaus (Substitution von Gallium- bzw. Arsenatomen) in der Flüssigphasenepitaxie ist von den Wachstumsbedingungen, d.h. von der Konzentration des Siliziums in der Schmelze und von der Temperatur abhängig. Wie aus Bild 4.5 hervorgeht, erfolgt beispielsweise bei einem Siliziumgehalt von 1 % der Einbau von Silizium oberhalb von 850 °C vorwiegend als Donator, während unterhalb von 850 °C der Einbau von Silizium als Akzeptor dominiert. Es ist somit möglich, im Verlauf des Abkühlvorganges einen pn-Übergang herzustellen, ohne die Zusammensetzung der Schmelze zu ändern. Nach diesem Prinzip werden IR-Leuchtdioden hergestellt.

4.4 Legierungstechnik

Die Legierungstechnik basiert auf der partiellen Auflösung eines Halbleiterkristalls in einer Metallschmelze und der anschließenden Abscheidung einer Halbleiterschicht unter Aufnahme von Dotierungsatomen aus der Schmelze. Das Metall wird vor dem Legierungsprozeß in der Form einer Kugel, einer Folie oder einer aufgedampften Schicht auf dem Halbleitermaterial plaziert.

Die Herstellung eines pn-Überganges sei am Beispiel der Legierungstechnik des Germaniums beschrieben. Wie in Bild 4.6a dargestellt, wird zunächst eine Indiumkugel auf eine n-leitende Germaniumscheibe gelegt. Beim anschließenden Aufheizen schmilzt die Indiumkugel, wobei eine durch das Phasendiagramm des Systems Indium/Germanium vorgegebene Menge des Germaniums in der Indiumschmelze gelöst wird (Bild 4.6b,c). Im Verlauf des Abkühlprozesses wird kristallines Germanium abgeschieden, welches durch Aufnahme von Indium p-dotiert ist. Der Einbau von Indium erfolgt entsprechend der Löslichkeitsgrenze nach Bild 4.2b. Es entsteht somit ein abrupter pn-Übergang mit einer stark dotierten p-Zone (Bild 4.6d).

Bild 4.7 zeigt das Phasendiagramm des Systems Indium/Germanium. Wie daraus hervorgeht, wird beispielsweise bei 600 °C rd. 20 % Germanium in Indium gelöst. Aus der eingebrachten Indiummenge (Durchmesser der Indiumkugel) und der Benetzungsfläche läßt sich die aufgelöste Menge Germanium und damit die Tiefe der Legierungsfront bei einer vorgegebenen Temperatur berechnen.

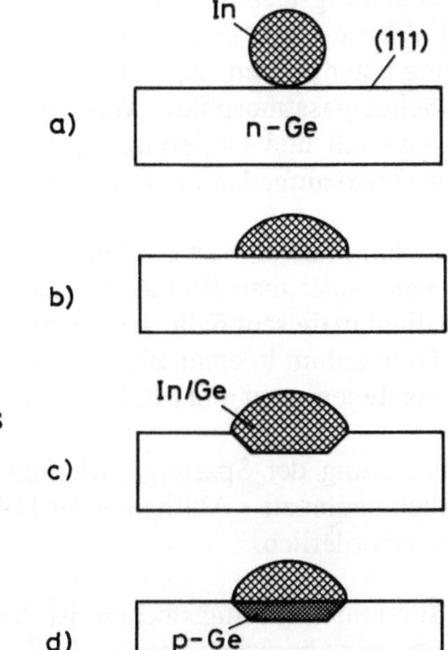

Bild 4.6
Herstellung eines pn-Überganges
durch Legierungstechnik /4.4/
a) In-Kugel auf Ge-Oberfläche
b) geschmolzenes Indium auf
   Ge-Oberfläche
c) Lösung von Germanium in
   Indium
d) Struktur nach Abkühlung

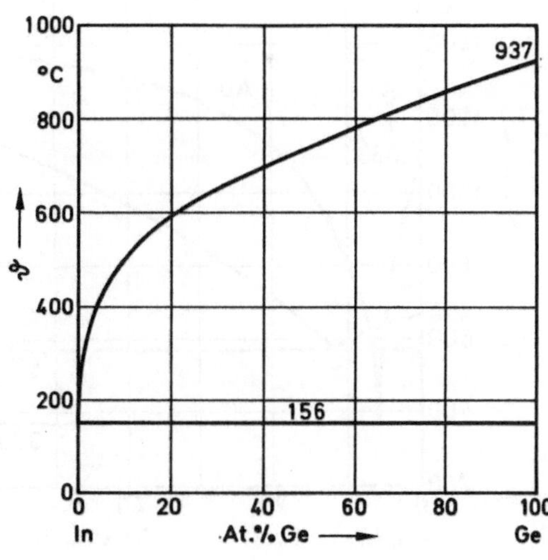

Bild 4.7
Phasendiagramm des
Systems Indium/Ger-
manium

Bei der Legierungstechnik wird (111)-orientiertes Halbleitermaterial bevorzugt. Die (111)-Ebene weist eine besonders hohe Stabilität auf; hierdurch wird die Ausbildung einer ebenen Legierungsfront gefördert. Der Legierungsprozeß wird in einer Schutzgasatmosphäre (Wasserstoff oder Formiergas) durchgeführt. Als Legierungsmetall und Dotierungselement kann auch Aluminium - z.B. in der Form einer lokal aufgedampften Schicht - verwendet werden.

Zur Herstellung hochdotierter n-leitender Zonen (z.B. in einem p-leitenden Ge-Kristall) verwendet man Blei als Legierungsmetall; ein Zusatz von Arsen oder Antimon dient in diesem Falle der Dotierung. Es ist zu beachten, daß die Löslichkeit von Germanium in einer Bleischmelze (bei gleicher Temperatur) wesentlich geringer als diejenige in einer Indiumschmelze ist.

Zur Verbesserung der Sperreigenschaften des pn-Überganges ist in der Regel eine - örtlich begrenzte - Abtragung des Halbleitermaterials am Rande der Legierungszone erforderlich.

Bei der Silizium-Legierungstechnik ist die geringe Duktilität der Metall/Siliziumlegierungen zu berücksichtigen. Man verwendet daher nur dünne Metallfolien oder aufgedampfte Schichten als Legierungsmetall.

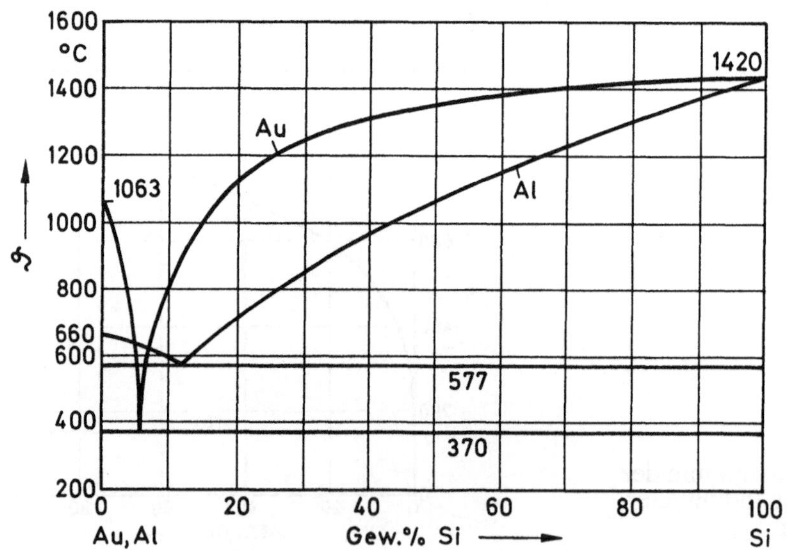

Bild 4.8   Phasendiagramme der Systeme Aluminium/Silizium und Gold/Silizium

Für die Herstellung p-leitender Zonen werden Aluminium oder Gold mit Borzusatz eingesetzt. Schichten vom n-Typ werden unter Verwendung von Gold mit Antimonzusatz erzeugt. Die Legierungsdiagramme der Systeme Aluminium/Silizium und Gold/Silizium sind in Bild 4.8 dargestellt. Es ist zu bemerken, daß in beiden Systemen ein Eutektikum im metallreichen Teil des Phasendiagramms auftritt. Das bedeutet, daß die Legierungsfront stets eine Mindesteindringtiefe entsprechend der eutektischen Zusammensetzung aufweist. Unmittelbar vor dem Legierungsprozeß muß die auf dem Silizium befindliche SiO_2-Schicht vollständig entfernt werden.

Abschließend ist darauf hinzuweisen, daß die Legierungstechnik sowohl zur Herstellung von gleichrichtenden pn-Übergängen als auch zur Realisierung ohmscher Kontakte eingesetzt wird. Im letzteren Falle werden hochdotierte Zonen vom gleichen Leitungstyp wie die darunterliegenden Halbleiterbereiche erzeugt. Die metallische Deckschicht wird zur Kontaktierung mit Anschlußdrähten ausgenutzt.

4.5 Diffusion

Die Diffusionstechnik ist das in der Halbleitertechnologie am häufigsten eingesetzte Verfahren zur Erzeugung einer inhomogenen Störstellenverteilung. Dieses Verfahren ist - ebenso wie die in Abschnitt 4.6 beschriebene Ionenimplantation - dadurch gekennzeichnet, daß die nach der Kristallzucht bei der Scheibenherstellung erzeugte Halbleiteroberfläche erhalten bleibt.

In dem folgenden Unterabschnitt werden zunächst die unter verschiedenen Randbedingungen erhaltenen Störstellenprofile erörtert. Anschließend erfolgt eine Darstellung der in der Diffusionstechnik üblichen Verfahrensvarianten.

4.5.1 Diffusionstheorie

Die Diffusionstechnik basiert auf der thermisch aktivierten Bewegung von Störstellenatomen im Halbleitermaterial. Für den Fall eines Konzentrationsgradienten in x-Richtung (Bild 4.9) gilt für die Teilchenstromdichte S das erste *Fick*sche Gesetz in der Form

$$S = -D\frac{\mathrm{d}C}{\mathrm{d}x} \tag{4.1}$$

mit dem Diffusionskoeffizienten D. Außerdem ist die Kontinuitätsgleichung

$$\frac{\partial C}{\partial t} = -\frac{\mathrm{d}S}{\mathrm{d}x} \tag{4.2}$$

zu berücksichtigen. Aus den Gleichungen (4.1) und (4.2) folgt das 2. *Fick*sche Gesetz

$$\frac{\partial C}{\partial t} = \frac{\mathrm{d}}{\mathrm{d}x}\left(D\frac{\mathrm{d}C}{\mathrm{d}x}\right) \ . \tag{4.3}$$

Für den Fall den Fall eines ortsunabhängigen Diffusionskoeffizienten geht Gl. (4.3) über in die Form

$$\frac{\partial C}{\partial t} = D\frac{\mathrm{d}^2 C}{\mathrm{d}x^2} \ . \tag{4.4}$$

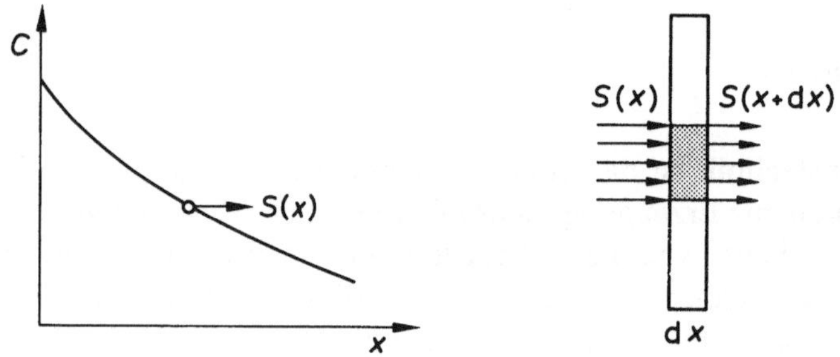

Bild 4.9   Konzentrationsgradient und Teilchenstromdichte
(eindimensionaler Fall)

Die Lösung der Differentialgleichung (4.4) ist von den durch den Diffusionsprozeß vorgegebenen Randbedingungen abhängig. Werden der bei $x = 0$ angenommenen Halbleiteroberfläche laufend Dotieratome derart zugeführt, daß dort für $t \geq 0$ eine zeitlich konstante Dotierstoffkonzentration C_0 herrscht, so lauten die Randbedingungen

$$C = 0 \quad \text{für} \quad t < 0, x \geq 0 \quad \text{und}$$

$$C = C_0 \quad \text{für} \quad t \geq 0, x = 0 \ .$$

Als Lösung von Gl. (4.4) ergibt sich dann

$$C(x, t) = C_0 \mathrm{erfc}\left(\frac{x}{2\sqrt{Dt}}\right) . \tag{4.5}$$

In Bild 4.10 ist der Störstellenverlauf nach Gl. (4.5) in einer normierten Darstellung für einige Werte des Diffusionsparameters $L = 2\sqrt{Dt}$ beispielhaft dargestellt.

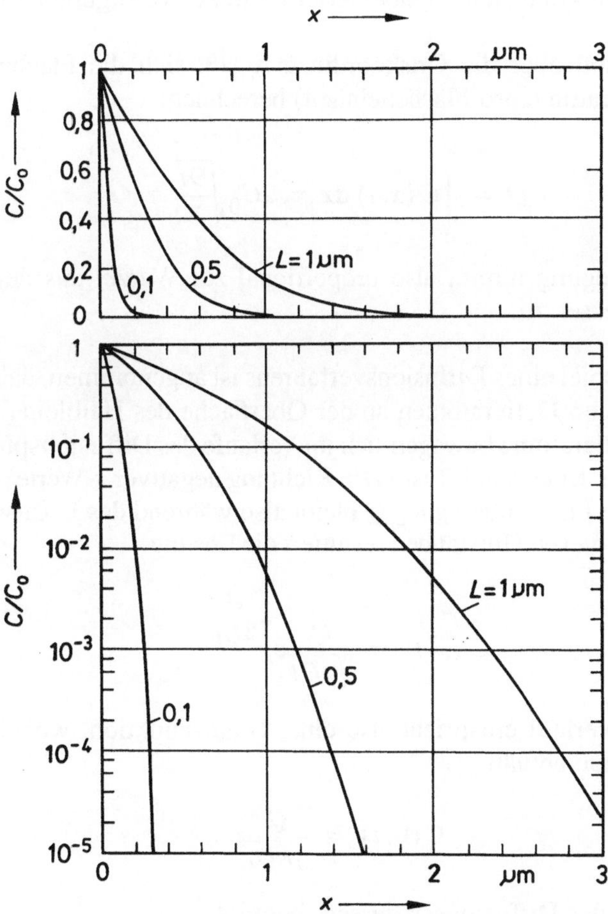

Bild 4.10   Störstellenverlauf bei einem Diffusionsprozeß mit zeitlich konstanter Oberflächenkonzentration C_0 (lineare Darstellung oben, logarithmische Darstellung unten).

Die in Gl. (4.5) angegebene komplementäre Fehlerfunktion ist durch

$$\mathrm{erfc}\left(\frac{x}{2\sqrt{Dt}}\right) = \left[1 - \frac{2}{\sqrt{\pi}} \int\limits_{0}^{\frac{x}{2\sqrt{Dt}}} e^{-\xi^2}\,d\xi \right]$$

definiert. Die Funktion steht in tabellierter Form zur Verfügung /4.6/.

Durch Integration über die Ortskoordinate x läßt sich die Flächenbelegung Q (Zahl der Dotieratome pro Flächeneinheit) berechnen:

$$Q = \int\limits_{0}^{\infty} C(x, t)\,dx = 2C_0\sqrt{\frac{Dt}{\pi}}\,. \tag{4.6}$$

Die Flächenbelegung nimmt also proportional zur Wurzel aus der Dauer t des Diffusionsprozesses zu.

Im zweiten Beispiel eines Diffusionsverfahrens ist angenommen, daß für $t = 0$ eine dünne Schicht von Dotieratomen an der Oberfläche des Halbleitermaterials existiert. Diese Dotieratome bewegen sich im Verlaufe des Diffusionsprozesses in das Halbleiterinnere. Eine Ausdiffusion (in Richtung negativer x-Werte) sei dabei ausgeschlossen; die Flächenbelegung Q bleibt also während des Diffusionsprozesses konstant. Unter diesen Umständen resultiert die Lösung

$$C(x, t) = \frac{Q}{\sqrt{\pi Dt}} e^{-\frac{x^2}{4Dt}}\,. \tag{4.7}$$

Der Störstellenverlauf entspricht also einer *Gauß*-Funktion, wobei die Oberflächenkonzentration gemäß

$$C(0, t) = \frac{Q}{\sqrt{\pi Dt}} \tag{4.8}$$

mit der Dauer t des Diffusionsprozesses abnimmt.

In Bild 4.11 ist der Störstellenverlauf nach Gl. (4.7) in normierter Darstellung für einige Werte des Diffusionsparameters $L = 2\sqrt{Dt}$ beispielhaft aufgetragen.

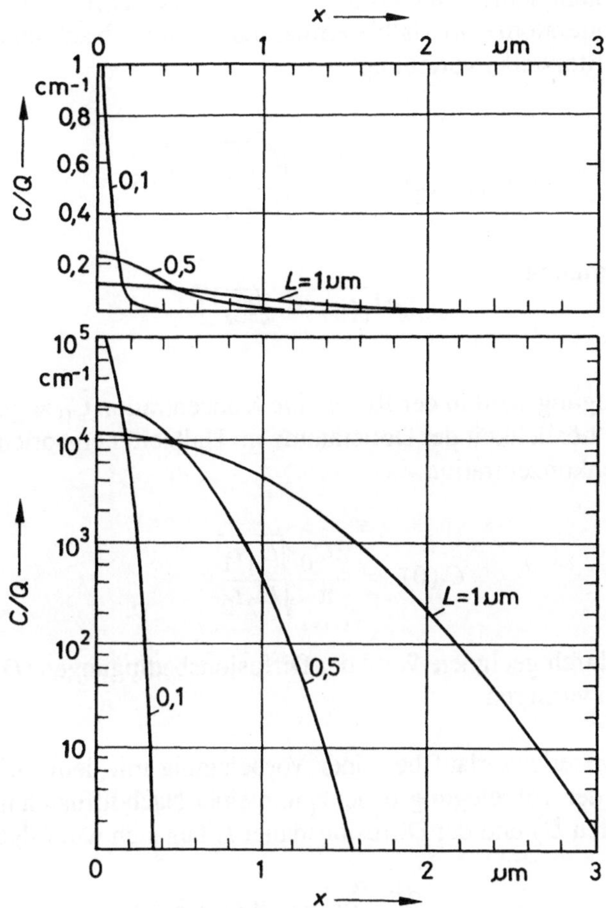

Bild 4.11   Störstellenverlauf bei einem Diffusionsprozeß
mit zeitlich konstanter Flächenbelegung Q
(lineare Darstellung oben, logarithmische
Darstellung unten).

In der Praxis wird häufig ein zweistufiger Diffusionsprozeß durchgeführt. In einem ersten Schritt erfolgt eine Diffusion mit konstanter Oberflächenkonzentration C_0. Diese führt nach einer Diffusionsdauer t_1 mit dem Diffusionskoeffizienten D_1 zu einer Flächenbelegung

$$Q = 2C_0 \sqrt{\frac{D_1 t_1}{\pi}} \; .$$

In einem zweiten Schritt mit erhöhter Temperatur (Diffusionskoeffizient D_2) werden die Dotieratome im Halbleitermaterial verteilt. Nach einer Zeitdauer t_2 ergibt sich die Störstellenverteilung

$$C(x, t_1, t_2) = \frac{2C_0}{\pi} \sqrt{\frac{D_1 t_1}{D_2 t_2}}\, e^{-\frac{x^2}{4D_2 t_2}} \tag{4.9}$$

sofern die Bedingung

$$\sqrt{D_1 t_1} \ll \sqrt{D_2 t_2}$$

eingehalten ist.

Bei der Vorbelegung wird in der Regel eine Konzentration C_0 angestrebt, welche der maximalen Löslichkeit der Dotieratome im Halbleiter entspricht ($C_0 = C_{\max}$). Die Oberflächenkonzentration

$$C(0) = \frac{2C_0}{\pi} \sqrt{\frac{D_1 t_1}{D_2 t_2}} \tag{4.9a}$$

läßt sich dann durch geeignete Wahl der Diffusionsbedingungen (D_1, D_2, t_1, t_2) in weiten Grenzen variieren.

Der exakte Störstellenverlauf bei einer Vorbelegung mit dem Diffusionskoeffizienten D_1 und der Vorbelegungsdauer t_1 und einer Nachdiffusion mit dem Diffusionskoeffizienten D_2 und der Diffusionsdauer t_2 läßt sich wie folgt angeben:

$$C(x, t_1, t_2) = \frac{2C_0}{\pi} \int_0^\alpha \frac{\exp\left[-\beta(1+\xi^2)\right]}{1+\xi^2}\, d\xi. \tag{4.10}$$

Hierin ist

$$\alpha = \sqrt{\frac{D_1 t_1}{D_2 t_2}} \quad \text{und} \quad \beta = \left(\frac{x}{2\sqrt{D_1 t_1 + D_2 t_2}}\right)^2.$$

Das in Gl. (4.10) enthaltene Integral steht in tabellarischer Form zur Verfügung /4.7/.

Des weiteren kann vor dem Diffusionsprozeß eine Epitaxieschicht der Dicke d mit der homogenen Dotierung C_0 aufgebracht werden. Es gelten dann für $t = 0$ folgende Randbedingungen:

$$C = C_0 \quad \text{für} \quad 0 \leq x \leq d \quad \text{und} \quad C = 0 \quad \text{für} \quad x \geq d \, ,$$

sofern als Koordinatenursprung die Oberfläche der Epitaxieschicht gewählt wird. Bei dem anschließenden Diffusionsprozeß diffundieren Störstellen aus der Epitaxieschicht in das Substratmaterial, und es ergibt sich folgende Störstellenverteilung:

$$C(x, t) = \frac{C_0}{2} \left[\text{erfc} \left(\frac{x - d}{2\sqrt{Dt}} \right) - \text{erfc} \left(\frac{x + d}{2\sqrt{Dt}} \right) \right]. \qquad (4.11)$$

Dabei ist wiederum angenommen, daß keine Ausdiffusion von Störstellen (in negativer x-Richtung) stattfindet.

In manchen Anwendungen der Diffusionstechnik ist es zweckmäßig, die Dotieratome in einer Matrix, welche vom Halbleitermaterial abweicht, auf die Halbleiteroberfläche aufzubringen. Als Beispiel sei eine SiO_2-Schicht, welche einen Dotierstoff enthält, auf einer GaAs-Scheibe genannt. In diesem Falle dient die SiO_2-Quellenschicht gleichzeitig zum Schutz der GaAs-Oberfläche während der Diffusion.

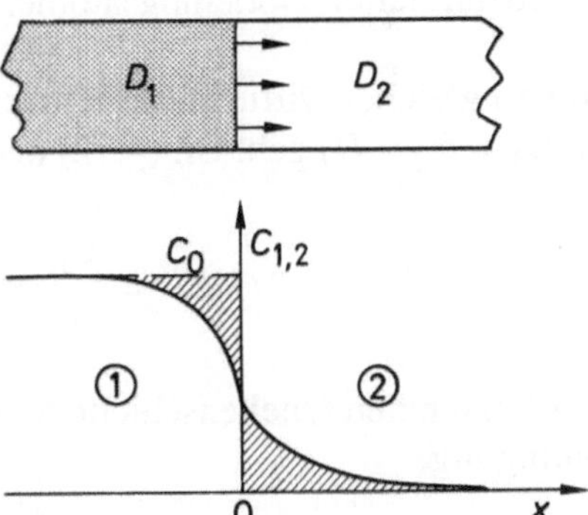

Bild 4.12
Diffusion aus einer unbegrenzten Quellenschicht (links) in ein Halbleitermaterial (rechts)

Bei einer sehr dicken Quellenschicht gelten die Randbedingungen (mit dem Koordinatenursprung an der Grenze Quellenschicht/Halbleiter)

$$C_1 = C_0 \quad \text{für} \quad t = 0, x \leq 0 \quad \text{und}$$

$$C_2 = 0 \quad \text{für} \quad t = 0, x \geq 0 \, .$$

Ferner ist die Kontinuität des Diffusionsstromes an der Grenze Quellenschicht/ Halbleiter zu berücksichtigen, d.h.

$$D_1 \left(\frac{dC_1}{dx}\right)_{x=0} = D_2 \left(\frac{dC_2}{dx}\right)_{x=0} .$$

Nimmt man vereinfachend an, daß auch die Störstellenkonzentration bei $x = 0$ stetig ist, d.h. $C_1(0) = C_2(0)$, so gilt für den Störstellenverlauf im Halbleitermaterial

$$C_2(x, t) = \frac{\sqrt{\dfrac{D_1}{D_2}}}{1 + \sqrt{\dfrac{D_1}{D_2}}} C_0 \, \text{erfc}\left(\frac{x}{2\sqrt{D_2 t}}\right). \tag{4.12}$$

In Bild 4.12 ist angenommen, daß der Diffusionskoeffizient in der Quellenschicht (D_1) kleiner als derjenige im Halbleitermaterial (D_2) ist. Die schraffierten Flächen entsprechen der Flächendichte der aus der Quellenschicht in das Halbleitermaterial diffundierten Dotierungsatome.

Für den Fall gleicher Diffusionskoeffizienten im Quellenmaterial und im Halbleiter (d.h. $D_1 = D_2 = D$) geht Gl. (4.12) über in

$$C(x, t) = \frac{C_0}{2} \, \text{erfc}\left(\frac{x}{2\sqrt{Dt}}\right). \tag{4.13}$$

Bei einer begrenzten Quellenschicht der Dicke d_1 ist zusätzlich die Erfüllung der Randbedingung

$$\left(\frac{dC_1}{dx}\right)_{x = -d_1} = 0$$

zu fordern, sofern wiederum angenommen wird, daß keine Dotierstoffatome aus der Quellschicht in die umgebende Atmosphäre gelangen. Unter diesen Umständen ergibt sich für die Störstellenkonzentration im Halbleiter die Reihe

$$C_2(x, t) \; = \; \frac{C_0}{2}(1 - a) \sum_{n=0}^{\infty} (-1)^n a^n E_n \qquad (4.14)$$

mit den Abkürzungen

$$E_n \; = \; \left[\, \mathrm{erfc}\left(\frac{x + 2nRd_1}{2\sqrt{D_2 t}}\right) - \mathrm{erfc}\left(\frac{x + 2(n+1)Rd_1}{2\sqrt{D_2 t}}\right)\right],$$

$$R \; = \; \sqrt{\frac{D_2}{D_1}} \quad \text{und} \quad a \; = \; \frac{R-1}{R+1}\,.$$

Das Prinzip der Diffusion aus einer begrenzten Quelle ist in Bild 4.13 dargestellt. Die Konzentration $C(0)$ an der Grenzfläche Quellenschicht/Halbleiter nimmt dabei wegen der Erschöpfung der Quelle kontinuierlich ab /4.8/.

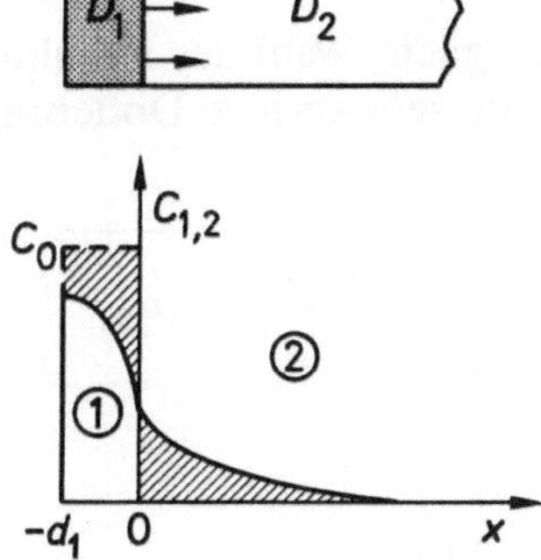

Bild 4.13
Diffusion aus einer begrenzten
Quellenschicht (links) in ein
Halbleitermaterial (rechts)

Für den Fall gleicher Diffusionskoeffizienten in der Quellenschicht und im Halbleiter (d.h. $D_1 = D_2 = D$) ist nur das erste Glied in der Reihe (4.14) von Null verschieden; der Störstellenverlauf nach Gl. (4.14) entspricht dann demjenigen von Gl. (4.11), sofern die Verschiebung des Koordinatenursprunges um die Strecke d_1 berücksichtigt wird.

Als weiteres Beispiel eines Diffusionsvorganges ist angenommen, daß sich auf
der Oberfläche des Halbleiters eine diffusionshemmende Deckschicht der Dicke
d_1 befindet (Bild 4.14). Durch Zufuhr von Dotieratomen wird an der Oberfläche
dieser Schicht eine zeitlich konstante Dotierstoffkonzentration C_0 eingestellt. Bei
der Aufstellung der Randbedingungen ist hier berücksichtigt, daß an der Grenze
zweier verschiedener Stoffe eine Diskontinuität der Dotierstoffkonzentration auftreten kann, d.h. es gilt allgemein

$$C_2(0) = kC_1(0).\tag{4.15}$$

Der Konzentrationssprung an der Grenze zwischen der Deckschicht und dem
Halbleiter wird also durch einen Verteilungskoeffizienten k beschrieben. In Bild
4.14 ist beispielhaft ein Störstellenverlauf mit $k < 1$ gezeichnet. Die Störstellenkonzentration im Halbleiter läßt sich durch die Reihe

$$C_2(x, t) = kC_0(1 - \alpha) \sum_{n=0}^{\infty} \alpha^n \mathrm{erfc}\left[\frac{(2n+1)\,d_1}{2\sqrt{D_1 t}} + \frac{x}{2\sqrt{D_2 t}} \right]\tag{4.16}$$

beschreiben; hierin sind folgende Abkürzungen verwendet:

$$\alpha = \frac{k-r}{k+r} \quad \text{und} \quad r = \sqrt{\frac{D_1}{D_2}}.$$

Durch geeignete Wahl der Kombination Deckschicht/Halbleiter läßt sich insbesondere eine sehr geringe Dotierungskonzentration im Halbleiter einstellen /4.9/.

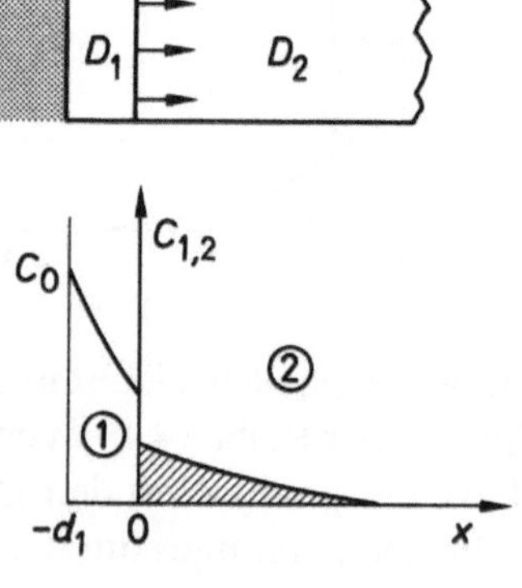

Bild 4.14
Diffusion durch eine diffusionshemmende Schicht

Bei der Silizium-Diffusionstechnik ist zu berücksichtigen, daß der Eintreibprozeß (Nachdiffusion) häufig bei gleichzeitiger Oxidation des Siliziums stattfindet. Hierbei wird der Störstellenverlauf in der Nähe der Grenze Siliziumdioxid/Silizium beeinflußt. Für $k > 1$ tritt eine zusätzliche Anhäufung der Störstellen im Silizium auf, während für $k < 1$ eine Absenkung der Störstellenkonzentration gegenüber dem nach Gl. (4.9) erwarteten Verlauf resultiert.

Bei allen bisher berechneten Störstellenverteilungen wurde die Gültigkeit der Differentialgleichung (4.4) vorausgesetzt, d.h. es wurde ein von der Störstellenkonzentration unabhängiger Diffusionskoeffizient angenommen. In vielen Fällen - insbesondere bei hoher Störstellenkonzentration - ist diese Annahme nicht gültig. Es muß vielmehr mit einem Diffusionskoeffizienten gerechnet werden, der von der Konzentration abhängt. Dabei sind zwei Fälle zu unterscheiden:

- Der Diffusionskoeffizient nimmt mit steigender Konzentration zu.

- Der Diffusionskoeffizient nimmt mit steigender Konzentration ab.

Bild 4.15
Störstellenverläufe bei unterschiedlicher Abhängigkeit des Diffusionskoeffizienten von der Konzentration.
Es bedeuten:
$D{\uparrow}{\uparrow}C$: Zunahme des Diffusionskoeffizienten mit steigender Konzentration
$D{\downarrow}{\uparrow}C$: Abnahme des Diffusionskoeffizienten mit steigender Konzentration

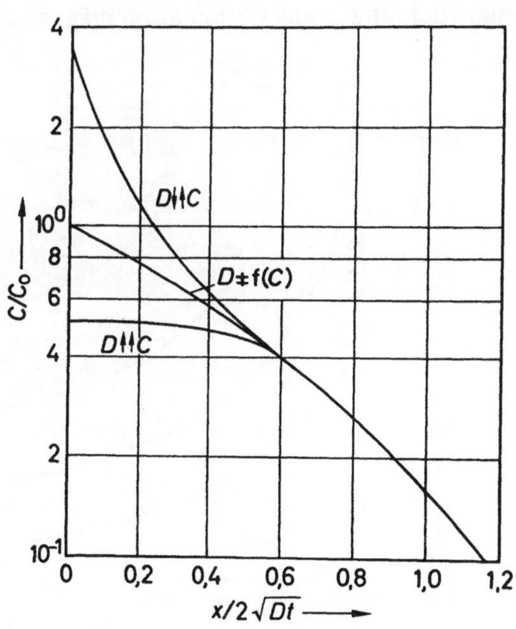

In Bild 4.15 sind beispielhaft Störstellenverläufe für die beiden vorstehend genannten Fälle dargestellt. Zum Vergleich ist auch der nach Gl. (4.9) berechnete Störstellenverlauf, d.h. bei konzentrationsunabhängigem Diffusionskoeffizienten, eingezeichnet.

Bei dem bisherigen Ansatz für die Diffusionsgleichung wurde ein eindimensionales Konzentrationsgefälle und damit ein eindimensionaler Diffusionsstrom (senkrecht zur Halbleiteroberfläche) angenommen. In vielen Anwendungen der Diffusion - z.B. in der Siliziumplanartechnik - wird jedoch eine räumlich begrenzte Veränderung der Dotierung angestrebt. In diesem Falle ist es erforderlich, eine zwei- oder dreidimensionale Lösung der Diffusionsgleichung

$$\frac{\partial C}{\partial t} = D\Delta C \tag{4.17}$$

unter Berücksichtigung der entsprechenden Randbedingungen zu verwenden.

In Bild 4.16 ist angenommen, daß die Halbleiteroberfläche in der linken Halbebene ($y \leq 0$) mit einer diffusionsmaskierenden Schicht bedeckt ist. Für einen vorgegebenen Diffusionsparameter $L = 2\sqrt{Dt}$ läßt sich daraus die Kontur für eine auf die Oberflächenkonzentration C_0 normierte Störstellenkonzentration C in der xy-Ebene ermitteln. Wie aus Bild 4.16 hervorgeht, tritt auch eine laterale Komponente der Diffusion auf. Der Abfall der Störstellenkonzentration ist in lateraler Richtung etwas stärker ausgeprägt als senkrecht zur Oberfläche /4.10/.

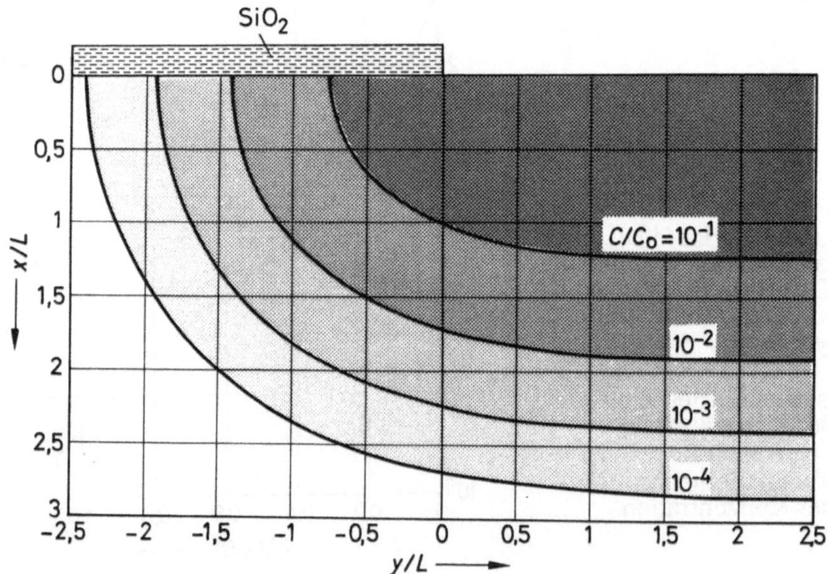

Bild 4.16 Diffusion bei partieller Bedeckung der Halbleiteroberfläche mit einer diffusionsmaskierenden Schicht (SiO$_2$)

4.5.2 Diffusionsverfahren

Bei der Anwendung der Diffusionstechnik müssen auch die im Substratmaterial vorhandenen Störstellen berücksichtigt werden. Prinzipiell sind zwei Fälle zu unterscheiden:

- Die eindiffundierenden Störstellen erzeugen den gleichen Leitungstyp wie diejenigen des Substratmaterials (Bild 4.17a).

- Die eindiffundierenden Störstellen erzeugen den zum Substratmaterial komplementären Leitungstyp (Bild 4.17b).

Im erstgenannten Falle bewirkt die Diffusion einen Dotierungsverlauf mit monotoner Abnahme der Störstellenkonzentration von der Oberfläche in das Halbleiterinnere. Im zweiten Falle wird ein pn-Übergang erzeugt, sofern die Oberflächenkonzentration der eindiffundierenden Störstellen die Dotierung des Substrates übertrifft. Am Ort des pn-Überganges ($x = x_\mathrm{j}$) ist die effektive Störstellenkonzentration (d.h. $N_\mathrm{A} - N_\mathrm{D}$) gleich Null.

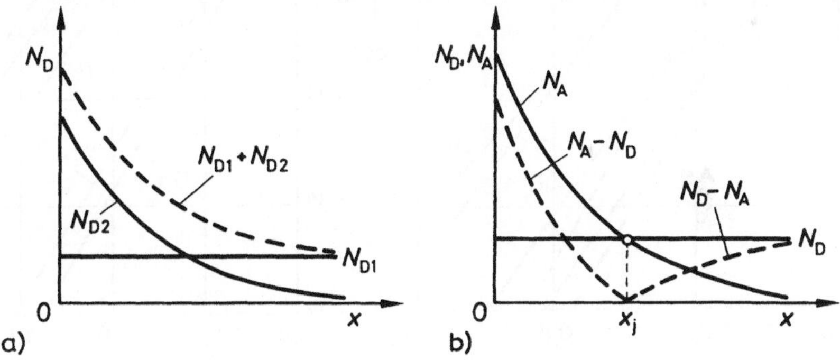

Bild 4.17   Verlauf der Störstellenkonzentrationen bei einem Diffusionsprozeß
a) Donatorendiffusion in n-leitendes Material (Grunddotierung N_D1)
b) Akzeptorendiffusion in n-leitendes Material (Grunddotierung N_D)

Für die Auswahl der Dotierstoffe beim Diffusionsprozeß ist u.a. der Diffusionskoeffizient der Dotieratome im Halbleiter zu beachten. Generell läßt sich die Temperaturabhängigkeit der Diffusionskoeffizienten durch die Formel

$$D = D_0 e^{-\frac{W_a}{kT}} \qquad\qquad (4.18)$$

beschreiben, wobei der Faktor D_0 den auf die Temperatur $T \longrightarrow \infty$ extrapolierten Diffusionskoeffizienten angibt; W_a ist die Aktivierungsenergie des betreffenden Diffusionsprozesses.

In den Bildern 4.18 und 4.19 ist die Temperaturabhängigkeit der Diffusionskoeffizienten der wichtigsten Akzeptoren und Donatoren in Silizium und Germanium dargestellt.

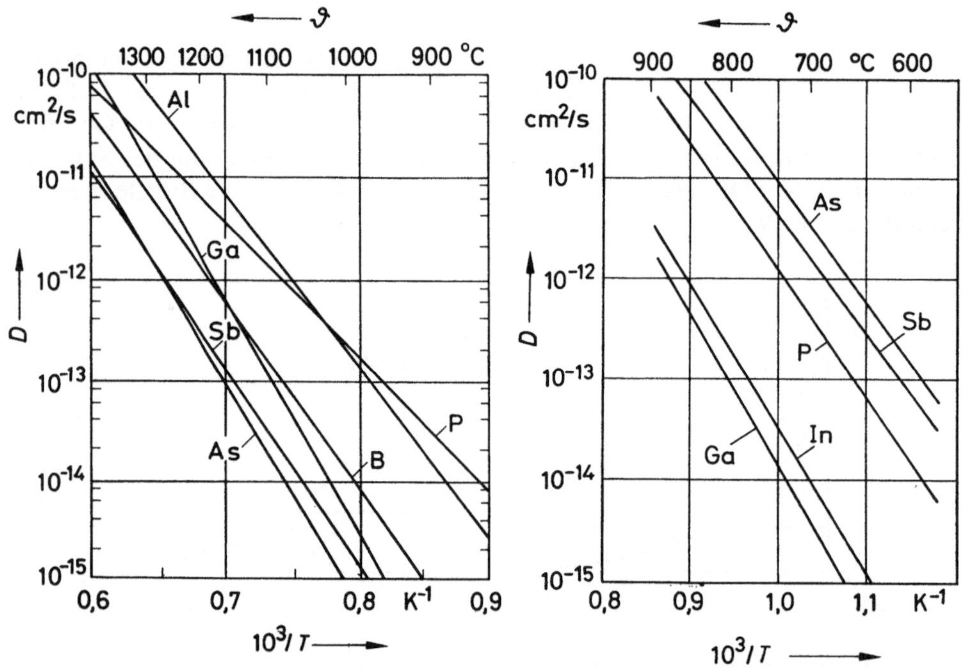

Bild 4.18
Temperaturabhängigkeit der Diffusionskoeffizienten der wichtigsten Akzeptoren und Donatoren in Silizium (*Arrhenius*-Darstellung)

Bild 4.19
Temperaturabhängigkeit der Diffusionskoeffizienten der wichtigsten Akzeptoren und Donatoren in Germanium (*Arrhenius*-Darstellung)

Für die beiden wichtigsten Diffusionsprozesse (Bor und Phosphor in Silizium) sind die Zusammenhänge zwischen der Diffusionsdauer, der Diffusionstemperatur und der Diffusionseindringtiefe (Abstand x_j des pn-Überganges von der Oberfläche) in den Bildern 4.20a,b graphisch dargestellt. Die angegebenen Werte beziehen sich auf Prozesse mit konstanter Oberflächenkonzentration N_{A0} bzw. N_{D0} (erfc-Profil) und auf Verfahren mit konstanter Flächenbelegung Q (*Gauß*-Profil). Es ist angenommen, daß die Oberflächenkonzentration die Grunddotierung um den Faktor 10^3 übertrifft.

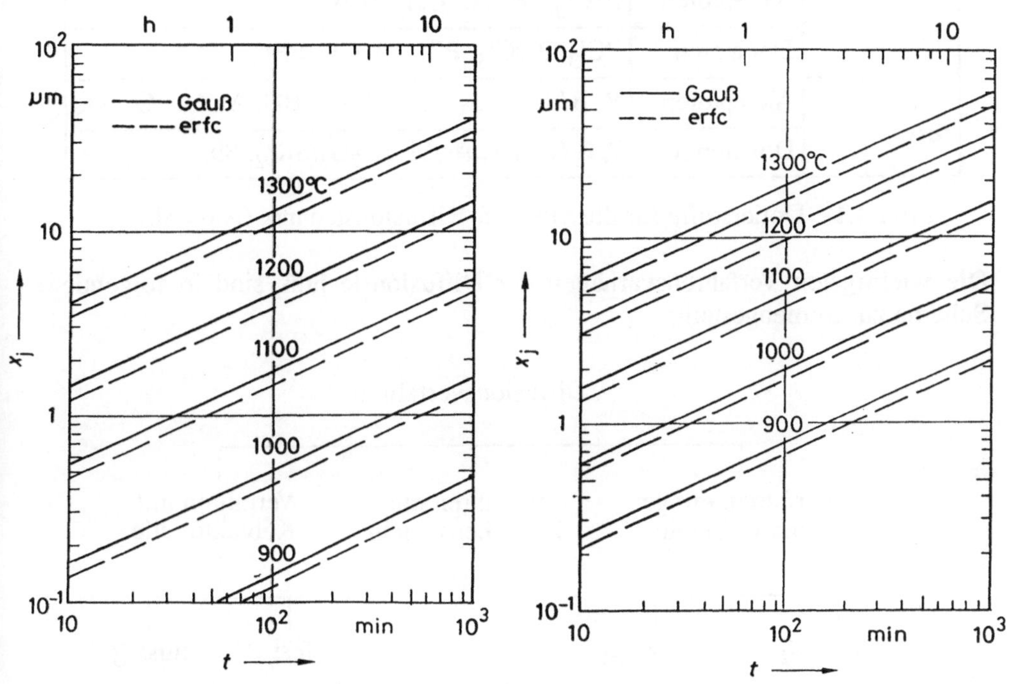

Bild 4.20a
Diffusionseindringtiefe von Bor in
n-Silizium in Abhängigkeit von der
Zeit und der Temperatur
$(N_{A0}/N_D = 10^3)$

Bild 4.20b
Diffusionseindringtiefe von Phosphor
in p-Silizium in Abhängigkeit von der
Zeit und der Temperatur
$(N_{D0}/N_A = 10^3)$

Die wichtigsten Dotierstoffe für die Silizium-Diffusionstechnik sind in Tafel 4.1 zusammengestellt. In den meisten Anwendungsfällen der Diffusionstechnik werden gasförmige Dotierstoffe bevorzugt.

gasförmig	Akzeptoren	B_2H_6, BCl_3
	Donatoren	PH_3, AsH_3, SbH_3, $Sb(CH_3)_3$
flüssig	Akzeptoren	(BCl_3), BBr_3, $(CH_3O)_3B$
	Donatoren	PCl_3, $POCl_3$, PCl_5, $AsCl_3$, PBr_3
fest	Akzeptoren	B, B/Si, B_2O_3, B_2O_3/SiO_2, BN, Al, Ga, Ga_2O_3
	Donatoren	P, P_2O_5, As, As/Si, As_2O_3/SiO_2, Sb

Tafel 4.1   Dotierstoffe für die Silizium-Diffusionstechnik (Auswahl)

Die wichtigsten Verfahrensvarianten der Diffusionstechnik sind in folgendem Schema zusammengestellt:

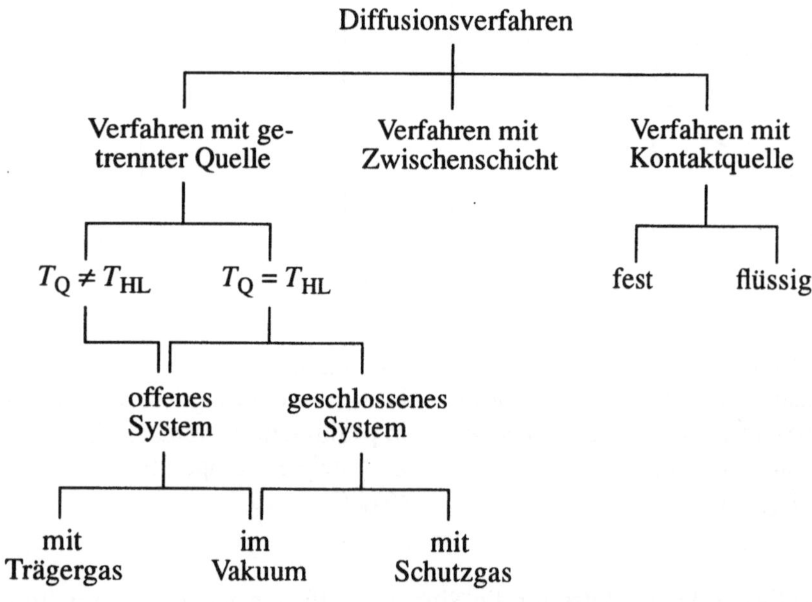

Bei den meisten Diffusionsverfahren existiert eine räumliche Trennung zwischen der Quelle für die Dotieratome und dem Halbleitermaterial; der Transport der Dotieratome erfolgt dann über die Gasphase. Die Distanz zwischen der Quelle und dem Halbleiter kann dabei so groß sein, daß ein wesentlicher Temperaturunterschied zwischen der Quelle und dem Halbleiter existiert; insbesondere kann eine auf Raumtemperatur befindliche Quelle verwendet werden. Bei anderen Verfahren befindet sich die Quelle in einem geringen Abstand zum Halbleiter, so daß beide die gleiche Temperatur aufweisen.

In manchen Fällen ist es zweckmäßig, die Dotierquelle (in fester oder flüssiger Form) auf das Halbleitermaterial aufzubringen. Bei diesem Verfahren entfällt der Materialtransport über die Gasphase. Zur Reduktion der Störstellenkonzentration im Halbleiter kann ggf. eine undotierte Zwischenschicht eingesetzt werden.

Die Gestaltung eines offenen Systems zur Diffusion unter Vakuumbedingungen ist in Bild 4.21 schematisch dargestellt. Dieses Verfahren ist insbesondere für die Störstellendiffusion in Germanium zweckmäßig, da die Germaniumoberfläche während des Diffusionsprozesses nicht durch eine (arteigene) Oxidschicht geschützt werden kann.

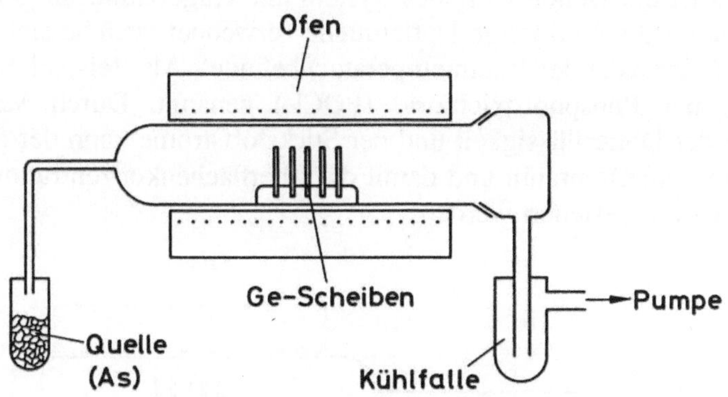

Bild 4.21   Diffusion in einem offenen System unter Vakuumbedingungen (Beispiel Arsendiffusion in Germanium)

In den meisten Fällen wird bei der Diffusion ein offenes System bevorzugt, welches von einem Trägergasstrom durchflossen ist. In Bild 4.22 ist ein derartiges System mit einer festen (oder geschmolzenen) Dotierstoffquelle dargestellt. Die Quelle befindet sich in einem Ofen, der eine Temperatur unterhalb der Diffusionstemperatur aufweist. Als Beispiel sei die Verwendung von Phosphorpentoxid als Dotierquelle genannt. Ein (geringer) Zusatz von Sauerstoff dient der Oberflächenpassivierung des Siliziums; hierdurch kann auch die Oberflächenkonzentration des Phosphors im Silizium beeinflußt werden.

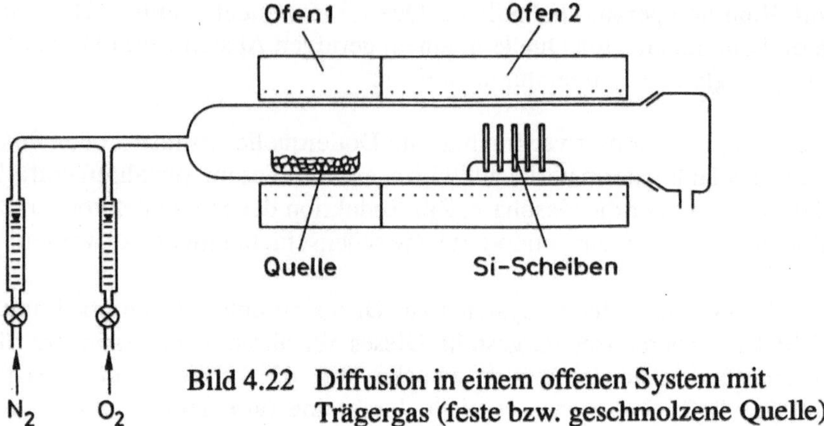

Bild 4.22 Diffusion in einem offenen System mit
Trägergas (feste bzw. geschmolzene Quelle)

In Bild 4.23 ist ein weiteres offenes System mit Trägergasstrom gezeichnet. In diesem Falle wird eine flüssige Dotierquelle verwendet, welche sich auf Raumtemperatur (oder nahe der Raumtemperatur) befindet. Als Beispiel eines Dotierstoffes sei hier Phosphoroxichlorid ($POCl_3$) genannt. Durch Variation der Temperatur der Dotierflüssigkeit und der Stickstoffströme kann der Partialdruck des Phosphors im Ofenraum und damit die Oberflächenkonzentration des Phosphors im Silizium gesteuert werden.

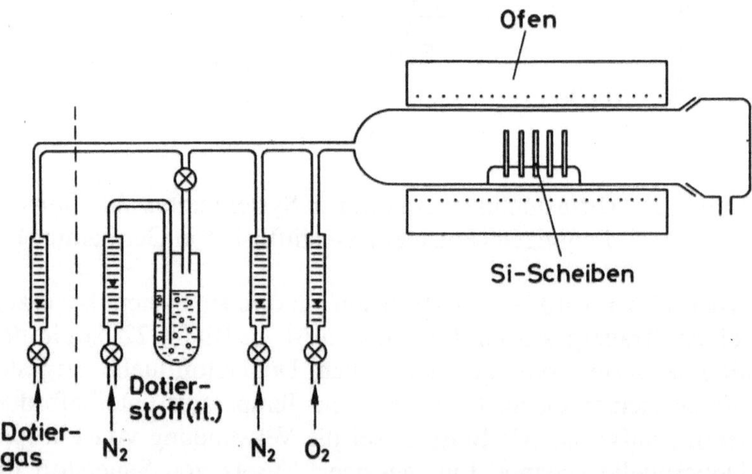

Bild 4.23 Diffusion in einem offenen System mit Trägergas
(flüssige bzw. gasförmige Dotierquelle)

Als Alternative zur Verwendung einer flüssigen Dotierquelle ist in Bild 4.23 auch der Einsatz eines Dotiergases (z.B. Diboran, Phosphin, Arsenwasserstoff) vorgesehen.

In Bild 4.24 ist ein Diffusionsverfahren dargestellt, bei dem sich die Dotierquelle in unmittelbarer Nähe des Halbleitermaterials befindet; Quelle und Halbleiter weisen dementsprechend die gleiche Temperatur auf. Als Quellenmaterial wird vorzugsweise Bornitrid verwendet. Dieses wird vor dem Diffusionsprozeß durch Oxidation - d.h. durch Bildung einer dünnen Boroxidschicht - aktiviert. Eine weitere Erhöhung des Partialdruckes ist durch Zufuhr von Wasserstoff - d.h. durch Bildung von Metaborsäure - möglich.

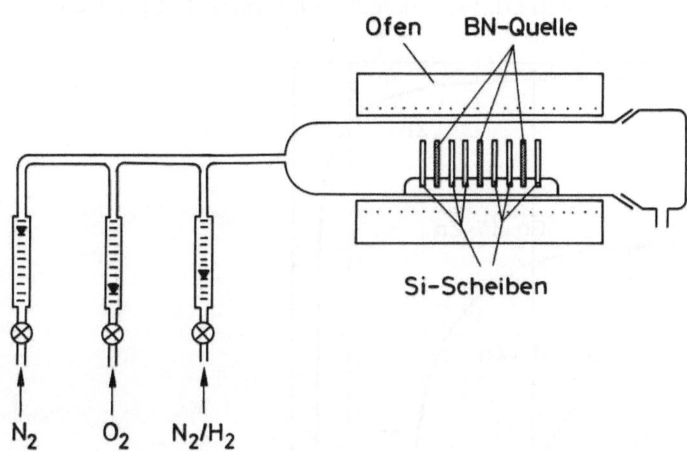

Bild 4.24   Diffusionsverfahren mit einer Festkörperquelle
in unmittelbarer Nähe der Halbleiterscheiben

Bild 4.25 zeigt das Prinzip der Diffusion in einem abgeschlossenen System (Quarzampulle). Dabei befinden sich die Dotierquelle und das Halbleitermaterial auf gleicher Temperatur. Im Falle einer Diffusion in Silizium wird häufig Si-Pulver, welches eine Dotierung entsprechend der gewünschten Oberflächenkonzentration aufweist, verwendet.

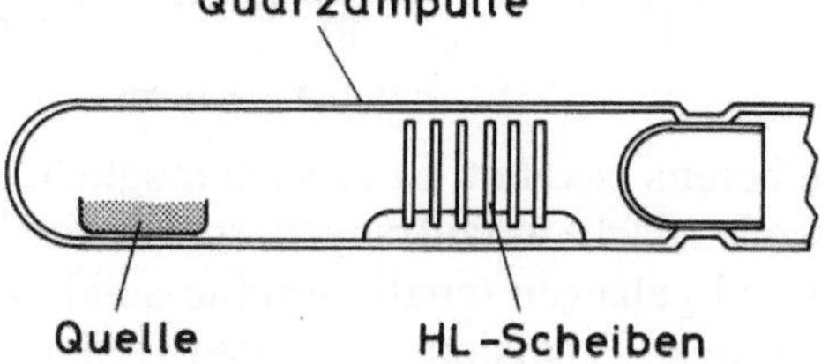

Bild 4.25
Diffusion in einem geschlossenen System

Abgeschlossene Systeme werden auch häufig zur Diffusion von Störstellen in III-V-Verbindungen eingesetzt. Dabei kann gleichzeitig der zur Aufrechterhaltung der Integrität der Halbleiteroberfläche notwendige Dampfdruck der Elemente der V. Gruppe (insbesondere Phosphor und Arsen) eingestellt werden. Als Beispiel sei die Diffusion von Zink (Akzeptor) in Galliumarsenid genannt. Hierbei tritt eine starke Zunahme des Diffusionskoeffizienten mit steigender Zinkkonzentration auf. Bei hohem Zn-Partialdruck resultiert eine starke Abweichung des Konzentrationsprofils von dem nach Gl. (4.5) berechneten Verlauf (Bild 4.26).

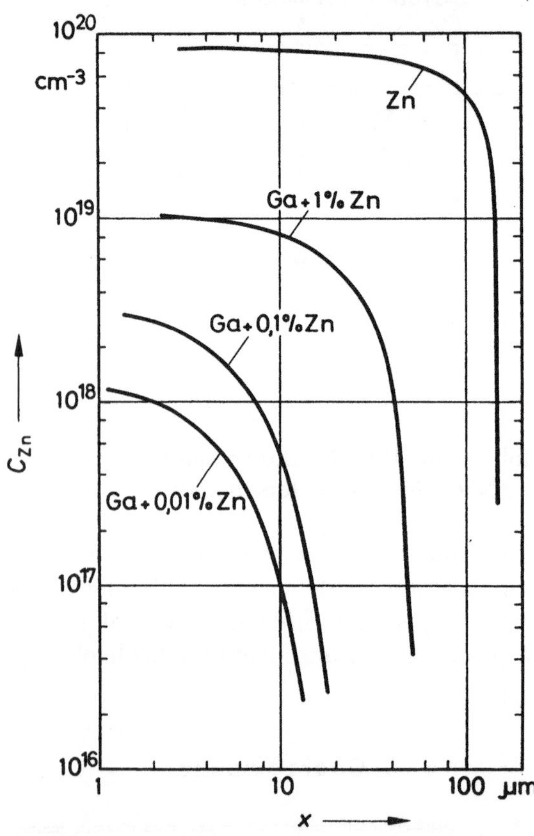

Bild 4.26
Verlauf der Zinkkonzentration in Galliumarsenid bei Verwendung verschiedener Dotierquellen (Diffusion in einem abgeschlossenen System) /4.11/

Wie bereits erwähnt, ist es auch möglich, das Dotiermaterial direkt auf die Halbleiteroberfläche aufzubringen, so daß die Dotieratome von dort in das Halbleitermaterial gelangen (engl. "solid-to-solid diffusion"). Hierzu verwendet man beispielsweise Emulsionen, die den Dotierstoff und geeignete Siliziumverbindungen enthalten. Bei erhöhter Temperatur entstehen hieraus Silikatglasschichten, welche gleichzeitig zum Schutz von Halbleiteroberflächen - insbesondere bei III-V-Verbindungen - dienen. Des weiteren können dotierstoffhaltige Schichten durch Aufdampfung, Kathodenzerstäubung oder durch chemische Abscheidung aus der Gasphase (CVD) aufgebracht werden.

Dünne Dotierstoffschichten können mittels Photolithographie strukturiert werden. Hierdurch ist eine räumliche Begrenzung der Diffusion möglich; ein Beispiel (Zn-Diffusion in Galliumarsenid) ist in Bild 4.27 dargestellt. Bei diesem Verfahren kann die gesamte Oberfläche des Galliumarsenids mit Siliziumdioxid bedeckt und damit während der Diffusion geschützt werden.

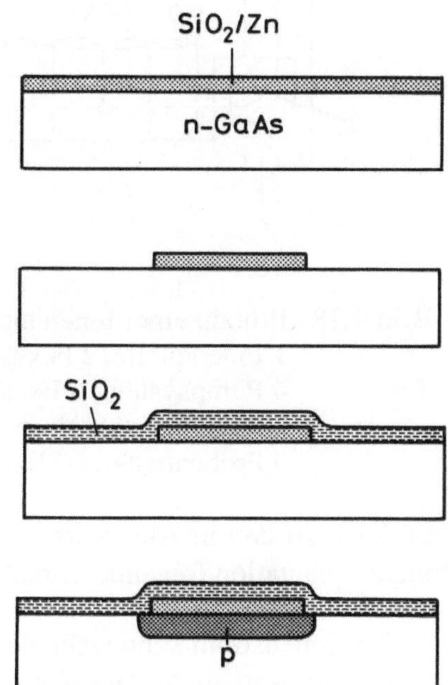

Bild 4.27
Zinkdiffusion in Galliumarsenid
mittels einer strukturierten
Festkörper-Diffusionsquelle
/4.8/

4.6 Ionenimplantation

Eine weitere Methode zur Dotierung von Halbleiterwerkstoffen ist die Ionenimplantation. Dieses Verfahren erfordert zunächst die Ionisierung der Dotierungsatome in einer Ionenquelle. Anschließend werden die (positiven) Ionen fokussiert, in einem elektrischen Feld beschleunigt und in das Halbleitermaterial eingeschossen. Ionen, welche für den Implantationsprozeß unerwünscht sind, werden vor der Beschleunigung in einer massenspektrometrischen Anordnung (d.h. durch Ablenkung in einem Magnetfeld) aus dem Ionenstrahl entfernt. Eine gleichförmige Belegung des Halbleitermaterials mit Dotieratomen wird durch eine rasterartige Führung des Ionenstrahls (d.h. durch elektrostatische Ablenkung in horizontaler

und vertikaler Richtung) erreicht. Mit der Ablenkung des Ionenstrahls können
auch unerwünschte Neutralteilchen eliminiert werden. Die wesentlichen Komponenten einer Ionenimplantationsanlage sind in Bild 4.28 dargestellt.

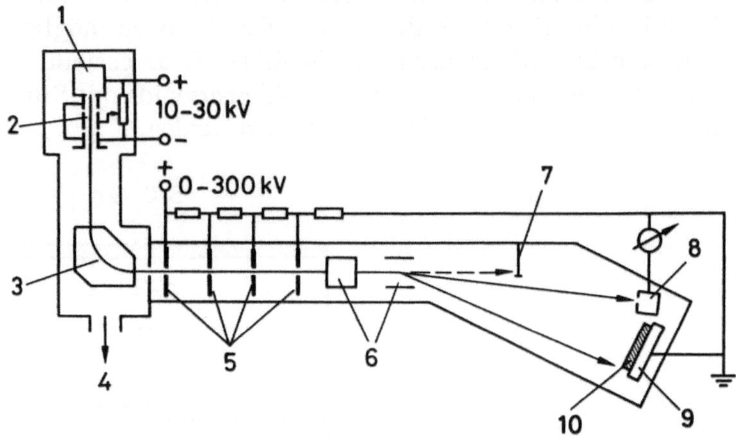

Bild 4.28   Prinzip einer Ionenimplantationsanlage
1 Ionenquelle, 2 Fokussierung, 3 Massenspektrometer,
4 Pumpsystem, 5 Beschleunigungssystem, 6 Ablenksystem,
7 Auffänger für Neutralteilchen, 8 Ionenauffänger,
9 Probenhalter, 10 Halbleiterscheibe

Im Vergleich zu den in Abschnitt 4.4 beschriebenen Diffusionsprozessen weist
die Ionenimplantation folgende Vorteile auf:

- Der Ionenstrom kann während des Implantationsprozesses exakt ge-
  messen werden; hieraus läßt sich die Ionendosis (d.h. die Anzahl der
  pro Flächeneinheit implantierten Ionen) ableiten.

- Die (mittlere) Eindringtiefe der Dotieratome ist über die Ionenenergie (Beschleunigungsspannung) exakt einzustellen.

- Die Ionenimplantation erfolgt bei Raumtemperatur oder bei mäßig erhöhter Temperatur. Zur Maskierung (d.h. zur lateralen Begrenzung
  der Ionenimplantation) können daher auch Substanzen geringer thermischer Stabilität - wie z.B. Photolack - verwendet werden.

Den vorstehend genannten Vorteilen der Ionenimplantation stehen folgende
Nachteile gegenüber:

- Die Eindringtiefe der Ionen im Halbleiterkristall ist verhältnismäßig gering (Größenordnung 0,1 bis 1 µm).

- Die Ionenimplantation erfordert einen hohen apparativen Aufwand (hohe Investitionskosten).

Die Abbremsung der Ionen im Festkörper erfolgt im wesentlichen durch inelastische Streuung an Elektronen und durch elastische Wechselwirkung mit Atomkernen /4.12/. Hieraus resultiert eine Verteilung der implantierten Ionen, die näherungsweise durch folgende Gleichung beschrieben werden kann:

$$C(x) = \frac{Q}{\sqrt{2\pi}\Delta R_p} \exp\left[-\frac{(x - R_p)^2}{2\Delta R_p^2}\right]. \tag{4.19}$$

Hierin gibt R_p die projizierte Reichweite, d.h. die Lage des Konzentrationsmaximums unter der Halbleiteroberfläche an. Die Größe ΔR_p wird als Standardabweichung bezeichnet. In Bild 4.29 ist beispielhaft die Verteilung von Bor in Silizium für eine Ionendosis $Q = 10^{15}$ cm^{-2} bei verschiedenen Implantationsenergien dargestellt.

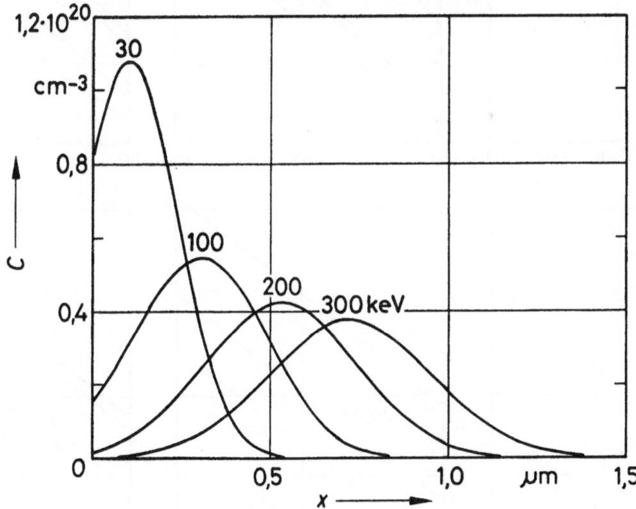

Bild 4.29   Konzentrationsverteilung von Bor in Silizium bei der Ionenimplantation mit unterschiedlicher Ionenenergie (Ionendosis: $Q = 10^{15}$ cm^{-2})

Wie aus Bild 4.29 ersichtlich, steigt die projizierte Reichweite R_p mit zunehmender Ionenenergie an; gleichzeitig erfolgt eine Verbreiterung der Dotierungsprofile mit ansteigender Eindringtiefe. Für den Zusammenhang zwischen der projizierten Reichweite und der Standardabweichung gilt näherungsweise: $\Delta R_p = 0{,}4\,R_p$. Die projizierte Reichweite R_p und die Standardabweichung ΔR_p hängen von der Masse und der Ordnungszahl der implantierten Dotierungsatome sowie des Halbleitermaterials ab. In Bild 4.30 sind berechnete Werte für R_p und ΔR_p für die wichtigsten Störstellen in Silizium, Germanium und Galliumarsenid angegeben.

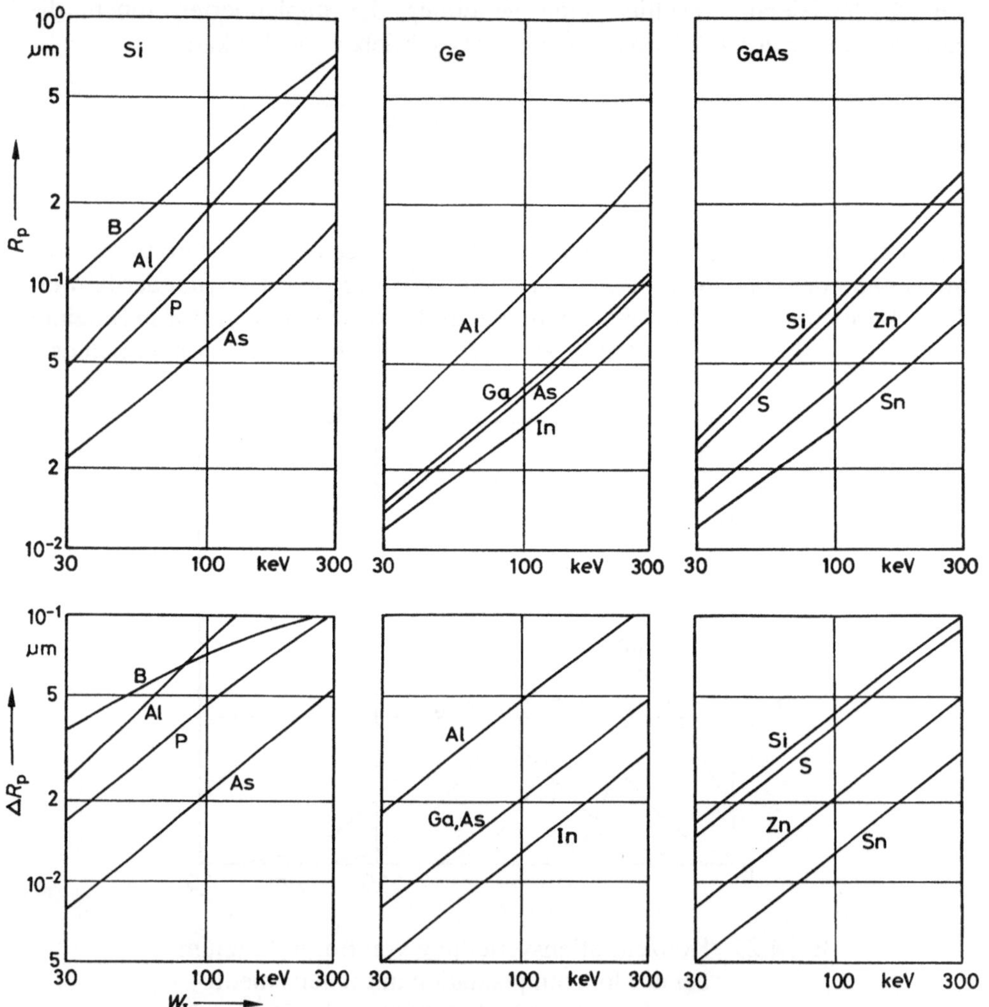

Bild 4.30 Projizierte Reichweite und Standardabweichung für Dotieratome in Silizium (links), Germanium(Mitte) und Galliumarsenid (rechts)

Wie aus Bild 4.30 hervorgeht, nimmt die Eindringtiefe - bei vorgegebener Ionenenergie - mit zunehmender Masse (Ordnungszahl) der Dotierungsatome und des Halbleitermaterials ab /4.13/.

Die Herleitung der Gleichung (4.19) erfolgte unter der Annahme einer statistischen Verteilung der Atome im Festkörper, d.h. es wurden geometrische Effekte der Kristallstruktur vernachlässigt. Treffen jedoch Ionen in Richtung einer Hauptachse (d.h. in einer niedrig indizierten Richtung) auf einen Kristall auf, so kann sich eine von Gl. (4.19) abweichende Störstellenverteilung ergeben. Ein Teil der Ionen dringt verhältnismäßig tief in den Halbleiter ein, da die Wechselwirkung mit Elektronen und Atomkernen in diesem Fall wesentlich geringer ist (Channeling-Effekt). Zur Vermeidung des Channeling-Effektes wendet man folgende Methoden an:

- Verkippung der Flächennormalen der Halbleiteroberfläche gegenüber der Strahlachse um ca. 7°.

- Amorphisierung der Halbleiteroberfläche durch Ionenimplantation mit hoher Dosis.

- Aufbringung einer amorphen Schicht (z.B. Siliziumdioxid) und Implantation durch die amorphe Schicht. Hierbei ist zu berücksichtigen, daß ein Teil der implantierten Ionen in der Fremdschicht verbleibt und daher nicht zur Dotierung des Halbleitermaterials beiträgt.

- Implantation bei erhöhter Temperatur.

Der zur Vermeidung des Channeling-Effektes erforderliche Verkippungswinkel nimmt mit steigender Implantationsenergie ab.

Für die Amorphisierung werden neben Silizium (in Silizium) Edelgasionen verwendet. In Tafel 4.2 sind einige Werte für die Amorphisierungsdosis Q_{am} angegeben.

Ion	B	N	P	Ne	Ar	Kr	Xe
Q_{am} (cm^{-2})	$8 \cdot 10^{16}$	$2 \cdot 10^{15}$	$6 \cdot 10^{14}$	10^{14}	$4 \cdot 10^{14}$	$2 \cdot 10^{14}$	10^{14}

Tafel 4.2   Amorphisierungsdosen bei Raumtemperaturimplantation

Im Anschluß an eine Ionenimplantation ist stets ein Ausheilungsprozeß (engl. annealing) erforderlich. Der Ausheilungsvorgang hat folgende Aufgaben:

- Die nach der Abbremsung auf Zwischengitterplätzen befindlichen Dotieratome müssen auf Gitterplätze befördert werden (Aktivierung).

- Die bei der Ionenimplantation entstandenen Strahlenschäden müssen ausgeheilt werden; insbesondere müssen amorphisierte Bereiche wieder in den kristallinen Zustand übergeführt werden.

Für die Erfüllung der vorstehenden Aufgaben sind - je nach Umfang der Strahlenschäden - Temperaturen im Bereich von ca. 500 bis 1000 °C erforderlich.

Der Ausheilungsvorgang kann beispielsweise in einer Ofenanordnung, die derjenigen eines Diffusionsprozesses nach Abschnitt 4.4.2 entspricht, vorgenommen werden; die dabei erforderliche Zeitdauer liegt in der Größenordnung 10 min. Alternativ ist eine kurzzeitige Aufheizung der Halbleiterscheiben durch Halogenlampen möglich; dieses Verfahren ist unter der Abkürzung RTA (rapid thermal annealing) bekannt. Des weiteren kann die Aufheizung oberflächennaher Schichten auch extrem kurzzeitig - beispielsweise innerhalb von Millisekunden - mittels eines Laser- oder Elektronenstrahls erfolgen.

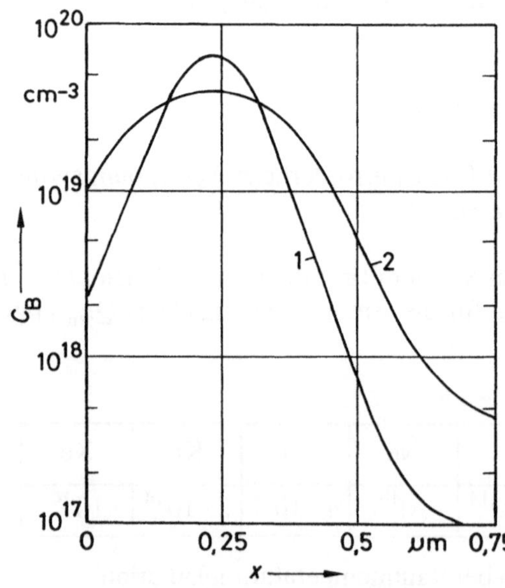

Bild 4.31
Konzentrationsverteilung von Bor in Silizium
1: Nach der Implantation
($W_I = 65$ keV, $Q = 10^{15}$ cm^{-2})
2: Nach dem Ausheilen
($\vartheta = 1000$ °C, $t = 20$ min)

Bei jedem thermischen Ausheilungsprozeß ist mit einer Veränderung des implantierten Dotierungsprofils durch den gleichzeitig ablaufenden Diffusionsvorgang zu rechnen. Ein Beispiel für eine derartige Umverteilung von Dotierungsatomen ist in Bild 4.31 dargestellt.

In den meisten Fällen wird eine möglichst geringe Veränderung des durch Implantation erzeugten Dotierungsprofils angestrebt. Nützlich ist dabei ein kurzzeitiger Ausheilungsprozeß sowie - falls möglich - die Verwendung von Störstellen mit niedrigem Diffusionskoeffizienten.

Bei der Ausheilung von Strahlenschäden in III-V-Halbleitern ist - wie bei Diffusionsprozessen - auf die Erhaltung der Integrität der Oberfläche zu achten. Zu diesem Zweck wird die Halbleiteroberfläche mit einer geeigneten Schicht (z.B. Siliziumdioxid oder Siliziumnitrid) abgedeckt. Alternativ kann die Ausheilung auch ohne Deckschicht in einer arsen- oder phosphorhaltigen Atmosphäre erfolgen; hierbei ist die Verwendung eines offenen oder geschlossenen Systems möglich.

Wie bereits erwähnt, erfolgt die Ionenimplantation häufig durch eine auf dem Halbleiter aufgebrachte Deckschicht (z.B. Siliziumdioxid auf Silizium). Durch geeignete Wahl der Implantationsenergie und der Dicke der Deckschicht kann erreicht werden, daß das Maximum der Störstellenkonzentration mit der Grenzfläche Deckschicht/Halbleiter zusammenfällt. Da die Dosis Q bei der Ionenimplantation sehr exakt eingehalten werden kann, wird dieses Verfahren häufig auch in Kombination mit einem Diffusionsprozeß eingesetzt. Mit einem Implantationsprozeß bei geringer Ionenenergie wird zunächst eine Belegung mit Störstellen nahe der Halbleiteroberfläche erzielt. In einem anschließenden Diffusionsvorgang entsteht sodann ein Störstellenprofil gemäß Gl. (4.7), sofern eine Ausdiffusion vermieden wird. Die Größe Q ist dabei identisch mit der bei der Ionenimplantation im Halbleiter eingestellten Dosis.

Die im Festkörper gestreuten Ionen haben neben der projizierten Reichweitestreuung ΔR_p auch eine laterale Komponente ΔR_l der Streuung. Diese Komponente ist bei leichten Ionen etwas größer als ΔR_p. Für schwere Teilchen ist die laterale Verbreiterung annähernd energieunabhängig.

Die laterale Streuung muß - ebenso wie die laterale Diffusion - vor allem bei kleinen Maskierungsöffnungen berücksichtigt werden. Bild 4.32 zeigt Isokonzentrationslinien unter einer Maskenöffnung für Ionen verschiedener Massenzahlen. In Bild 4.33 ist schematisch das laterale Dotierungsprofil gezeichnet.

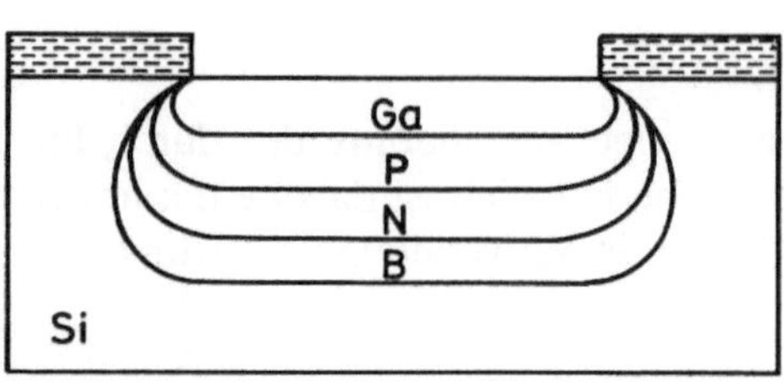
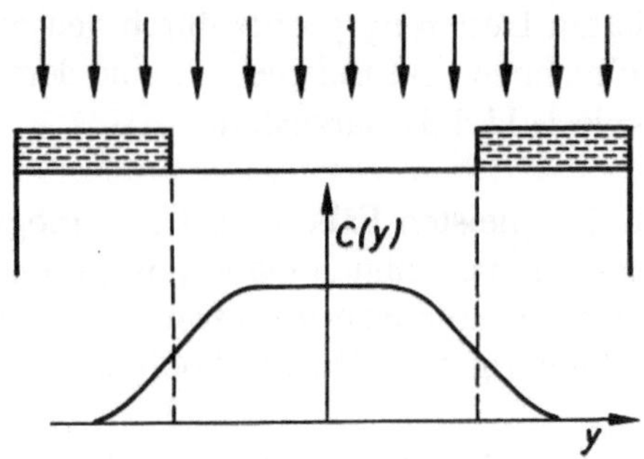

Bild 4.32
Isokonzentrationslinien für Teilchen
mit einer Implantationsenergie von
70 keV

Bild 4.33
Laterales Dotierungsprofil unter einer
Maskenöffnung

Es ist evident, daß sich das in Bild 4.33 dargestellte Dotierungsprofil verändert, wenn die Kanten der Maskierung abgeschrägt oder gekrümmt sind.

Abschließend ist darauf hinzuweisen, daß die Ionenimplantation nicht nur zur Dotierung von Halbleiterwerkstoffen eingesetzt wird. Die bei der Ionenimplantation hervorgerufene Strahlenschädigung kann - insbesondere bei Verbindungshalbleitern - genutzt werden, um Bereiche mit geringer elektrischer Leitfähigkeit zu erzeugen. Als Beispiel sei hierfür die Implantation von Wasserstoffionen in Galliumarsenid genannt. Des weiteren kann mit der Ionenimplantation - bei genügend hoher Dosis - auch eine Stoffumwandlung bewirkt werden. Dieses Verfahren sei an folgenden Beispielen erläutert:

$$\begin{array}{llll}
\text{Halbleiter} \rightarrow \text{Isolator} & : & Si + O^+ \rightarrow SiO_2 \\
& & Si + N^+ \rightarrow Si_3N_4 \\
\text{Halbleiter} \rightarrow \text{Halbleiter} & : & Si + C^+ \rightarrow SiC \\
\text{Halbleiter} \rightarrow \text{Silizid} & : & Si + Co^+ \rightarrow Co_2Si \\
\text{Metall} \rightarrow \text{Isolator} & : & Al + N^+ \rightarrow AlN
\end{array}$$

Für die vorstehenden Reaktionen ist eine Ionendosis in der Größenordnung 10^{19} cm^{-2} erforderlich. Zur Ausbildung der genannten Verbindungen ist eine Implantation bei erhöhter Temperatur zweckmäßig.

5 Schichtherstellung

In der Halbleitertechnologie spielen verschiedene dünne (polykristalline oder amorphe) Schichten eine wesentliche Rolle. Die Herstellung derartiger Schichten wird in den folgenden Abschnitten erläutert.

5.1 Dielektrika

Dielektrische Werkstoffe werden im Verlauf des Herstellungsprozesses von Halbleiterbauelementen für verschiedene Zwecke eingesetzt. Die wichtigsten Anwendungsbereiche sind aus folgendem Schema zu entnehmen:

Einsatz von Dielektrika während des Herstellungsprozesses

Maskierung — Oberflächenschutz — Planarisierung — Diffusionsquelle

Maskierung: Teilmaskierung — Vollmaskierung

Als Bestandteil von Halbleiterbauelementen werden dielektrische Werkstoffe in verschiedenen Funktionen genutzt. Einige wichtige Anwendungen dieser Art sind in folgendem Schema zusammengestellt:

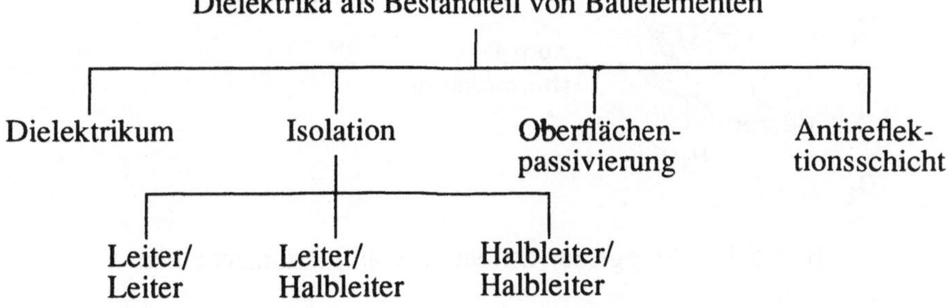

Die Herstellungsverfahren für dielektrische Schichten können wie folgt gegliedert werden:

- Umwandlung der Halbleiteroberfläche,

- Abscheidung aus der Gasphase,

- Abscheidung aus der flüssigen Phase.

Die durch Umwandlung der Halbleiteroberfläche erzeugten Schichten werden häufig als "arteigene Schichten" bezeichnet. Die wichtigsten Methoden der Schichtumwandlung sind in folgendem Schema enthalten:

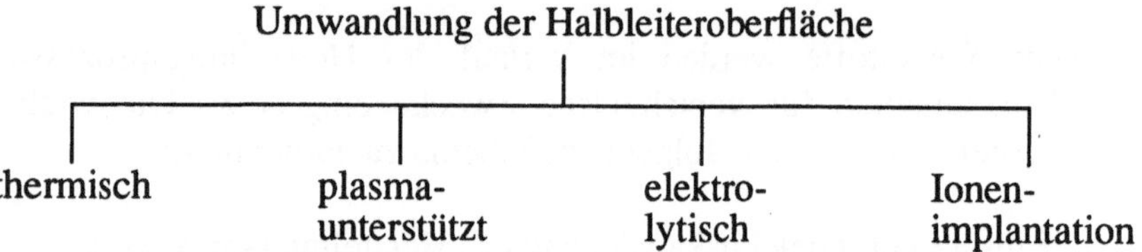

Das am häufigsten angewandte Umwandlungsverfahren ist die thermische Oxidation von Silizium. Man unterscheidet zwischen "trockener" und "nasser" (bzw. "feuchter") Oxidation. Bild 5.1 zeigt das Prinzip einer Anlage zur "trockenen" und "nassen" Oxidation von Siliziumscheiben.

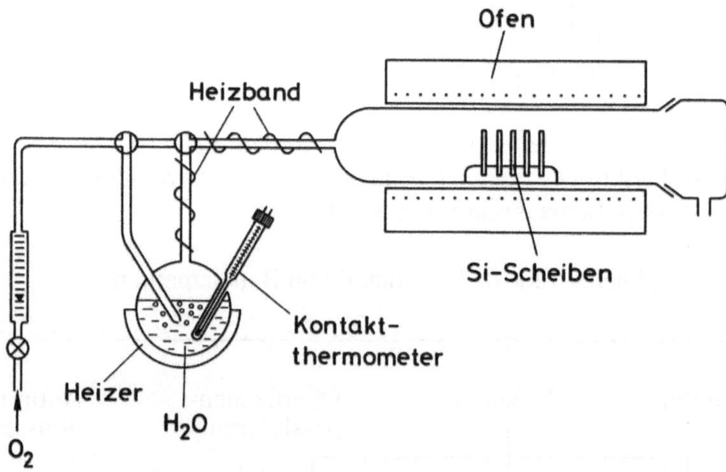

Bild 5.1   Anlage zur Oxidation von Siliziumscheiben

An die Stelle der in Bild 5.1 dargestellten Erzeugung von Wasserdampf aus Wasser (bei ca. 90 $^\circ$C) kann auch eine katalytisch angeregte Reaktion von Wasserstoff und Sauerstoff treten.

Die "trockene" Oxidation erfolgt in einer Sauerstoffatmosphäre nach der Reaktion:

$$Si + O_2 \;\longrightarrow\; SiO_2. \tag{5.1}$$

Bei der "nassen" Oxidation wird Wasserdampf als Oxidationsmedium verwendet; die Reaktionsgleichung lautet

$$Si + 2\,H_2O \;\longrightarrow\; SiO_2 + 2\,H_2. \tag{5.2}$$

In Bild 5.2 ist die Abhängigkeit der SiO_2-Schichtdicke von der Dauer der Oxidation dargestellt. Wie aus Bild 5.2 hervorgeht, ist die Oxidationsrate bei "nasser" Oxidation wesentlich höher als bei "trockener" Oxidation /5.1/.

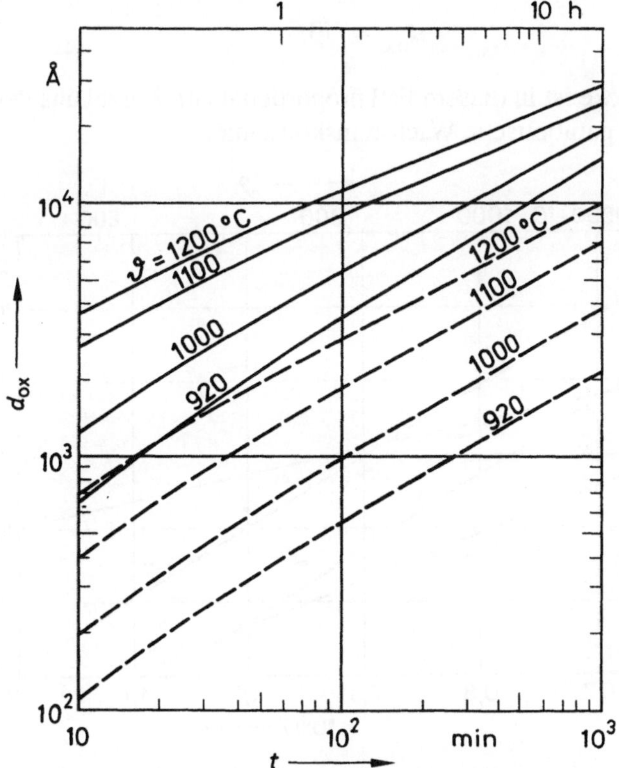

Bild 5.2 SiO_2-Schichtdicke in Abhängigkeit von der Oxidationszeit (— "nasse" Oxidation, --- "trockene" Oxidation)

Der Zusammenhang zwischen der Schichtdicke d_{ox} und der Oxidationsdauer t kann durch folgende Gleichung beschrieben werden:

$$d^2_{ox} + \alpha d_{ox} = \beta t\,. \tag{5.3}$$

Bei geringer Oxiddicke geht Gl. (5.3) über in

$$d_{ox} = \frac{\beta}{\alpha} t\,, \tag{5.3a}$$

d.h. die Oxiddicke ist proportional zur Oxidationszeit. Der Faktor β/α wird lineare Wachstumskonstante genannt. Für große Oxiddicken erhält man aus Gl. (5.3) die Beziehung

$$d_{ox} = \sqrt{\beta t}\,, \tag{5.3b}$$

d.h. die Oxiddicke ist in diesem Fall proportional zur Wurzel aus der Oxidationsdauer; β ist die parabolische Wachstumskonstante.

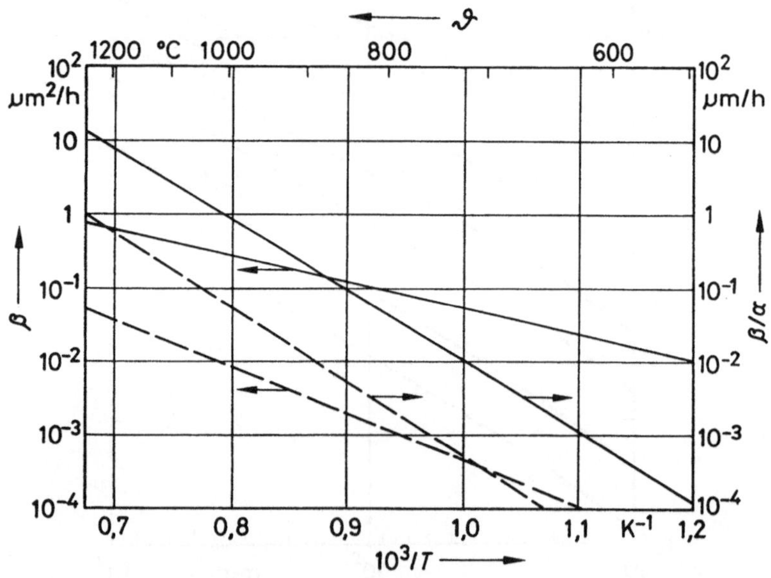

Bild 5.3   Lineare Wachstumskonstante β/α und parabolische Wachstumskonstante β in Abhängigkeit von der Temperatur

Die Temperaturabhängigkeit der Faktoren β/α und β ist in Bild 5.3 dargestellt. Wie aus Bild 5.3 hervorgeht, weisen die Wachstumskonstanten unterschiedliche Werte der Aktivierungsenergie für "nasse" und "trockene" Oxidation auf /5.2/.

Neben dem stark ausgeprägten Unterschied der Oxidationsraten der "nassen" und der "trockenen" Oxidation existieren schwächer ausgeprägte Einflüsse des Halbleitermaterials (Orientierung, Dotierung) auf die Oxidationsrate. Bild 5.4 zeigt die Oxiddicke bei "trockener" Oxidation für Siliziumscheiben mit den Orientierungen (111) und (100). Wie aus Bild 5.4 hervorgeht, nimmt der orientierungsbedingte Unterschied der Wachstumsraten mit steigender Oxidationstemperatur ab /5.3/.

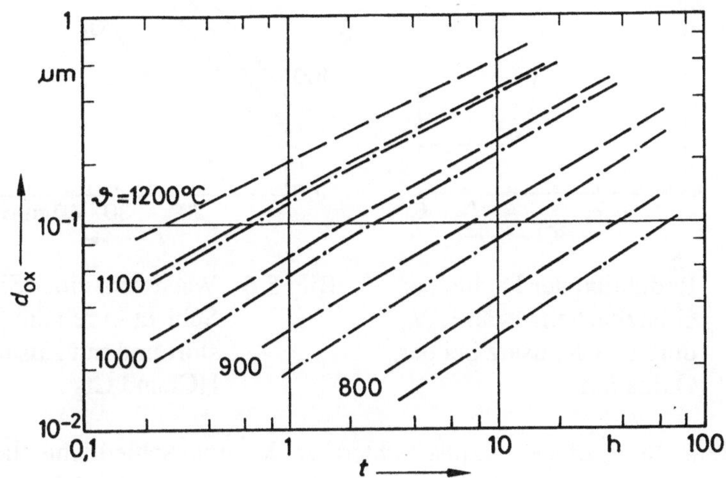

Bild 5.4   Oxiddicke in Abhängigkeit von der Oxidationsdauer
(--- Orientierung (111), –·–·– Orientierung (100))

Die durch "nasse" Oxidation hergestellten SiO_2-Schichten werden in der Siliziumplanartechnik vorwiegend zur Maskierung (d.h. zur lateralen Begrenzung der Diffusion, vgl. Bild 4.16) sowie zur Oberflächenpassivierung verwendet. Bei dem Gateoxid eines MOS-Feldeffekttransistors (zwischen Halbleiter und Steuerelektrode) ist eine möglichst geringe Dichte der Grenzflächenzustände an der Grenze Silizium/Siliziumdioxid anzustreben. Für diesen Anwendungsfall wird die "trockene" Oxidation bevorzugt.

Die Qualität des "trockenen" Oxids kann durch Zugabe von Chlorwasserstoff (und anderer chlorhaltiger Substanzen) während des Oxidationsprozesses gesteigert werden. Bild 5.5 zeigt beispielhaft die Reduktion der Dichte der Grenzflächenzustände durch HCl-Zusatz. Wie aus Bild 5.6 hervorgeht, ist mit einem Chlorzusatz auch eine Steigerung der Oxidationsrate verbunden /5.4/.

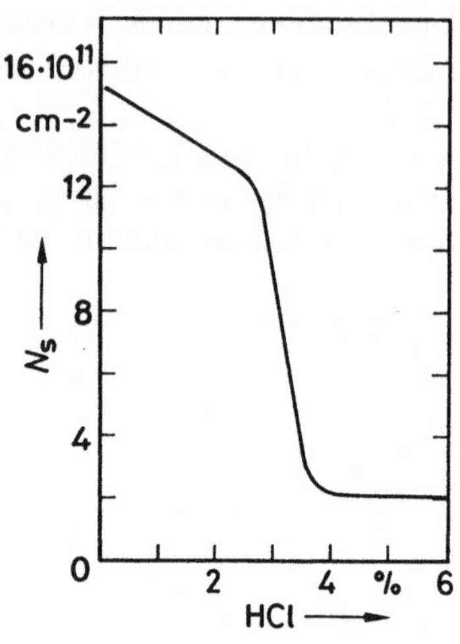

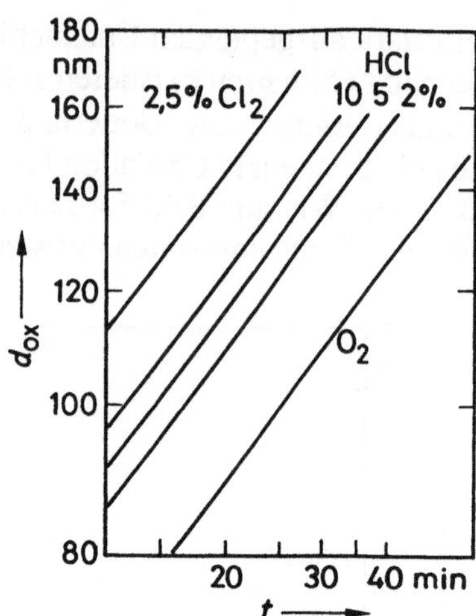

Bild 5.5   Reduktion der Dichte der Grenzflächenzustände N_S durch HCl-Zusatz bei der Oxidation

Bild 5.6   Wachstum einer SiO_2-Schicht in reinem Sauerstoff und mit Zusatz von HCl und Cl_2

Bei der Herstellung dicker Oxidschichten ist der unterschiedliche thermische Ausdehnungskoeffizient von Silizium und Siliziumdioxid zu berücksichtigen. In Tafel 5.1 sind die Ausdehnungskoeffizienten für Silizium, Siliziumdioxid und Siliziumnitrid angegeben.

	Si	SiO_2	Si_3N_4
α_l in K^{-1}	$2,6 \cdot 10^{-6}$	$0,5 \cdot 10^{-6}$	$4,0 \cdot 10^{-6}$

Tafel 5.1   Thermische Ausdehnungskoeffizienten von Silizium, Siliziumdioxid und Siliziumnitrid

Wie aus Tafel 5.1 hervorgeht, ist der thermische Ausdehnungskoeffizient von Siliziumdioxid deutlich geringer als derjenige von Silizium. Beim Abkühlen des Verbundes SiO_2/Si nach der Oxidation entsteht im Falle einseitiger Oxidation eine konvex gewölbte Oberfläche. Die Krümmung (Kehrwert des Krümmungsradius) nimmt - bei vorgegebener Scheibendicke - proportional zur Dicke der Oxidschicht zu. Eine Verringerung der Scheibenkrümmung ist durch eine zusätzliche Abscheidung einer Siliziumnitridschicht möglich.

Bei der thermischen Oxidation von Silizium ist ferner zu berücksichtigen, daß in der Nähe der Grenzfläche Siliziumdioxid/Silizium eine Veränderung der Störstellenverteilung im Silizium eintritt (Bild 5.7). Im Falle des Phosphors (Verteilungskoeffizient $k > 1$) bewirkt die Oxidation eine Anhäufung der Dotieratome ("Schneepflugeffekt"), während die Konzentration von Bor (Verteilungskoeffizient $k < 1$) im Silizium durch das Oxidwachstum abgesenkt wird. Beim Wachstum einer Siliziumdioxidschicht d_{ox} wird eine Siliziumschicht von 0,45 d_{ox} verbraucht.

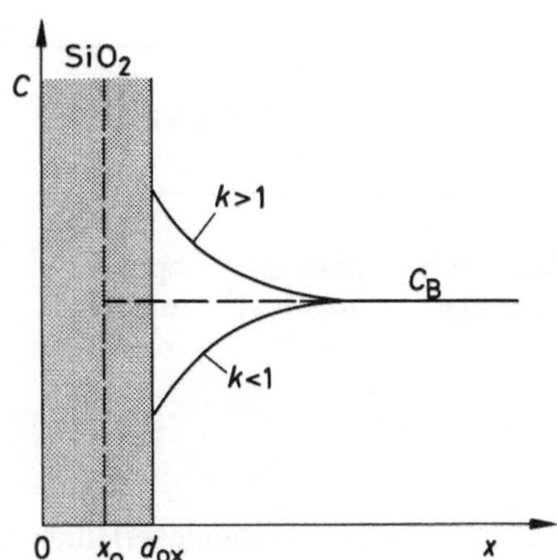

Bild 5.7
Veränderung der Störstellenverteilung im Silizium bei thermischer Oxidation (x_0 = Position der Siliziumoberfläche vor der Oxidation)

Eine Beeinflussung der Oxidation ist auch über den Sauerstoff- bzw. Wasserdampfpartialdruck möglich. Ferner kann das Oxidwachstum in einem Sauerstoffplasma mit erhöhter Wachstumsgeschwindigkeit durchgeführt werden.

Sehr dünne SiO$_2$-Schichten können durch anodische Oxidation von Silizium bei Raumtemperatur erzeugt werden. Dieses Verfahren dient vorwiegend zur gezielten Abtragung von Silizium zum Zwecke der Bestimmung von Dotierungsprofilen.

Die Umwandlung von Silizium in Siliziumdioxid mittels Ionenimplantation wird zur Herstellung von vergrabenen SiO$_2$-Schichten genutzt. Derartige Strukturen werden als Grundmaterial zur Herstellung integrierter Schaltungen eingesetzt.

Siliziumkarbid kann nach der Reaktionsgleichung

$$SiC + 2\,O_2 \;\longrightarrow\; SiO_2 + CO_2 \tag{5.4}$$

thermisch oxidiert werden. Die Wachstumsrate hängt vom Polytyp, von der Oberflächenorientierung und vom Störstellengehalt ab /5.5/.

Eine große Vielfalt von Anwendungsmöglichkeiten eröffnet die Abscheidung dielektrischer Schichten aus der Gasphase. Die wichtigsten Verfahrensvarianten sind in folgendem Schema enthalten:

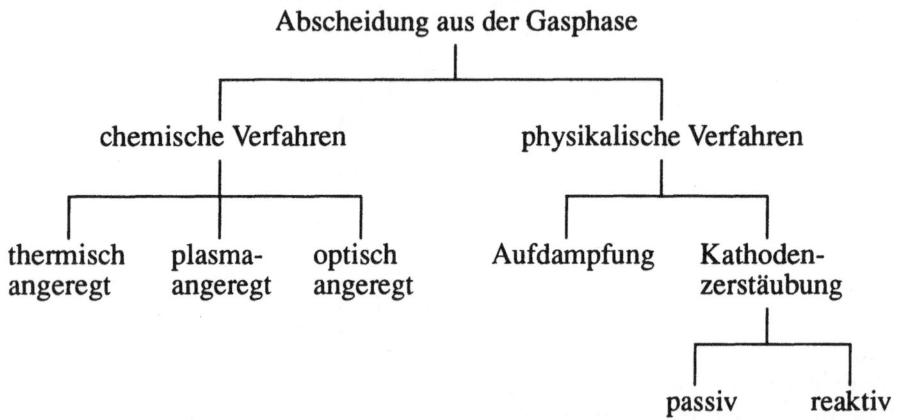

Durch chemische Abscheideverfahren werden insbesondere folgende Isolatorschichten hergestellt :

Siliziumdioxid, Siliziumnitrid, Aluminiumoxid, Bornitrid, Aluminiumnitrid.

In den folgenden Reaktionsgleichungen (5.5) bis (5.18) sind einige Beispiele für die Herstellung dieser Substanzen aufgeführt. Die in einigen Fällen auftretenden kohlenstoffhaltigen Reaktionsnebenprodukte sind summarisch mit NP bezeichnet.

Siliziumdioxid:

$$SiH_4 \quad + 4\,CO_2 \quad \rightarrow \quad SiO_2 + 2\,H_2O + 4\,CO \qquad (5.5)$$

$$SiH_4 \quad + 2\,N_2O \quad \rightarrow \quad SiO_2 + 2\,N_2 + H_2 \qquad (5.6)$$

$$SiH_4 \quad + 2\,NO \quad \rightarrow \quad SiO_2 + N_2 + 2\,H_2 \qquad (5.7)$$

$$SiH_2Cl_2 \quad + 2\,N_2O \quad \rightarrow \quad SiO_2 + 2\,N_2 + 2\,HCl \qquad (5.8)$$

$$Si(C_2H_5O)_4 \quad (+\,N_2) \quad \rightarrow \quad SiO_2 + NP \qquad (5.9)$$

$$SiH_4 \qquad + 2\,O_2 \ (+ \ Ar, N_2) \quad \longrightarrow \quad SiO_2 + 2\,H_2O \qquad\qquad (5.10)$$

$$Si(C_2H_5O)_4 + O_2 \qquad\quad \longrightarrow \quad SiO_2 + NP \qquad\qquad\qquad (5.11)$$

Siliziumnitrid:

$$3\,SiH_4 \qquad + 4\,NH_3 \quad \longrightarrow \quad Si_3N_4 + 12\,H_2 \qquad\qquad\quad (5.12)$$

$$3\,SiH_2Cl_2 \quad + 4\,NH_3 \quad \longrightarrow \quad Si_3N_4 + 6\,HCl + 6\,H_2 \qquad (5.13)$$

Aluminiumoxid:

$$4\,AlBr_3 \qquad + 6\,NO \quad \longrightarrow \quad 2\,Al_2O_3 + 6\,Br_2 + 3\,N_2 \qquad (5.14)$$

$$2\,Al(C_2H_5O)_3 \ (+ \ N_2) \quad \longrightarrow \quad Al_2O_3 + NP \qquad\qquad\qquad (5.15)$$

$$2\,Al(C_3H_7O)_3 \ (+ \ N_2) \quad \longrightarrow \quad Al_2O_3 + NP \qquad\qquad\qquad (5.16)$$

Bornitrid:

$$B_2H_6 \qquad + 2\,NH_3 \quad \longrightarrow \quad 2\,BN + 6\,H_2 \qquad\qquad\qquad (5.17)$$

Aluminiumnitrid:

$$AlBr_3 \qquad + NH_3 \quad \longrightarrow \quad AlN + 3\,HBr \qquad\qquad\qquad (5.18)$$

Bei der Abscheidung von Siliziumdioxid mit Hilfe der Reaktionen (5.5) bis (5.9) werden Temperaturen im Bereich von ca. 700 bis 1000 °C benötigt. Dagegen kann Siliziumdioxid über die Reaktionen (5.10) und (5.11) bei wesentlich niedrigeren Temperaturen erzeugt werden (ca. 400 bis 500 °C). Die Abscheidung von Siliziumnitrid erfolgt im Temperaturbereich von etwa 700 bis 900 °C. In diesem Temperaturbereich kann auch eine Abscheidung von Aluminiumoxid, Bornitrid und Aluminiumnitrid mit den Reaktionen (5.14), (5.17) und (5.18) vorgenommen werden. Die Reaktionen (5.15) und (5.16) laufen bei Temperaturen um 400 bis 500 °C ab.

Neben reinem Siliziumdioxid werden mit den Reaktionen (5.5) bis (5.11) auch Borsilikatgläser, Phosphorsilikatgläser sowie Bor-Phosphorsilikatgläser hergestellt. Hierbei sind den genannten Ausgangssubstanzen Zusätze von Diboran,

Trimethylborat, Phosphin, Trimethylphosphat etc. hinzuzufügen. Derartige Gläser werden u.a. zur Kantenverrundung in der Siliziumplanartechnik verwendet.

Die wesentlichen Methoden zur Beheizung von Substraten bei der Gasphasenabscheidung sind in Bild 5.8 zusammengestellt. Die Anordnungen nach Bild 5.8 a,b,c werden als Kaltwandreaktoren bezeichnet. Bei der Ofenheizung nach Bild 5.8 d wird Wärme vom Quarzrohr zum Substrat transportiert (Heißwandreaktor).

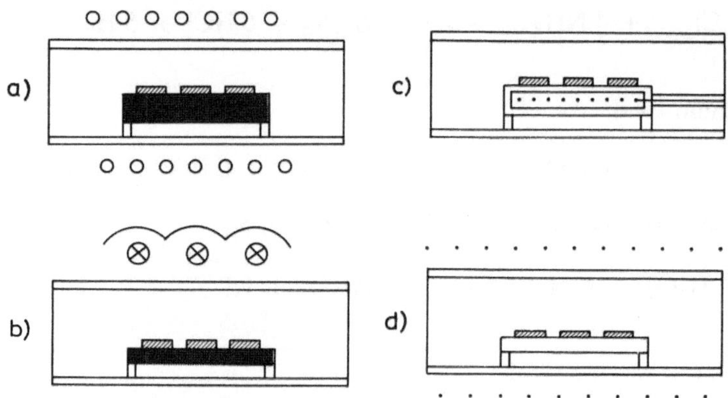

Bild 5.8   Heizverfahren zur Herstellung von Schichten mittels chemischer Reaktion aus der Gasphase
a) Hf-Heizung   c) Widerstandsheizung
b) Strahlungsheizung   d) Ofenheizung

In Bild 5.9 ist beispielhaft die Herstellung von Siliziumnitrid- bzw. Siliziumdioxidschichten in einem Kaltwandreaktor mit Hochfrequenzbeheizung dargestellt; in diesem Falle erfolgt die Abscheidung nach den Reaktionen (5.12) bzw. (5.5). Es kann ein bei Atmosphärendruck arbeitendes Verfahren oder ein Niederdruckverfahren verwendet werden.

Ein Beispiel für die Herstellung von Siliziumdioxidschichten in einem Heißwandreaktor ist in Bild 5.10 dargestellt. Die hierbei eingesetzte Ausgangssubstanz ist Kieselsäuretetraäthylester (engl. TEOS = tetra-ethyl-orthosilicate). In dieser Verbindung ist sowohl Silizium als auch Sauerstoff enthalten, sodaß kein weiterer Reaktionspartner benötigt wird. Stickstoff dient als (inertes) Trägergas. Durch Zusatz von Tetraäthylzinn kann in dieser Anlage auch zinndotiertes Siliziumdioxid erzeugt werden. In ähnlicher Weise ist auch die Abscheidung zinkdotierter Siliziumdioxidschichten möglich.

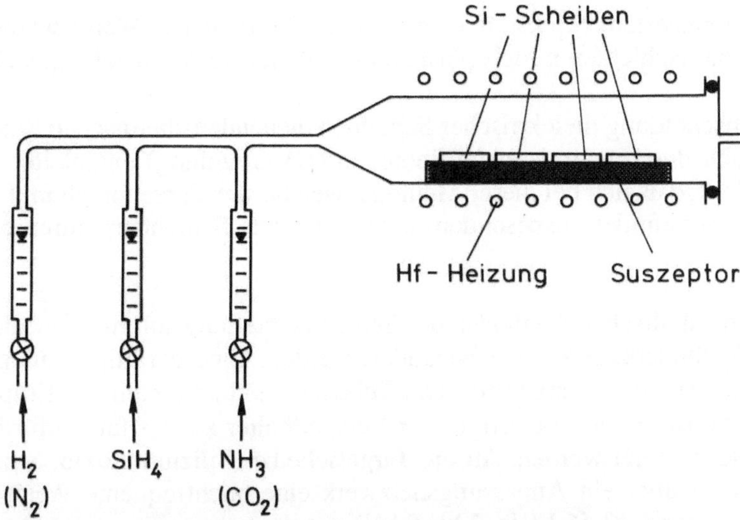

Bild 5.9   Anlage zur Herstellung von Siliziumnitrid- bzw. Siliziumdioxidschichten (Kaltwandreaktor)

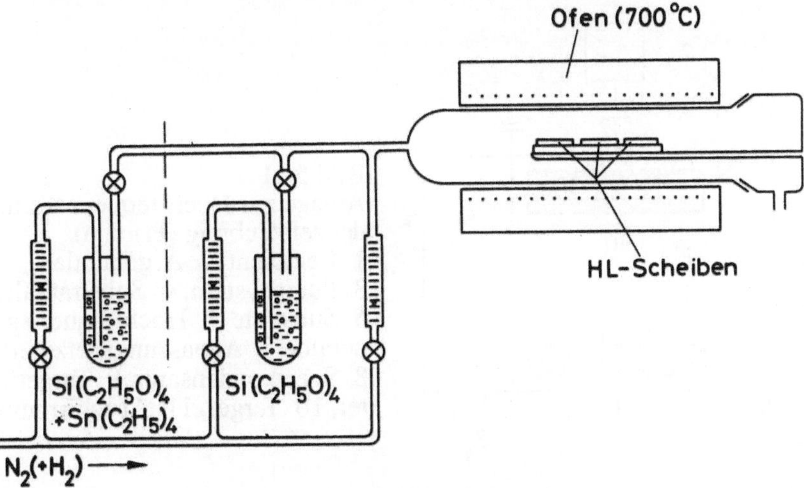

Bild 5.10   Abscheidung von Siliziumdioxid in einem Heißwandreaktor (ggf. mit Zinndotierung)

Bei manchen Anwendungsfällen ist eine Abscheidung dielektrischer Schichten bei niedrigen Temperaturen erforderlich. In derartigen Fällen ist eine plasmaunterstützte chemische Reaktion empfehlenswert (PECVD, plasma enhanced CVD). So kann beispielsweise Siliziumnitrid bei 300 °C erzeugt werden, indem

Silan mit ionisiertem Stickstoff reagiert /5.6/. In ähnlicher Weise werden auch Siliziumdioxidschichten mittels plasmaunterstützter Reaktionen hergestellt.

Die der Abscheidung dielektrischer Schichten dienenden chemischen Reaktionen können auch durch energiereiche Photonen (UV-Strahlung) eingeleitet werden. Es ist evident, daß sich bei dieser Methode, welche sich derzeit noch im Entwicklungsstadium befindet, insbesondere lokal begrenzte Schichtstrukturen erzeugen lassen.

Von den physikalischen Methoden der Schichtherstellung soll hier nur die Hochfrequenz-Kathodenzerstäubung behandelt werden. Eine derartige Anlage ist in Bild 5.11 schematisch dargestellt. Die Substrate sind an einem auf Erdpotential liegenden Substrathalter befestigt. Der Substrathalter kann - falls erforderlich - gekühlt oder beheizt werden. An die Targetscheibe (Siliziumdioxid, Siliziumnitrid etc.) wird über ein Anpassungsnetzwerk eine hochfrequente Wechselspannung (in der Regel 13,56 MHz, 2 bis 5 kV) angelegt.

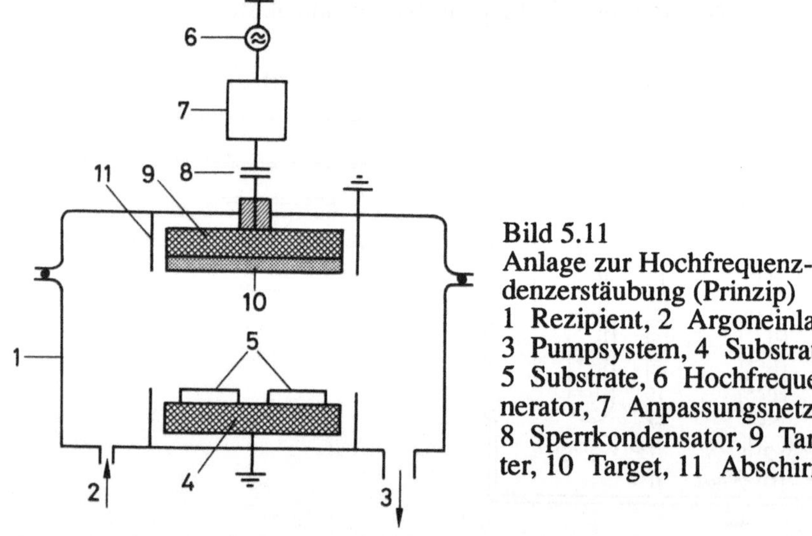

Bild 5.11
Anlage zur Hochfrequenz-Kathodenzerstäubung (Prinzip)
1 Rezipient, 2 Argoneinlaß,
3 Pumpsystem, 4 Substrathalter,
5 Substrate, 6 Hochfrequenzgenerator, 7 Anpassungsnetzwerk,
8 Sperrkondensator, 9 Targethalter, 10 Target, 11 Abschirmung

In dem Rezipienten wird während der Abscheidung ein Argondruck von ca. 1 bis 5 mbar eingestellt. Nach dem Zünden der Gasentladung bewegen sich zunächst in der positiven Halbwelle der Wechselspannung Elektronen zur Targetoberfläche, so daß diese negativ aufgeladen wird. Das negative Potential des Targets wird infolge der geometrischen Asymmetrie der Anordnung (die Targetfläche ist klein gegenüber der auf Erdpotential befindlichen Oberfläche des Rezipienten und der Abschirmung) auch während der positiven Halbwelle der Wechselspannung aufrechterhalten. Somit treffen energiereiche Argonionen auf das Target auf und bewirken dort eine Materialabtragung (Prozeß der Kathodenzerstäubung). Das Targetmaterial wird aufgrund der kinetischen Energie der Teilchen (ca. 5 bis 10 eV) zu den Substraten transportiert, so daß dort eine dielektrische Schicht aufwächst.

Eine Steigerung der Abtragungsrate bei der Hochfrequenz-Kathodenzerstäubung ist möglich, indem man im Targetbereich ein Magnetfeld erzeugt. Hierdurch entsteht eine spiralenförmige Bahn der Plasmaelektronen und damit eine entsprechende Erhöhung der Ionisationswahrscheinlichkeit (Prinzip der Magnetron-Kathodenzerstäubungsanlage).

Abschließend sei darauf hingewiesen, daß eine Auftragung dielektrischer Schichten auch mit Hilfe einer Flüssigkeit möglich ist. Die wichtigsten Methoden dieser Art sind in folgendem Schema zusammengestellt:

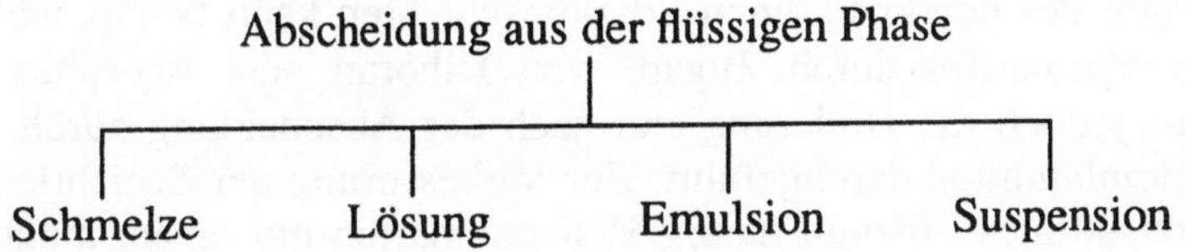

Als Beispiel für die Abscheidung eines Dielektrikums aus der flüssigen Phase sei die Herstellung vom Polyimidschichten durch katalytisch stimulierte Polymerisation genannt. Glasschichten können durch Absetzen von Glasteilchen aus einer Suspension erzeugt werden.

5.2 Halbleiter

Im Zusammenhang mit der Herstellung von einkristallinen Halbleiterbauelementen und integrierten Schaltungen werden polykristalline Halbleiterschichten u.a. für die folgenden Zwecke eingesetzt:

- Widerstände,

- Leiterbahnen,

- Steuerelektroden,

- Diffusionsquellen.

In der Siliziumplanartechnik wird polykristallines Silizium hauptsächlich als Material für Leiterbahnen und für Steuerelektroden (bei MOS-Feldeffekttransistoren) verwendet. Durch (partielle) Oxidation des polykristallinen Siliziums kann eine Isolationsschicht erhalten werden.

Polykristallines Silizium wird vorwiegend durch thermische Zersetzung von Silan gemäß Reaktionsgleichung (3.4) hergestellt. Die Abscheidung erfolgt in einer Ofenanordnung ähnlich der in Bild 4.24 (Heißwandreaktor) mit senkrecht hintereinander angeordneten Substraten. Um bei dieser Anordnung ein homogenes Schichtwachstum zu gewährleisten, wird das Niederdruckverfahren (LPCVD = low pressure chemical vapour deposition) bevorzugt, d.h. der Gesamtdruck wird auf ca. 1 mbar eingestellt. Die Abscheidungstemperatur liegt im Bereich von ca. 600 bis 800 °C. Eine thermische Nachbehandlung der Schichten bei etwa 900 bis1000 °C ist zweckmäßig.

Die Dotierung der polykristallinen Siliziumschichten kann bereits während des Abscheidungsprozesses durch Zugabe von Diboran oder Phosphin erfolgen. Häufig wird jedoch die Dotierung erst nach der Abscheidung durch Diffusion oder Ionenimplantation durchgeführt. Zur Verbesserung der Schichtleitfähigkeit wird polykristallines Silizium häufig in Kombination mit einem metallisch leitenden Silizid eingesetzt ("Polycid").

5.3 Metalle und Silizide

Die wichtigsten Anwendungen von Metallen und metallisch leitenden Siliziden in der Halbleitertechnologie können aus folgendem Schema entnommen werden.

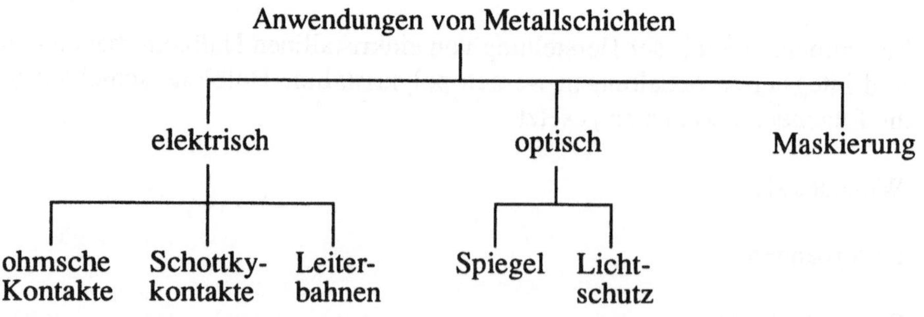

Zur Herstellung von Metallschichten stehen verschiedene Verfahren zur Verfügung; diese sind in folgendem Schema zusammengestellt:

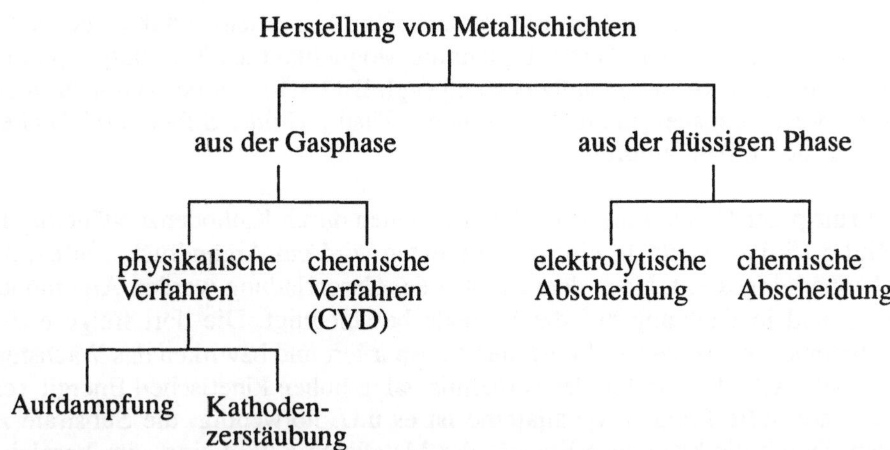

Das Prinzip der Aufdampftechnik für Metalle geht aus Bild 5.12 hervor. Die Aufdampfung erfolgt im Hochvakuum (Druck kleiner als 10^{-5} mbar). Das Metall wird in einem strombeheizten Schiffchen verdampft. Das Verdampferschiffchen ist aus einem Metall mit hohem Schmelzpunkt (Tantal, Molybdän oder Wolfram) oder aus einem elektrisch leitenden Keramikmaterial (B_3C) hergestellt. Die Substrate sind an einem Substrathalter, der ggf. beheizt werden kann, befestigt. Der Beginn und das Ende des Aufdampfvorganges werden durch Betätigung einer Blende (Shutter) bewirkt. Die Schichtdicke (bzw. die Aufdampfrate) kann mittels eines Schichtdickenmeßgerätes, welches auf der Änderung der Resonanzfrequenz eines Schwingquarzes basiert, betimmt werden.

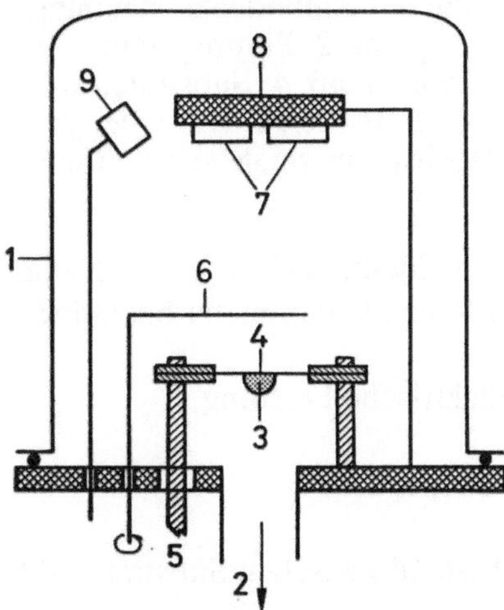

Bild 5.12
Prinzip einer Aufdampfanlage für Metalle
1 Rezipient, 2 Pumpsystem, 3 Metall, 4 Verdampferschiffchen, 5 Stromzuführung, 6 Blende, 7 Substrate, 8 Substrathalter, 9 Schichtdickenmeßgerät

Anstelle der in Bild 5.12 dargestellten Verwendung eines strombeheizten Verdampferschiffchens kann auch die Verdampfung aus einem induktiv beheizten Tiegel eingesetzt werden. Ferner besteht die Möglichkeit der Verdampfung eines Metalls durch Elektronenstrahlbeheizung (vgl. Bild 3.12). In der Halbleitertechnologie werden insbesondere Aluminium-, Titan-, Gold-, Silber- und Nickelschichten durch Aufdampfung hergestellt.

Das Prinzip der Herstellung von Metallschichten durch Kathodenzerstäubung ist in Bild 5.13 dargestellt. In einem Rezipienten wird ein Argondruck von ca. 0,1 bis 1 mbar eingestellt. Nach dem Zünden der Gasentladung werden Argonionen erzeugt und in Richtung auf die Kathode beschleunigt. Die dort freigesetzten Metallatome werden zu den Substraten transportiert und bewirken das Wachstum einer Metallschicht. Infolge der verhältnismäßig hohen kinetischen Energie (ca. 10 eV) der auftreffenden Metallatome ist es u.U. notwendig, die Substrate zu kühlen. Durch die kinetische Energie der Metallatome wird eine - im Vergleich zur Aufdampftechnik - verbesserte Haftung der Metallschichten erreicht.

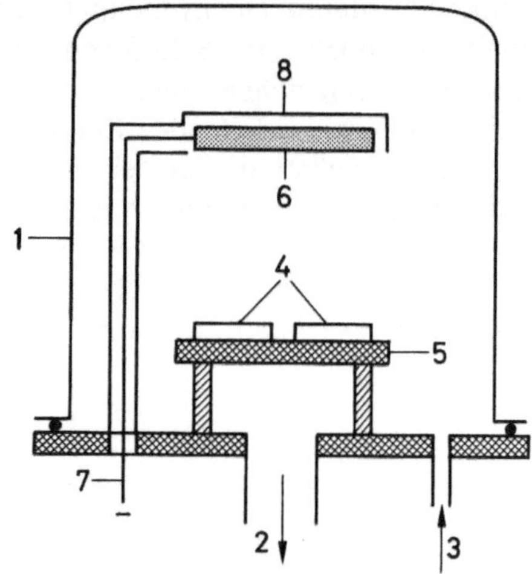

Bild 5.13
Prinzip der Kathodenzerstäubung
1 Rezipient, 2 Pumpsystem,
3 Argoneinlaß, 4 Substrate,
5 Substrathalter, 6 Kathode,
7 Hochspannung, 8 Abschirmung

Es ist evident, daß in einer Kathodenzerstäubungsanlage die Wachstumsrate durch folgende Parameter beeinflußt werden kann:

- Elektrische Leistung,

- Argondruck,

- Abstand zwischen Substrat und Kathode.

Durch Kathodenzerstäubung werden insbesondere Schichten der Metalle mit hohem Schmelzpunkt (Tantal, Molybdän, Wolfram) erzeugt. Auch bei der Herstellung von Metallegierungen weist das Verfahren der Kathodenzerstäubung Vorteile gegenüber der Aufdampftechnik auf. Es wird dabei eine Entmischung der Legierungskomponenten vermieden.

Metallschichten können auch durch eine chemische Reaktion aus der Gasphase abgeschieden werden (CVD-Verfahren, analog zur Herstellung dielektrischer Schichten nach Abschnitt 5.1). Allerdings ist die Verfügbarkeit geeigneter Ausgangssubstanzen für die Metallabscheidung eingeschränkt. Aluminium kann beispielsweise unter Verwendung von Triisobutylaluminium abgeschieden werden /5.7/.

Durch Abscheidung aus der Gasphase werden in der Halbleitertechnologie insbesondere Wolfram- und Molybdänschichten erzeugt. Die diesbezüglichen Reaktionsgleichungen lauten im Falle des Wolframs:

$$WF_6 + 3\,H_2 \;\longrightarrow\; W + 6\,HF \tag{5.19}$$

$$WCl_6 + 3\,H_2 \;\longrightarrow\; W + 6\,HCl \tag{5.20}$$

Außerdem ist eine thermische Zersetzung des Wolframhexacarbonyls nach folgender Reaktion möglich:

$$W(CO)_6 \;\longrightarrow\; W + 6\,CO\,. \tag{5.21}$$

Wie aus Tafel 5.2 hervorgeht, weisen die Hexafluoride der Elemente der Gruppe VIb sehr niedrige Schmelz- und Siedepunkte auf.

	MoF_6	WF_6	UF_6
Schmelzpunkt	17,5 °C	2,3 °C	64,1 °C bei 1,5 bar
Siedepunkt	35,0 °C	17,0 °C	56,5 °C (Sublimation bei 1 bar)

Tafel 5.2   Schmelz- und Siedepunkte der Hexafluoride der Elemente der Gruppe VIb

Eine Anlage zur Abscheidung von Wolfram und Molybdän aus der Gasphase ist in Bild 5.14 dargestellt. Die Anlage kann auch zur Herstellung von Silizidschichten eingesetzt werden.

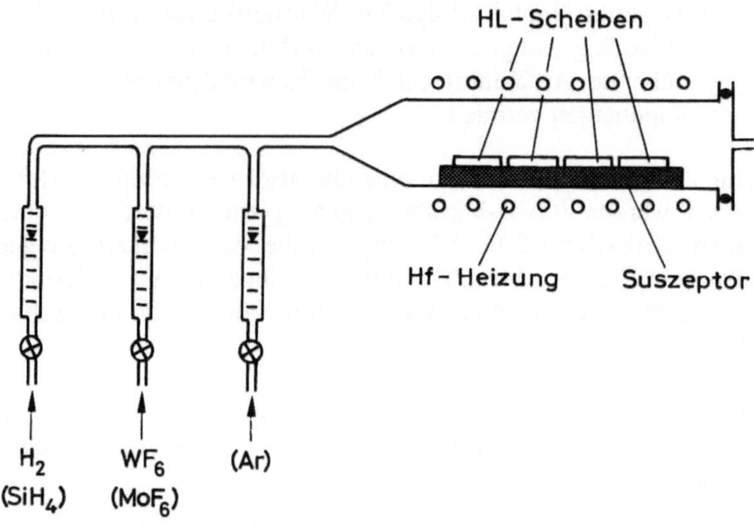

Bild 5.14   Anlage zur Abscheidung von Wolfram und Molybdän
(und Siliziden) aus der Gasphase

Bei niedriger Reaktionstemperatur (unter 500 °C) ist eine selektive Abscheidung von Wolfram möglich, d.h. das Wachstum der Wolframschicht ist auf Siliziumoberflächen beschränkt; auf den mit Siliziumdioxid bedeckten Flächen der Siliziumscheibe erfolgt kein Wachstum.

Die vorstehend beschriebenen Verfahren zur Herstellung von Metallschichten unterscheiden sich sich im Ausmaß der Bedeckung von Stufen (Kanten), beispielsweise bei einer strukturierten SiO_2-Schicht. Dieses Verhalten ist in Bild 5.15 schematisch erläutert. Bei der Aufdampftechnik trifft ein gerichteter Atomstrahl auf die Halbleiterscheibe auf (Bild 5.15a). Die Kantenbedeckung ist sehr gering, sofern auf eine Bewegung (Verkippung) der Scheibe während des Aufdampfvorganges verzichtet wird. Bei der Technik der Kathodenzerstäubung wird ein Teil der Metallatome durch Zusammenstöße mit Argonatomen aus der ursprünglichen Bewegungsrichtung ausgelenkt (Bild 5.15b). Hierdurch wird die Kantenbedeckung (im Vergleich zur Aufdampftechnik) verbessert. Das Abscheiden von Metallen aus der Gasphase liefert bei geeigneter Prozeßführung eine konforme Bedeckung der strukturierten Scheibenoberfläche (Bild 5.15c).

Die galvanische Abscheidung von Metallen wird in der Halbleitertechnologie verwendet, um dünne Metallschichten nach der Strukturierung zu verstärken. In ähnlicher Weise ist auch eine selektive chemische Abscheidung von Metallen (engl. electroless plating) möglich. In Verbindung mit der Röntgenstrahl-Tiefenlithographie können insbesondere metallische Strukturen mit hohem Aspektverhältnis (Höhe : Breite) erzeugt werden.

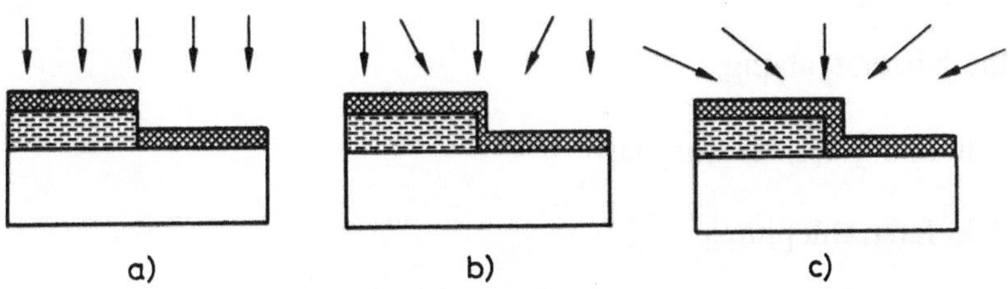

Bild 5.15   Kantenbedeckung bei Metallisierungsverfahren
a) Aufdampftechnik
b) Kathodenzerstäubung
c) Abscheidung aus der Gasphase

Silizium bildet mit den Nebengruppenelementen intermetallische Verbindungen (Silizide), welche überwiegend metallische Leitfähigkeit aufweisen. Viele Silizide haben günstige technologische Eigenschaften, beispielsweise eine hohe chemische Beständigkeit. Durch thermische Oxidation lassen sich SiO_2-Schichten herstellen, welche zur elektrischen Isolation eingesetzt werden können. In Tafel 5.3 sind einige Silizide der Nebengruppenelemente zusammengestellt.

IV	V	VI	VIII		
Ti_5Si_2	Ta_9Si_2	Mo_3Si	Fe_3Si	Co_3Si	Ni_3Si
$TiSi$	Ta_2Si	Mo_5Si	Fe_3Si_2	Co_2Si	Ni_2Si
$TiSi_2$	Ta_5Si_3	$MoSi_2$	$FeSi$	$CoSi$	Ni_5Si_2
	$TaSi_2$	W_5Si_3	$FeSi_2$	$CoSi_2$	Ni_3Si_2
		WSi_2	Pd_3Si	Pt_3Si	$NiSi$
			Pd_2Si	Pt_2Si	$NiSi_2$
			$PdSi$	$PtSi$	

Tafel 5.3   Silizide der Nebengruppenelemente (Auswahl)

Für die Herstellung von Silizidschichten stehen insbesondere folgende Verfahren zur Verfügung:

- Aufdampfung eines Metalls auf Silizium mit anschließender Reaktion bei erhöhter Temperatur

- Kathodenzerstäubung

- Abscheidung aus der Gasphase

- Molekularstrahlepitaxie

- Ionenimplantation.

Das erstgenannte Verfahren wirkt selektiv, d.h. die Bildung des Silizides findet nur in denjenigen Bereichen statt, in denen die Metallschicht das Silizium berührt. Das restliche Metall kann chemisch abgeätzt werden. In Bild 5.16 ist die bereichsweise Herstellung einer Silizidschicht nach dieser Methode erläutert.

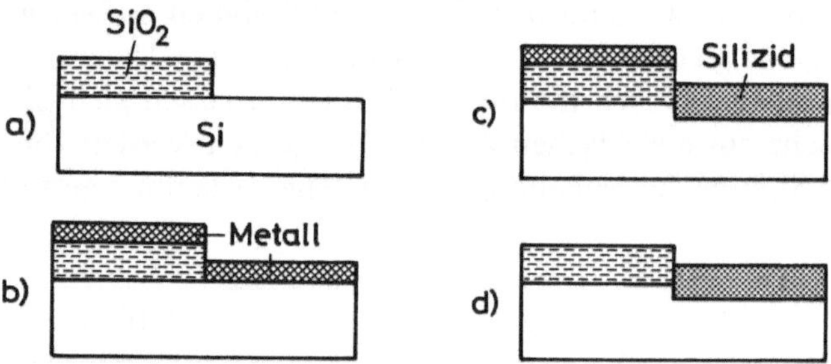

Bild 5.16
Selektive Herstellung einer Silizidschicht
a)   Partielle Maskierung durch Siliziumdioxid
b)   Bedeckung mit einer Metallschicht (Aufdampfung, Kathodenzerstäubung, CVD-Verfahren)
c)   Reaktion des Metalls mit Silizium
d)   Abätzen des Metalls

Die Abscheidung eines Silizids aus der Gasphase kann beispielsweise mit der Reaktion

$$WF_6 + 2\,SiH_4 \;\longrightarrow\; WSi_2 + 6\,HF + H_2 \qquad\qquad (5.22)$$

erfolgen. Dementsprechend ist in einer Anlage nach Bild 5.14 dem Reaktions-
raum eine Mischung von Wolframhexafluorid und Silan zuzuführen.

Die Verfahrensvarianten zur Herstellung von Silizidschichten durch Kathodenzerstäubung sind in Bild 5.17 dargestellt. Bei der Anordnung nach Bild 5.17a
werden abwechselnd Silizium- und Metallschichten auf die Substrate aufgebracht. In einem anschließenden Prozeßschritt muß das Silizium bei erhöhter
Temperatur mit dem Metall zur Reaktion gebracht werden. Bei der Verwendung
eines "Mosaiktargets" nach Bild 5.17b läßt sich die Zusammensetzung der Silizidschicht leicht variieren (und damit ggf. optimieren). Für Produktionszwecke
wird ein Sintertarget nach Bild 5.17c bevorzugt.

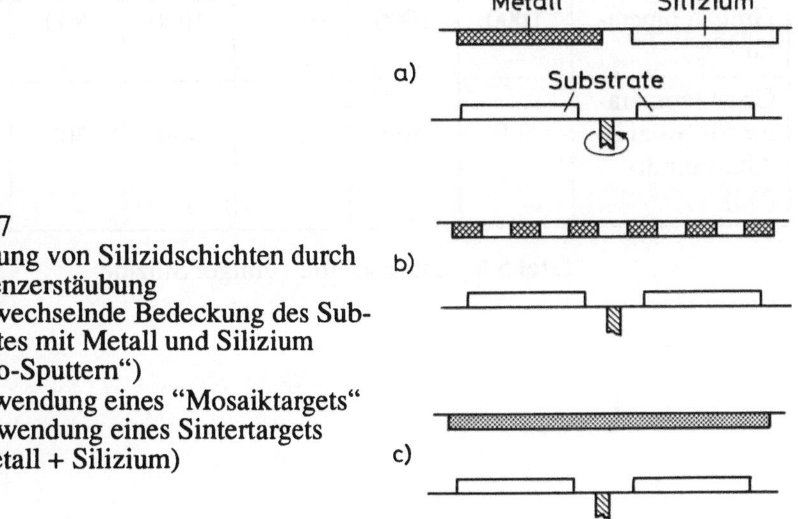

Bild 5.17
Herstellung von Silizidschichten durch
Kathodenzerstäubung
a) Abwechselnde Bedeckung des Sub-
    strates mit Metall und Silizium
    ("Co-Sputtern")
b) Verwendung eines "Mosaiktargets"
c) Verwendung eines Sintertargets
    (Metall + Silizium)

Bei hinreichender Gitteranpassung ist auch die epitaktische Abscheidung eines
Silizids auf einer Siliziumoberfläche (beispielsweise durch Molekularstrahlepitaxie) möglich. Des weiteren kann eine Silizidherstellung durch Ionenimplantation
bewirkt werden.

Die wichtigsten Eigenschaften einiger Silizide sind in Tafel 5.4 zusammengestellt. Es ist zu beachten, daß insbesondere der spezifische Widerstand der Silizide von den Abscheidungsbedingungen abhängig ist.

	$MoSi_2$	WSi_2	$TaSi_2$	$TiSi_2$	PtSi	Pd_2Si
Spez. Widerstand (Ωcm)	40..110	30..100	35..70	15..25	30..35	30..35
Barrierenhöhe auf n-Silizium (mV)	570	650	600	600	880	730
Chemische Resistenz	++	++	+	-	++	+/-
Grenztemperatur (^{o}C)	1000	1000	1000	1000	800	700
Grenztemperatur für Silizid/ Aluminium (^{o}C)	500	500	500	450	300	300

Tafel 5.4   Eigenschaften einiger Silizide

6 Strukturierung

Die Strukturierung von dünnen Schichten und Halbleiteroberflächen spielt eine zentrale Rolle in der Halbleitertechnologie. Dabei lassen sich verschiedene Methoden der Strukturdefinition und der Strukturerzeugung anwenden.

Die Strukturerzeugung kann bereits während des Beschichtungsprozesses erfolgen. Als Beispiel ist in Bild 6.1 die Aufdampfung eines Metalls unter Verwendung einer Metallmaske zur lateralen Begrenzung der metallisierten Bereiche dargestellt. Es ist evident, daß dieses Verfahren nur bei sehr einfachen Strukturen (z.B. Kreisflächen) anwendbar ist. Außerdem ist der Aufwand zur Herstellung von Metallmasken verhältnismäßig hoch.

In den meisten Fällen erfolgt die Strukturdefinition mit Hilfe der Photolithographie. Bild 6.2 zeigt das Verfahren der Strukturerzeugung durch Photolithographie mit anschließender selektiver Ätzung einer Metallschicht. In Bild 6.3 ist das Prinzip der Abhebetechnik dargestellt. In diesem Fall wird zunächst die Strukturdefinition mittels Photolithographie vorgenommen (Bild 6.3a). Anschließend erfolgt eine ganzflächige Metallbedampfung (Bild 6.3b). Beim Abheben des Photolacks bleiben nur diejenigen Bereiche der Metallisierung erhalten, welche in Kontakt mit der Halbleiteroberfläche oder mit der darauf befindlichen SiO_2-Schicht stehen.

Die Unterschiede in der zeitlichen Abfolge der wichtigsten Prozeßschritte der beiden Verfahren nach Bild 6.2 und Bild 6.3 gehen aus einem Vergleich der folgenden Ablaufschemata hervor:

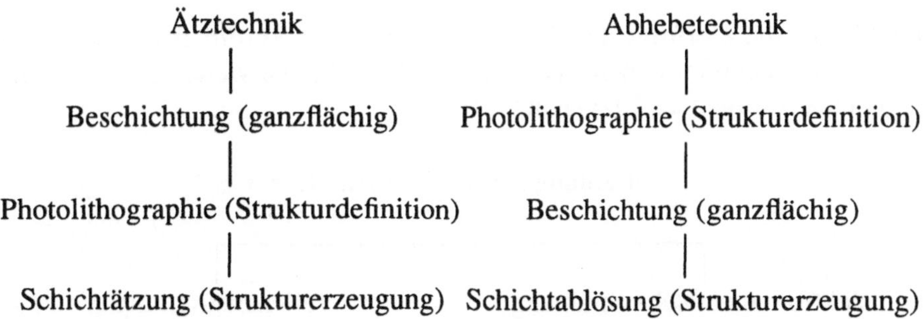

Die Prinzipien verschiedener Lithographieverfahren - insbesondere der Photolithographie - werden in Abschnitt 6.1 erläutert. In Abschnitt 6.2 folgt eine Beschreibung der naßchemischen Ätzung sowie der Trockenätzverfahren. Einige Details der Abhebetechnik werden in Abschnitt 6.3 erläutert.

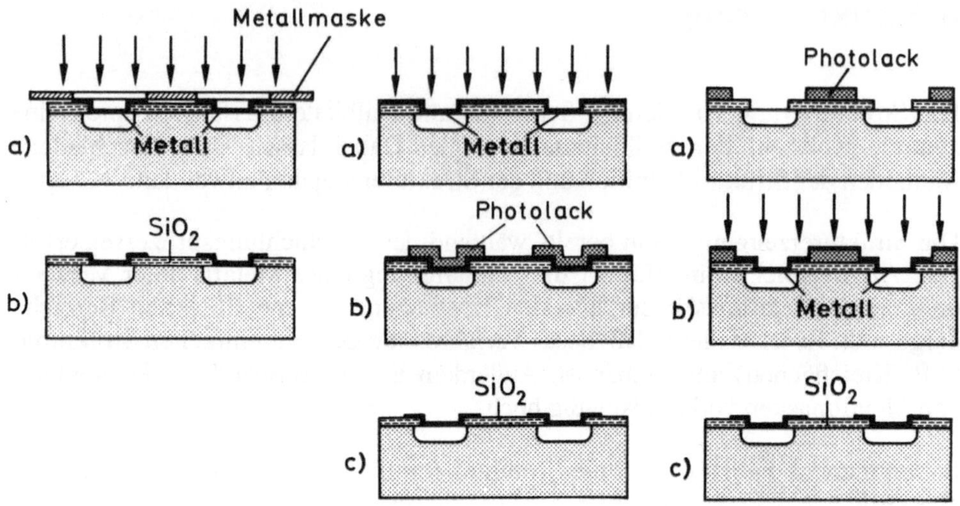

Bild 6.1
Selektive Aufdampfung
eines Metalls
a) Aufdampfprozeß
b) Struktur nach der
   Aufdampfung

Bild 6.2
Strukturierung einer Me-
tallschicht durch Photo-
lithographie und Ätzung
a) Metallbedampfung
b) Photolithographie
c) Selektive Ätzung

Bild 6.3
Prinzip der Abhebetechnik
a) Strukturdefinition durch
   Photolithographie
b) Metallbedampfung
c) Abheben der Photolack-
   schicht

6.1 Lithographie

In der Lithographie erfolgt die Strukturdefinition (Strukturübertragung) mittels
eines strahlungsempfindlichen Lackes /6.1/. Die dabei verwendeten Strahlungs-
arten gehen aus folgender Übersicht hervor:

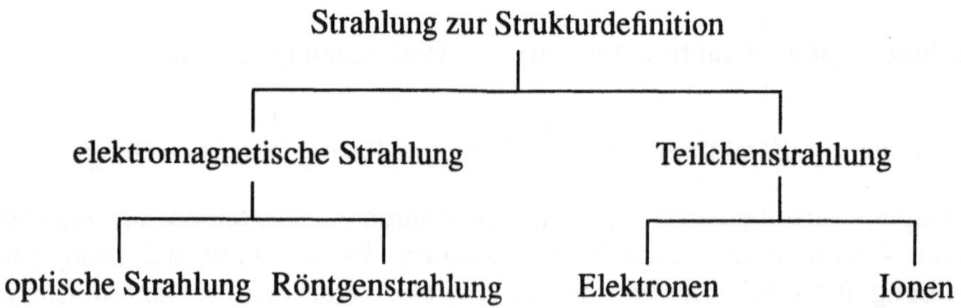

In der Praxis wird in der Lithographie hauptsächlich optische Strahlung eingesetzt (Photolithographie). Bild 6.4 zeigt die relative spektrale Empfindlichkeit
einiger handelsüblicher Photolacke; die Augenempfindlichkeit ist zum Vergleich
gestrichelt eingezeichnet. Bei Verwendung einer Hg-Entladungslampe als Lichtquelle dienen insbesondere die g-Linie (λ = 436 nm) und die i-Linie (λ = 365
nm) zur Belichtung. In neueren Belichtungssystemen finden auch Excimerlaser
als Strahlenquellen Verwendung, beispielsweise KrF-Laser (λ = 248 nm) und
ArF-Laser (λ = 193 nm); für diesen Wellenlängenbereich wurden spezielle Pho-
tolacksysteme entwickelt /6.2/.

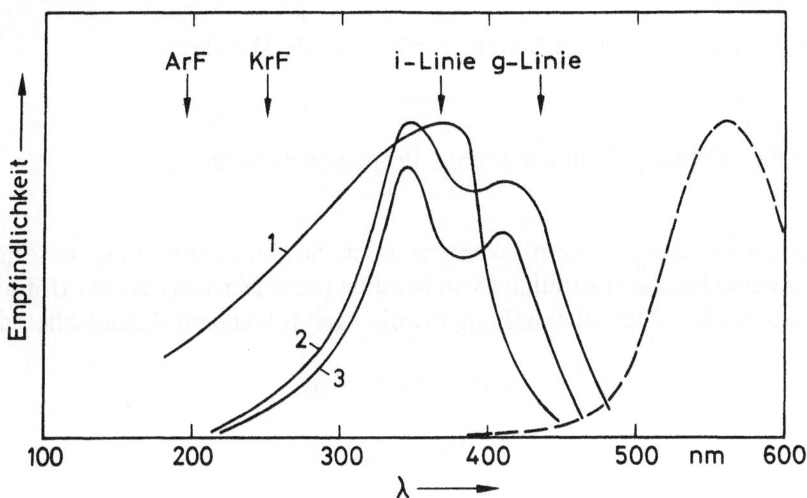

Bild 6.4   Relative spektrale Empfindlichkeit handelsüblicher Photolacke
             1 AZ 2400, 2 HPR 204, 3 AZ 1350 und AZ 1450
             (--- Augenempfindlichkeit)

Der für die Röntgenstrahllithographie genutzte Spektralbereich liegt zwischen
0,4 und 5 nm. Für diese Methode ist - neben einem geeigneten Lacksystem - eine
spezielle Maskentechnik erforderlich.

Zur Elektronenstrahllithographie dienen Elektronen, welche mit Spannungen
zwischen 10 und 200 kV beschleunigt werden; die entsprechenden *De-Broglie*-
Wellenlängen liegen um oder unter 0,01 nm. Die Elektronenstrahlbelichtung
dient hauptsächlich zur Maskenherstellung und in speziellen Fällen zur masken-
losen Lithographie ("Direktschreiben").

Die Ionenstrahllithographie befindet sich - in verschiedenen Varianten - noch im
Forschungs- und Entwicklungsstadium.

Bei den Belichtungsverfahren der Photo- bzw. Elektronenstrahllithographie sind folgende Varianten zu unterscheiden:

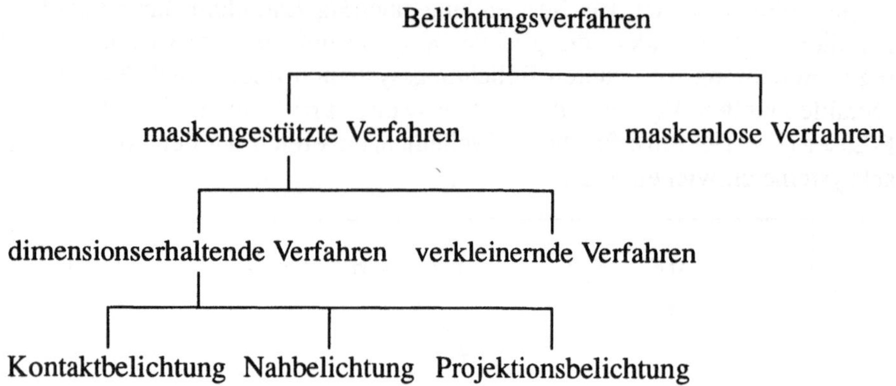

Um die Anwendung einer maskengestützten Strukturübertragung zu ermöglichen, ist zunächst die Herstellung von Masken (bzw. Maskensätzen) erforderlich. Die lichtoptische Maskenherstellung erfolgt nach folgendem Ablaufschema:

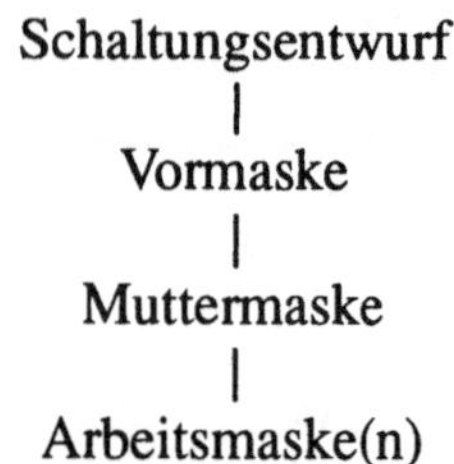

Eine Apparatur zur Herstellung von Vormasken ist in Bild 6.5 schematisch dargestellt. Die Photoplatte ist auf einem in x- und y-Richtung verschiebbaren Tisch montiert; die genaue Position des Tisches wird durch Laser-Interferometer ermittelt. Die Belichtung der Photoplatte erfolgt mit einem quadratischen (oder rechteckigen) Lichtfleck, der durch Belichtung einer Blendenöffnung und optische Verkleinerung erzeugt wird. Unter Verschiebung des Tisches in x- und y-Richtung sowie der Blendenleiste wird schrittweise ein vom Schaltungsentwurf vorgegebenes Muster generiert. Die so erzeugte Vormaske (engl. reticle) enthält eine Struktur, welche um einen Faktor 5 bis 20 größer ist als diejenige, die auf der Halbleiterscheibe benötigt wird. Die Vormasken werden mit Emulsionsschichten oder mit photolithographisch strukturierten Chromschichten ausgeführt.

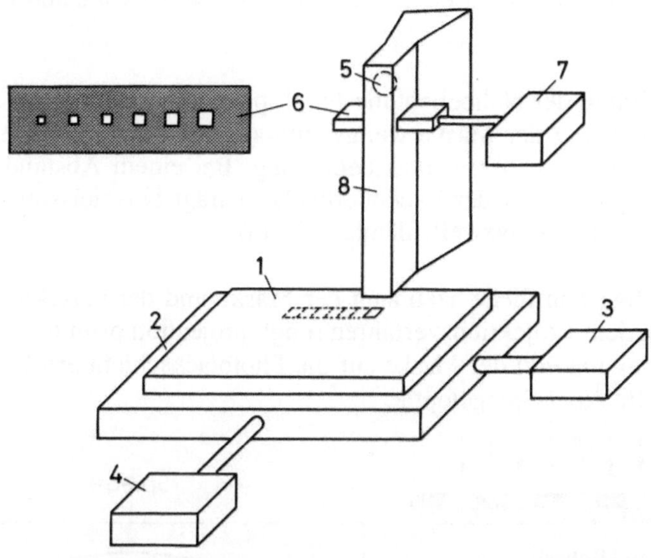

Bild 6.5   Apparatur zur lichtoptischen Erzeugung von Vormasken
1 Photoplatte, 2 verschiebbarer Tisch, 3 Schrittmotor
(x-Richtung), 4 Schrittmotor (y-Richtung), 5 Lichtquelle,
6 Blendenleiste, 7 Blendensteuerung, 8 Verkleinerungsoptik

Aus der Vormaske wird durch Verkleinerung im Maßstab 5:1, 10:1 oder 20:1 und Vervielfachung des Musters die Muttermaske hergestellt. Die Arbeitsmasken werden - nach Bedarf - durch Kontaktkopie erzeugt.

Wie bereits erwähnt, wird zur Maskenherstellung auch häufig die Elektronenstrahlbelichtung herangezogen.

Die dimensionserhaltenden (d.h. im Verhältnis 1:1 abbildenden) Photolithographieverfahren sind in Bild 6.6 dargestellt. Es werden alle Strukturen in einem Belichtungsvorgang auf die Halbleiterscheibe übertragen. Mit dem Verfahren der Kontaktkopie (Bild 6.6a) ist eine sehr exakte Strukturübertragung möglich. Bei Belichtung mit UV-Strahlung (Wellenlänge 400 nm) können beispielsweise Strukturen mit minimalen Abmessungen von ca. 0,8 µm übertragen werden /6.3/. Die Kontaktbelichtung (engl. contact printing) hat jedoch folgende Nachteile:

- Abnutzung der Maske (geringe Standzeit),

- Reduktion der Auflösung durch Partikel zwischen Maske und Photolack,

- Deformation von Strukturen durch Verbiegung von Maske und Halbleiterscheibe.

Mit dem Verfahren der Nahbelichtung (engl. proximity printing) nach Bild 6.6b
wird eine Abnutzung der Maske weitgehend ausgeschlossen. Die Auflösung ist
jedoch geringer als bei der Kontaktbelichtung. Bei einem Abstand $h = 10$ µm
zwischen der Maske und der Lackoberfläche beträgt beispielsweise die Auflösung ca. 3 µm (Belichtungswellenlänge 400 nm).

Eine vollständige räumliche Trennung der Maske und der belackten Halbleiterscheibe ist bei dem Projektionsverfahren (engl. projection printing) gegeben. Die
Strukturübertragung von der Maske auf die Photolackschicht erfolgt im Verhältnis 1:1 mit Hilfe einer Spiegeloptik.

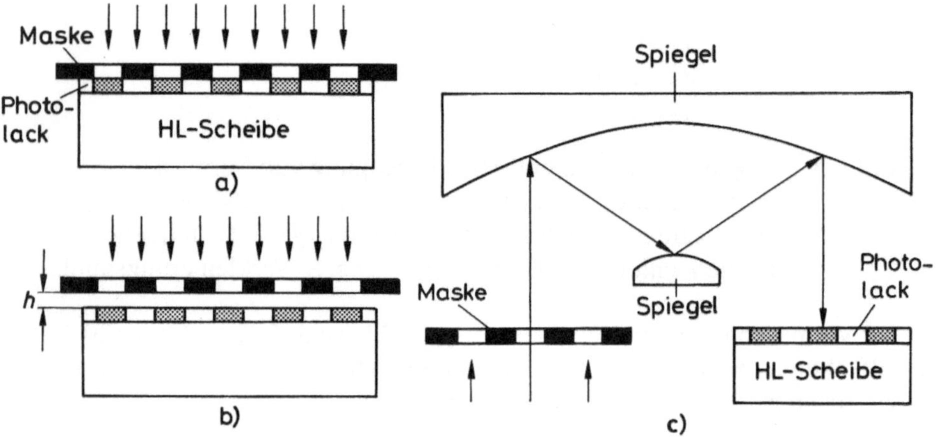

Bild 6.6   Verfahren der dimensionserhaltenden Photolithographie
a) Kontaktkopie
b) Nahbelichtung
c) Projektionsbelichtung

Bei Strukturen mit sehr kleinen Abmessungen wird ein verkleinerndes Projektionsverfahren bevorzugt (Bild 6.7). Als Strukturvorlage dient die Vormaske, so
daß bei einem Belichtungsvorgang nur jeweils das Muster eines Bauelementes
(bzw. einer integrierten Schaltung) übertragen wird. Durch wiederholte Belichtung unter Verschiebung der Halbleiterscheibe in x- und y-Richtung entsteht das
gewünschte Gesamtmuster der Bauelemente bzw. der integrierten Schaltungen.
Vor jedem einzelnen Belichtungsvorgang kann eine Justage der Einzelstrukturen
vorgenommen werden.

Bei verkleinernden Projektionsverfahren haben beispielsweise Staubteilchen auf der Vormaske einen geringeren Einfluß als auf der Arbeitsmaske bei den 1:1 übertragenden Verfahren. Andererseits ist evident, daß die wiederholte schrittweise Belichtung einer Halbleiterscheibe wesentlich mehr Zeit in Anspruch nimmt als ein Verfahren, welches in einem Maskenschritt nur einen Belichtungsvorgang erfordert.

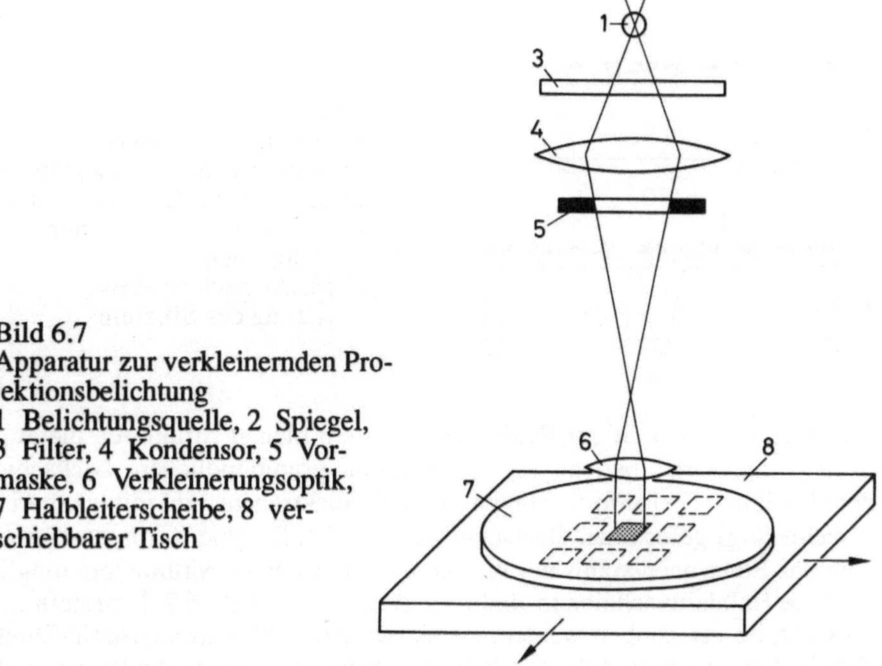

Bild 6.7
Apparatur zur verkleinernden Projektionsbelichtung
1 Belichtungsquelle, 2 Spiegel, 3 Filter, 4 Kondensor, 5 Vormaske, 6 Verkleinerungsoptik, 7 Halbleiterscheibe, 8 verschiebbarer Tisch

Extrem kleine Strukturen lassen sich mit Hilfe der Röntgenstrahllithographie übertragen /6.4/. Wie bereits erwähnt, ist hierzu eine spezielle Maskentechnik erforderlich. Eine vollständige Absorption der Röntgenstrahlung in einer dünnen Schicht ist nicht möglich. Es lassen sich lediglich Unterschiede im Absorptionsvermögen von Elementen mit niedriger und hoher Ordnungszahl Z ausnutzen. Das Prinzip der Herstellung einer derartigen Maske unter Verwendung von Silizium ($Z = 14$) als Trägermaterial und Gold ($Z = 79$) als absorbierende Schicht ist in Bild 6.8 dargestellt. Als Ausgangsmaterial dient ein (100)-orientiertes Siliziumsubstrat mit einer bordotierten Epitaxieschicht (Bild 6.8a). Nach Aufbringung und Strukturierung einer dünnen Goldschicht (Bild 6.8b) kann das Siliziumsubstrat selektiv entfernt werden, wobei die bordotierte Epitaxieschicht als Trägermaterial verbleibt (Bild 6.8c). Zur Belichtung verwendet man vorzugsweise Synchrotronstrahlung. Dieses Verfahren liefert Röntgenstrahlung hoher Intensität mit extrem geringem Divergenzwinkel. Es sind somit sehr kleine Strukturen auch in dicken Photolackschichten zu erzielen ("Röntgenstrahl-Tiefenlithographie").

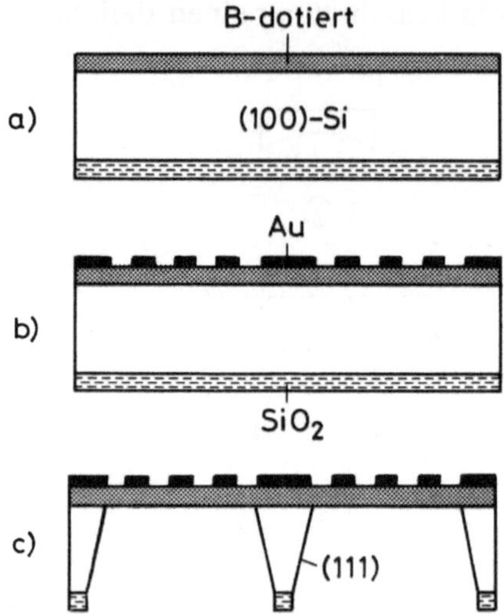

Bild 6.8
Herstellung von Masken für
die Röntgenstrahl-Lithographie
a) Silizium mit Epitaxieschicht
b) Maske mit strukturierter
   Goldschicht
c) Maske nach selektiver
   Ätzung des Siliziums

Eine weitere Möglichkeit zur Realisierung extrem kleiner Strukturen bietet die Elektronenstrahl-Direktbelichtung einer strahlungsempfindlichen Lackschicht auf der Halbleiterscheibe /6.5/. Hierbei wird ein Elektronenstrahl mit quadratisch (oder rechteckig) geformtem Querschnitt verwendet. Da eine (formgetreue) Ablenkung des Elektronenstrahls nur im Bereich von wenigen Millimetern möglich ist, muß die Halbleiterscheibe in ähnlicher Weise wie in Bild 6.7 dargestellt in x- und y-Richtung verschoben werden. Da es sich bei der Elektronenstrahl-Direktbelichtung um ein maskenloses Verfahren handelt, können Änderungen des Schaltungsentwurfs bzw. der topologischen Auslegung ohne größeren Zeitaufwand ausgeführt werden; es sind lediglich die Programme für die Elektronenstrahlablenkung (und ggf. für die Tischbewegung) abzuändern. Wesentliche Nachteile der Elektronenstrahl-Direktbelichtung sind der hohe Investitionsaufwand und der geringe Scheibendurchsatz.

In der Photolithographie wird der lichtempfindliche Lack mit dem Schleuderverfahren aufgebracht, d.h. der Lack wird im Zentrum der Halbleiterscheibe aufgetropft und anschließend durch Rotation der Scheibe gleichmäßig verteilt. Die Dicke der resultierenden Lackschicht ist von der Viskosität des Lackes und von der Schleuderdrehzahl abhängig (Bild 6.9). Nach der Beschichtung werden

Lösungsmittelreste durch Erwärmen des Lackes entfernt. Anschließend erfolgt die Belichtung des Lackes nach einem der vorstehend erläuterten Verfahren.

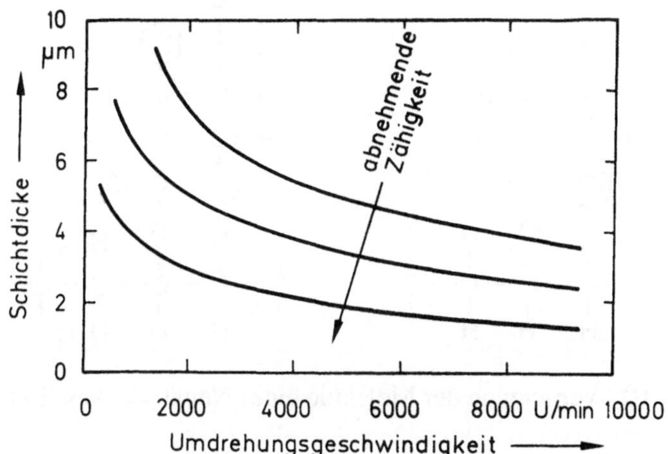

Bild 6.9   Schichtdicke des Photolacks in Abhängigkeit von der Viskosität und der Schleuderdrehzahl (schematisch)

In der Photolithographie ist zwischen Negativlacken und Positivlacken zu unterscheiden. In den meisten Anwendungsfällen kann wahlweise Negativ- oder Positivlack eingesetzt werden; Positivlacke weisen jedoch Vorteile hinsichtlich der Entsorgung auf.

Bei den Negativlacken wird durch die Belichtung eine Vernetzung der Lackmoleküle bewirkt. Hierdurch entstehen Moleküle, deren Löslichkeit gegenüber der Ausgangssubstanz deutlich reduziert ist. Bei dem anschließenden Entwicklungsvorgang (d.h. dem Eintauchen in ein geeignetes Lösungsmittel) werden die unbelichteten Lackbereiche entfernt. Zur Verbessserung der chemischen Resistenz der verbleibenden Lackstruktur kann die Vernetzung der Lackmoleküle durch Erhitzung weiter gesteigert werden.

Die Vernetzung der Moleküle eines Negativlackes unter Lichteinwirkung ist beispielhaft in Bild 6.10 dargestellt; die Vernetzung erfolgt über die Seitenketten der Moleküle. Zur Entwicklung (Entfernung unbelichteter Lackbereiche) dienen verschiedene organische Lösungsmittel (u.a. Xylol, Isopropanol, Nitrobenzol).

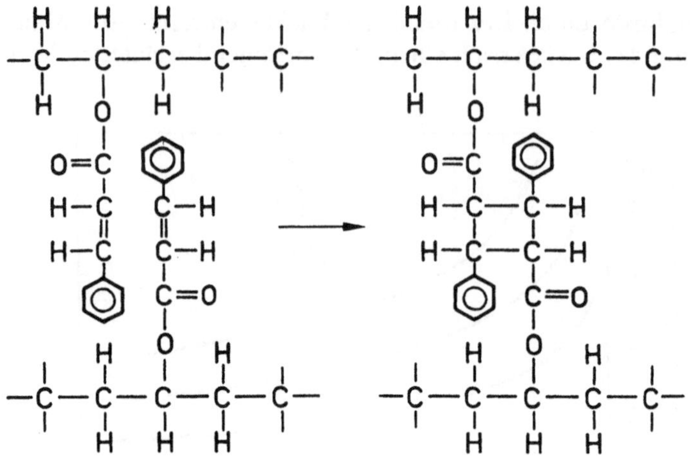

Bild 6.10   Vernetzung der Moleküle eines Negativlackes (Beispiel)

Die Wirkungsweise von Positivlacken basiert auf der Abspaltung von Stickstoff-
molekülen aus Diazoverbindungen unter Lichteinwirkung (Bild 6.11). Aus der in
Wasser unlöslichen Diazoverbindung entsteht nach der Abspaltung von Stickstoff durch Umlagerung von Sauerstoff und Kohlenstoff eine wasserlösliche Verbindung (Wirkung der Carboxylgruppe). Als Entwickler dient in diesem Falle
eine stark verdünnte Lauge.

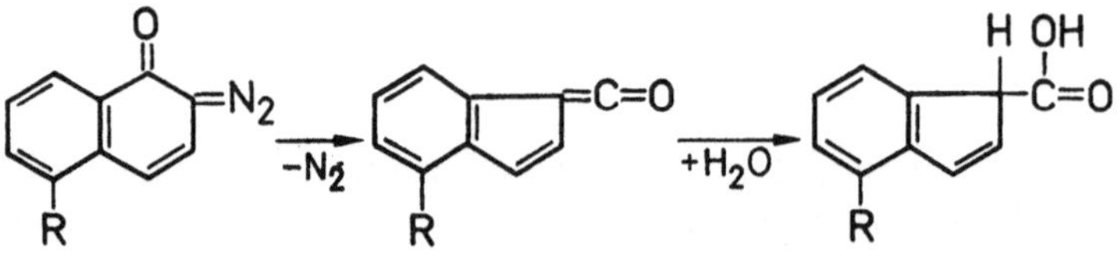

Bild 6.11   Zur Wirkungsweise eines Positivlackes (Beispiel)

Die vollständigen Photolacke sind in der Regel aus (mindestens) zwei Komponenten zusammengesetzt. Eine der Komponenten dient der Optimierung der
Lichtempfindlichkeit. Die zweite Komponente wird derart ausgewählt, daß beim
ausgehärteten Lack eine hinreichende chemische Resistenz erzielt wird.

Zwei Beispiele für die Strukturierung einer Schicht mit Hilfe eines Negativlackes
und eines Positivlackes sind in Bild 6.12 und 6.13 dargestellt. Zur Strukturierung
dienen Ätzverfahren, welche in Abschnitt 6.2 erläutert werden.

In dem Beispiel nach Bild 6.12 wird die Siliziumscheibe zunächst ganzflächig oxidiert (Bild 6.12a). Danach erfolgt die Beschichtung mit einem Negativlack (Bild 6.12b). Nach der Belichtung durch eine Photomaske (Bild 6.12c) wird in einem Entwicklungsprozeß der unbelichtete Teil des Lackes entfernt (Bild 6.12d). Mit einem Ätzverfahren kann nunmehr die SiO_2-Schicht selektiv abgetragen werden (Bild 6.12e). Die auf diese Weise strukturierte SiO_2-Schicht dient nach Ablösung des restlichen Photolackes zur seitlichen Begrenzung eines durch Diffusion (oder Ionenimplantation) hergestellten pn-Überganges (Bild 6.12f).

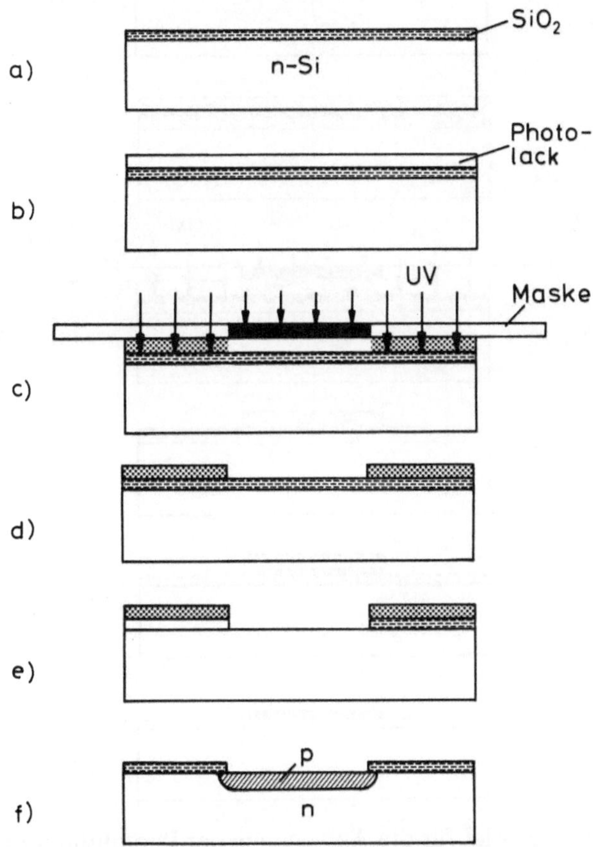

Bild 6.12   Beispiel für die Anwendung der Photolithographie
unter Verwendung eines Negativlackes
a) Oxidierte Siliziumscheibe
b) Oxidierte Siliziumscheibe mit Photolack
c) Belichtung des Photolackes
d) Entwicklung des Photolackes
e) Selektive Ätzung der SiO_2-Schicht
f) Struktur nach Diffusion oder Ionenimplantation

Das zweite Beispiel betrifft die Strukturierung einer Aluminiumschicht (Bild 6.13a) mit Hilfe eines Positivlackes. Es sind wiederum die Prozesse der Belakkung (Bild 6.13b), der Belichtung (Bild 6.13c) und der Entwicklung des Photolackes (Bild 6.13d) dargestellt. Die Lackstruktur dient in diesem Fall der selektiven Ätzung des Aluminiums, beispielsweise zur Erzeugung einer Leiterbahn (Bilder 6.13e und 6.13f).

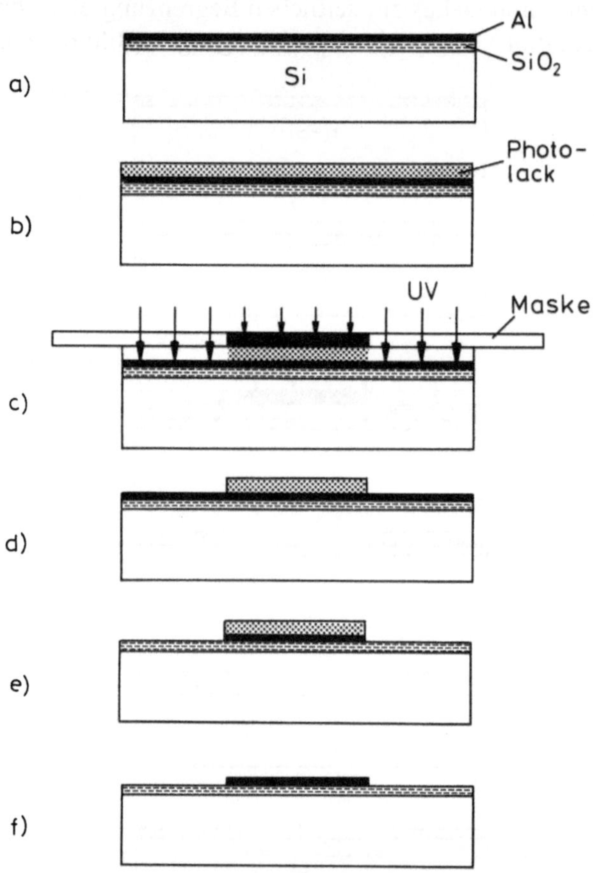

Bild 6.13   Beispiel für die Anwendung der Photolithographie
unter Verwendung eines Positivlackes
a) Siliziumscheibe mit Oxid- und Aluminiumschicht
b) Lackauftragung
c) Belichtung des Photolackes
d) Entwicklung des Photolackes
e) Selektive Ätzung des Aluminiums
f) Entfernung des Lackes

Es ist evident, daß eine strukturgetreue Übertragung eines Musters durch Verwendung einer dünnen Photolackschicht gefördert wird. In speziellen Anwendungen ist jedoch eine dicke Maskierschicht (d.h. ein großes Verhältnis Strukturtiefe zu Strukturbreite) erforderlich. In derartigen Fällen wendet man ein Dreilagenverfahren an (Bild 6.14). Auf die Halbleiterscheibe wird zunächst eine dicke Polymerschicht aufgetragen. Hierauf folgen eine dünne Zwischenschicht (z.B. Siliziumdioxid oder ein Metall) und die Photolackschicht. Nach dem Belichten und Entwickeln des Photolackes wird zuerst die Zwischenschicht selektiv abgetragen. Der restliche Teil der Zwischenschicht dient als Ätzmaske zur Strukturierung der Polymerschicht mittels eines Trockenätzverfahrens (siehe Abschnitt 6.2.2).

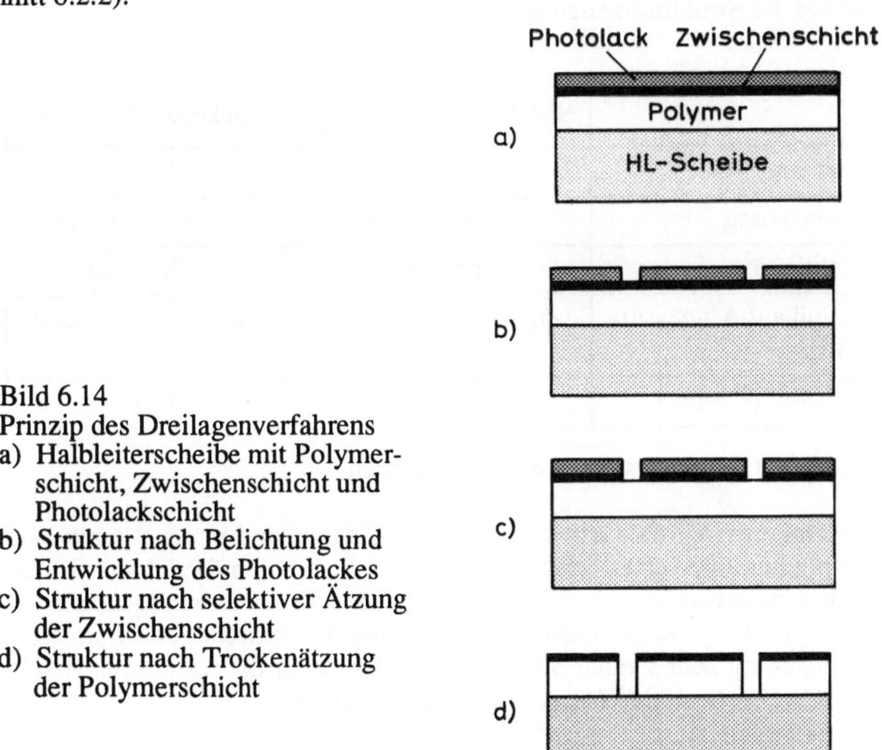

Bild 6.14
Prinzip des Dreilagenverfahrens
a) Halbleiterscheibe mit Polymerschicht, Zwischenschicht und
   Photolackschicht
b) Struktur nach Belichtung und
   Entwicklung des Photolackes
c) Struktur nach selektiver Ätzung
   der Zwischenschicht
d) Struktur nach Trockenätzung
   der Polymerschicht

Es ist evident, daß die Umgebungsbedingungen (Temperatur, Luftfeuchtigkeit, Staubgehalt) einen großen Einfluß auf die Fehlerhäufigkeit bei photolithographischen Prozessen haben. Hieraus resultieren sehr hohe Anforderungen an die Klimatisierung und die Staubfreiheit der für die Photolithographie genutzten Räume.

6.2 Ätztechnik

Das Ätzen ist ein wichtiger Verfahrensschritt bei der Strukturierung von Schichten und Halbleiteroberflächen. Chemische Ätzverfahren dienen auch der Charakterisierung von Halbleiterwerkstoffen, beispielsweise zur Bestimmung der Versetzungsdichte, zur Sichtbarmachung von pn-Übergängen und zur Polaritätsbestimmung bei Verbindungshalbleitern.

In der Ätztechnik unterscheidet man zwischen den naßchemischen Methoden und den Trockenätzverfahren. Die wesentlichen Unterschiede dieser Verfahrensweisen bei der Strukturerzeugung gehen aus Tafel 6.1 hervor.

	Naßchemische Ätzung	Trockenätzverfahren
Präzision	gut	sehr gut
Tiefenätzung	Tiefe ≤ Breite	Tiefe > Breite möglich
Selektivität	sehr gut	mäßig - gut
Einfluß auf Abmessungen	vergrößernd / verkleinernd	dimensionserhaltend
Aufwand (Kosten)	gering	hoch

Tafel 6.1   Charakterisierung der Ätzverfahren

Die wesentlichen Vorteile der naßchemischen Ätzung sind in der Selektivität bei der Abtragung unterschiedlicher Substanzen (z.B. Siliziumdioxid und Silizium) sowie in dem geringen apparativen Aufwand zu sehen. Nachteilig ist die durch die Isotropie der Ätzung bedingte Veränderung der Strukturabmessungen. Bei der Realisierung sehr kleiner Strukturen wurden daher die naßchemischen Ätzverfahren weitgehend durch Trockenätzverfahren abgelöst.

Der Vorteil der dimensionserhaltenden Wirkung der Trockenätzung infolge anisotroper (gerichteter) Abtragung geht aus Bild 6.15 hervor. Weitere Anwendungen, bei denen die speziellen Eigenschaften der Trockenätzung genutzt werden, sind in Abschnitt 6.2.2 beschrieben. Nachteile der Trockenätzung sind die teilweise geringe Selektivität bei der Abtragung unterschiedlicher Substanzen sowie der hohe Investitionsaufwand.

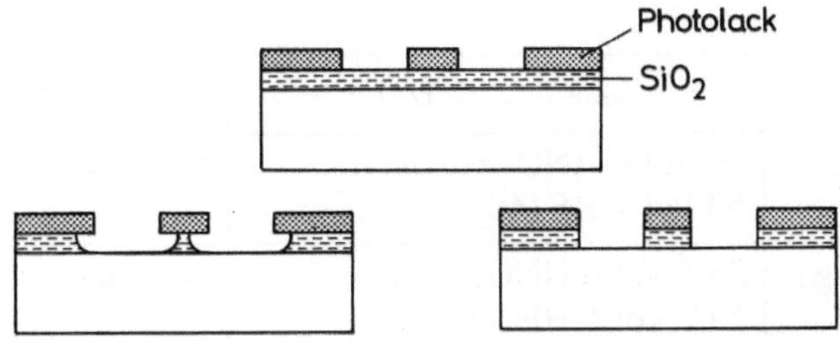

Bild 6.15   Vergleich des Einflusses der Ätzmethoden bei der
Schichtstrukturierung
Links: Naßchemische Ätzung (isotrop)
Rechts: Trockenätzung (anisotrop)

6.2.1 Naßchemische Ätzung

Die naßchemische Ätzung wird sowohl zur isotropen Abtragung von Halbleiteroberflächen (Politurätzung) als auch zur Strukturierung von Halbleiteroberflächen durch anisotrope Abtragung eingesetzt /6.6/. Typische Polierätzlösungen für
Silizium enthalten ein Oxidationsmedium (z.B. Salpetersäure), einen Komplex-
bildner zur Auflösung des Oxids sowie gegebenenfalls ein reaktionsabschwä-
chendes Medium (z.B. Essigsäure) zur Regulierung der Abtragungsgeschwin-
digkeit. Wichtig ist dabei die Einhaltung einer definierten Ätztemperatur. Die
isotrope naßchemische Ätzung wird häufig für die großflächige Abtragung ge-
störter Kristallbereiche (z.B. nach mechanischer Bearbeitung) bei der Scheibenherstellung verwendet.

Eine stark anisotrope Abtragung unterschiedlicher Kristallebenen von Silizium
läßt sich beispielsweise mit Kalilauge erzielen. So ätzt eine 44 %ige KOH-
Lösung bei 100 °C die Ebenen (110), (100) und (111) im Verhältnis 600:300:1.
Diese starke Anisotropie ist auf die rasch erfolgende Oxidation (d.h. Passivierung) der (111)-Ebene unter den angegebenen Bedingungen zurückzuführen.

Wie bereits erwähnt, wird die naßchemische Ätzung auch zur Sichtbarmachung
der Durchstoßpunkte von Versetzungslinien sowie zur Ermittlung der Lage von
pn-Übergängen eingesetzt. Diesbezügliche Lösungen sind - neben Politur- und
Strukturierungsätzlösungen - für Silizium in Tafel 6.2 angegeben. In bestimmten
Fällen kann das Ätzverhalten durch Belichtung gezielt beeinflußt werden.

Name	Zusammensetzung	Wirkung
CP-Lösung	50 Vol% HNO_3 rauch., 50 Vol% HF (40 %)	Materialabtragung
CP4-Lösung	38,5 Vol% HNO_3 konz., 19,2 Vol% HF (40 %), 42,3 Vol% CH_3COOH, Jod (0,1 g auf 100 ml Lösung)	Politurätzung
V-Ätzung	50 Mol% N_2H_4 (Hydrazin), 50 Mol% H_2O	V-Graben-Ätzung; (111)-Ebenen werden kaum angegriffen
Grabenätzung	44 g KOH, 100 ml H_2O, 85 - 100 °C	Ätzung von tiefen Gräben in (110)-orientierten Scheiben; (111)-Ebenen werden nicht angegriffen
Sirtl-Ätze	50 Vol% (50 g CrO_3, 100 ml H_2O), 50 Vol% HF (40 %)	Sichbarmachung von Versetzungsdurchstoßpunkten (Ätzgruben)
Staining-Ätze	99,5 Vol% HF, 0,5 Vol% HNO_3	Sichtbarmachung von pn-Übergängen unter Belichtung
Permanganat-Beize	97 Vol% HF (48 %), 3 Vol% $KMnO_4$	Sichtbarmachung von pn-Übergängen; greift nur p-Material an

Tafel 6.2   Ätzlösungen für Silizium

Zur Politurätzung und zur gezielten Abtragung von III-V-Verbindungen werden Brom-Methanol-Lösungen sowie verschiedene saure und alkalische Ätzlösungen eingesetzt /6.7/. Einige Ätzlösungen wirken stark selektiv, so daß beispielsweise die Abtragung einer $Ga_{0,47}In_{0,53}As$-Schicht auf einem InP-Substrat möglich ist. Bei den III-V-Verbindungen ist außerdem häufig ein erheblicher Unterschied der Ätzrate auf (111)-Ebenen (d.h. Oberflächen, die mit Atomen der III. Gruppe des Periodischen Systems besetzt sind) und auf ($\overline{111}$)-Ebenen (d.h. Oberflächen, die mit Elementen der V. Gruppe besetzt sind) zu beobachten. Einige Ätzlösungen sind in Tafel 6.3 zusammengestellt.

Halbleiter	Zusammensetzung	Ätzwirkung
GaAs, InP, GaP, GaSb	98 - 99 CH_3OH, 1 - 2 Br_2	Politurätzung
GaAs, InP, GaP, GaInAs	3 H_2SO_4, 1 H_2O_2, 1 H_2O	Politurätzung
GaAs, GaAlAs	1 H_2SO_4, 1 H_2O_2, 3 H_2O	gezielte Abtragung
	3 g NaOH, 6 ml H_2O_2, 300 ml H_2O	gezielte Abtragung
GaInAs	1 H_2SO_4, 1 H_2O_2, 10 H_2O	gezielte Abtragung
	1 H_3PO_4, 1 H_2O_2, 40 H_2O	gezielte Abtragung; selektiv gegen InP
InP	6 ml $K_2Cr_2O_7$-Lösung (15 g $K_2Cr_2O_7$ in 1 l H_2O), 1 ml HBr, 1 ml CH_3COOH	starke Abtragung

Tafel 6.3   Ätzlösungen für III-V-Verbindungen (H_2O_2 33 %ig)

Von besonderer Wichtigkeit in der Halbleitertechnologie ist die Strukturierung von Siliziumdioxid- und Siliziumnitridschichten. Zur Abtragung von Siliziumdioxid verwendet man gepufferte Flußsäure (engl. buffered HF, BHF); diese Ätzlösung greift Silizium nicht an. Die Ätzrate für Siliziumdioxid beträgt bei Raumtemperatur (25 °C) rd. 2,5 nm/s, bei 55 °C rd. 10 nm/s. Die Vollständigkeit der Abtragung der Siliziumdioxidschicht ist an dem hydrophoben (wasserabstoßenden) Verhalten der Siliziumoberfläche zu erkennen.

Siliziumnitrid kann naßchemisch mit konzentrierter Flußsäure (HF 48 %) abgetragen werden. Ferner kann Siliziumnitrid mit heißer Phosphorsäure geätzt werden; hierfür ist jedoch eine temperaturbeständige, säurefeste Strukturbegrenzung (z.B. mit Siliziumdioxid) erforderlich.

Schichtmaterial	Zusammensetzung	Ätztemperatur
SiO_2	150 g NH_4F, 70 ml HF (40 %), 150 ml H_2O; vor Gebrauch 1:1 mit H_2O verdünnen	R.T.
Si_3N_4	90 Vol% H_3PO_4, 10 Vol% H_2O	180 °C

Tafel 6.4   Ätzlösungen für Siliziumdioxid und Siliziumnitrid

Zur Ätzung von Metallen kommen saure, alkalische und komplexbildende Lösungen in Frage. In Tafel 6.5 sind einige Beispiele aufgeführt.

Metall	Zusammensetzung	Ätztemperatur
Aluminium	H_3PO_4 (85 %)	55 °C
	20 H_3PO_4, 1 HNO_3, 4 H_2O	20 - 35 °C
Titan	1 HF, 50 H_2O	R.T.
Gold	100 g J_2, 150 g KJ, 100 ml H_2O	R.T.

Tafel 6.5   Ätzlösungen für einige Metalle

6.2.2 Trockenätzverfahren

Die Trockenätzung basiert auf der Erzeugung von Elektronen, Ionen und reaktiven Komponenten (Radikalen) in einem Plasma. Die Abtragung einer Schicht bzw. einer Halbleiteroberfläche erfolgt durch physikalische Prozesse (d.h. durch Beschuß mit Ionen) und durch geeignete chemische Reaktionen. Man unterscheidet zwischen folgenden Verfahrensvarianten /6.8/:

- Ionenstrahlätzen (engl. ion beam milling),

- Reaktives Ionenätzen (engl. reactive ion etching, RIE),

- Plasmaätzung (engl. plasma etching).

Die Prinzipien der verschiedenen Trockenätzverfahren sind in Bild 6.16 schematisch dargestellt. Die wesentlichen Kennzeichen dieser Verfahren sind in Tafel 6.6 aufgelistet.

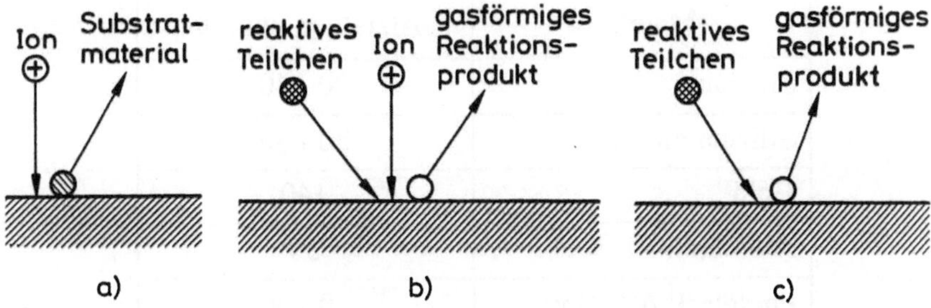

Bild 6.16   Wirkungsweise der Trockenätzverfahren
a) Ionenstrahlätzen (Kathodenzerstäubung)
b) Reaktives Ionenätzen
c) Plasmaätzung

Ionenstrahlätzen	Reaktives Ionenätzen	Plasmaätzung
Druck 5 bis 50 mPa	Druck 0,5 bis 10 Pa	Druck 20 bis 500 Pa
hohe Ionenenergie	mittlere Ionenenergie	geringe Ionenenergie
weitgehend anisotrop	teilweise anisotrop	weitgehend isotrop
geringe Selektivität	mittlere Selektivität	hohe Selektivität

Tafel 6.6   Kennzeichen der verschiedenen Trockenätzverfahren

Beim Ionenstrahlätzen dominiert der physikalische Abtragungsmechanismus. Die mit hoher Energie (0,5 bis 5 keV) auf das Substrat auftreffenden Ionen übertragen einen Teil ihrer kinetischen Energie auf das Schicht- oder Halbleitermaterial und führen dort zu einer Ablösung von Atomen oder Molekülen. Das Verfahren entspricht somit der in Kap. 5 beschriebenen Kathodenzerstäubung.

Das Ionenstrahlätzen erfolgt weitgehend anisotrop, d.h. es tritt keine nennenswerte Unterätzung der maskierten Bereiche auf. Das Verfahren der Ionenstrahlätzung eignet sich dementsprechend besonders zur Herstellung von Gräben gemäß Bild 6.17a. Für viele Anwendungen stellt die geringe Selektivität des Abtragungsprozesses einen wesentlichen Nachteil des Ionenstrahlätzens dar. So werden bei-

spielsweise Silizium, Siliziumdioxid und Photolack durch Argonionen mit einer
Energie von 0,5 keV mit annähernd gleicher Ätzrate abgetragen (Tafel 6.7).

Material	Ätzrate in nm/min
Silizium	20 - 40
Siliziumdioxid	30 - 40
Gold	140
Aluminium	30
Photolack AZ 1350	20 - 30

Tafel 6.7   Ätzraten einiger Werkstoffe beim Ionenstrahlätzen
(Argonionen 0,5 keV, 1 mA/cm^2)

In einigen Fällen kann die geringe Selektivität des Ionenstrahlätzens nutzbrin-
gend eingesetzt werden. So ist beispielsweise in Bild 6.17b ein Planarisierungs-
verfahren für eine aus polykristallinem Silizium bestehende Leiterbahn beschrieben. Durch die gleichförmige Abtragung des Photolacks und der darunterliegenden SiO$_2$-Schicht mittels Ionenstrahlätzung läßt sich eine - für die Weiterverarbeitung günstige - ebene Oberfläche der in Siliziumdioxid eingebetteten Leiterbahn erzielen. Als weiteres Anwendungsgebiet für die Ionenstrahlätzung ist in
Bild 6.17c die Herstellung von Abstandshaltern (engl. spacer) zur gezielten Begrenzung von Source- und Drainbereichen bei MOS-Feldeffekttransistoren dargestellt.

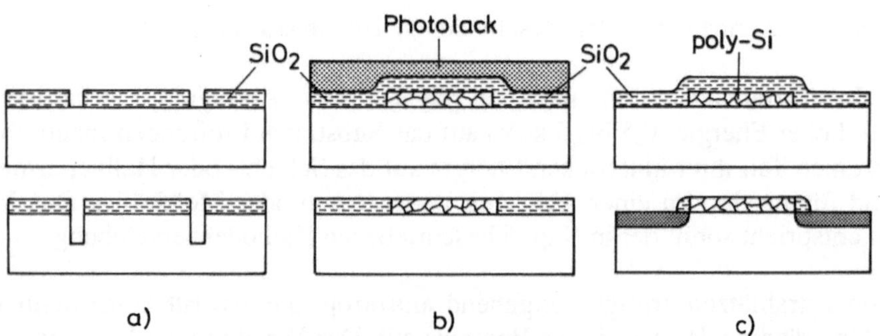

Bild 6.17   Beispiele für die Anwendung des Ionenstrahl-Ätzverfahrens
a) Erzeugung von Gräben
b) Planarisierung
c) Herstellung von Abstandshaltern

Infolge der hohen Energie der auftreffenden Ionen muß bei der Ionenstrahlätzung mit der Erzeugung von Defekten an der Halbleiteroberfläche gerechnet werden. Falls erforderlich, müssen diese Defekte in einem anschließenden Temperschritt ausgeheilt werden. Ferner ist zu beachten, daß Teile des durch Ionenstrahlätzung abgetragenen Materials in benachbarten Bereichen der Substratoberfläche abgelagert werden können.

In den meisten Strukturierungsprozessen der Halbleitertechnologie werden Trockenätzverfahren eingesetzt, bei denen ein Zusammenwirken von beschleunigten Ionen und reaktiven Teilchen an der Halbleiteroberfläche stattfindet (Bild 6.16b). Dieses Verfahren wird als reaktives Ionenätzen bezeichnet. Eine hierfür geeignete Apparatur ist schematisch in Bild 6.18 dargestellt.

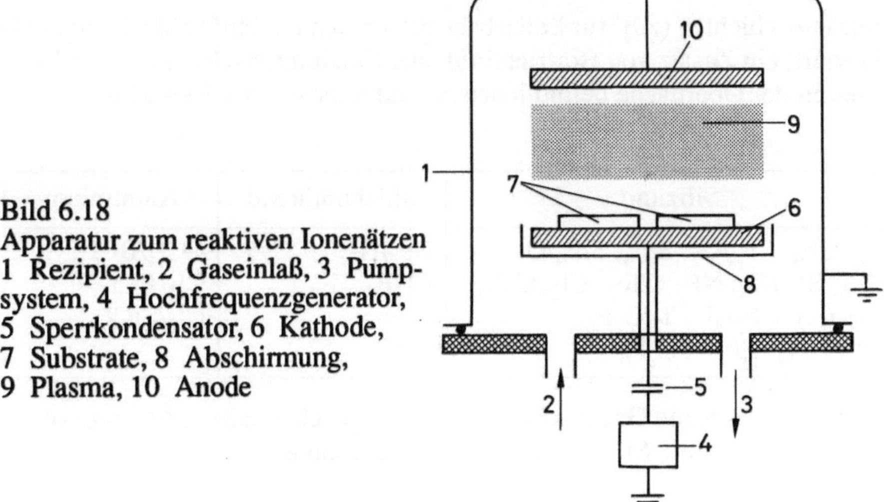

Bild 6.18
Apparatur zum reaktiven Ionenätzen
1 Rezipient, 2 Gaseinlaß, 3 Pumpsystem, 4 Hochfrequenzgenerator, 5 Sperrkondensator, 6 Kathode, 7 Substrate, 8 Abschirmung, 9 Plasma, 10 Anode

Zur Ätzung von Silizium werden dem Plasma fluor- oder chlorhaltige Gase zugeführt. Durch Stöße mit energiereichen Elektronen entstehen Fluor- bzw. Chloratome sowie Radikale (d.h. nichtabgesättigte Verbindungen); als Beispiel sei hier die Spaltung der Verbindung CF_4 genannt:

$$CF_4 \;\longrightarrow\; CF_3 + F\,. \tag{6.1}$$

An der Siliziumoberfläche wird durch Reaktion von Fluoratomen mit Silizium die flüchtige Verbindung Siliziumtetrafluorid gebildet:

$$Si + 4\,F \;\longrightarrow\; SiF_4\,. \tag{6.2}$$

Durch Zusatz von Sauerstoff (bis etwa 10 %) kann die Konzentration der im Plasma erzeugten Fluoratome deutlich erhöht werden. Sauerstoff verbindet sich mit den kohlenstoffhaltigen Radikalen, so daß die Rekombinationsrate für Fluoratome herabgestzt wird. Hieraus resultiert eine erhöhte Ätzrate für Silizium und damit auch eine verbesserte Selektivität der Ätzung. In der Praxis erzielt man ein Verhältnis der Ätzraten von Silizium und Siliziumdioxid von ca. 10:1 bis 40:1. Einige Gase bzw. Gasmischungen, die der Ätzung von Silizium dienen, sind in Tafel 6.8 zu finden.

Zur bevorzugten Ätzung von Siliziumdioxid und Siliziumnitrid verwendet man Gase, welche einen hohen Kohlenstoffanteil und einen geringen Fluor- bzw. Chloranteil aufweisen. Eine Reduktion des Halogenanteils ist beispielsweise durch den Zusatz von Wasserstoff möglich (d.h. Bildung von HF bzw. HCl).

Aluminiumschichten (z.B. für Leiterbahnen) werden mit Hilfe chlorhaltiger Gase strukturiert; ein Zusatz von Bortrichlorid oder Siliziumtetrachlorid ist zur Reduktion des an der Oberfläche befindlichen Aluminiumoxids zweckmäßig.

Silizium	Siliziumdioxid	Aluminium
F_2, CF_4, CF_4/O_2, SiF_4, SiF_4/O_2, SF_6, SF_6/O_2, NF_3, ClF_3, Cl_2, CCl_4, CF_2Cl_2, CF_3Cl, Cl_2/C_2F_6, Cl_2/CCl_4, CF_3Cl/C_2F_6	CF_4/H_2, CHF_3, C_3F_8, C_2F_6	CCl_4/BCl_3, Cl_2/BCl_3, $Cl_2/SiCl_4$

Tafel 6.8   Gase und Gasmischungen zur trockenchemischen Ätzung von Silizium, Siliziumdioxid und Aluminium /6.9/

Eine stark anisotrope Ätzung kann auch beim reaktiven Ionenätzen ereicht werden. Hierzu wählt man die Gaszusammensetzung derart, daß polymere Substanzen, beispielsweise vom Typ $(CF_2)_x$, entstehen. Diese Substanzen werden an den senkrechten Ätzkanten abgelagert und verhindern dort eine Ätzung durch Halogenatome. Auf denjenigen Flächen, die dem Ionenbeschuß ausgesetzt sind (Flächen parallel zur Substratoberfläche), unterbleibt die Ablagerung von Polymeren; diese Flächen werden somit bevorzugt abgetragen.

Bei der Plasmaätzung findet eine chemische Reaktion der im Plasma erzeugten reaktiven Teilchen (Atome, Radikale) mit der Halbleiteroberfläche bzw. mit dem abzutragenden Schichtmaterial statt (Bild 6.16c). Die kinetische Energie der

Ionen ist dabei für den Prozeß von untergeordneter Bedeutung. Der Ätzangriff erfolgt weitgehend isotrop; durch geeignete Wahl der zugeführten Gase läßt sich eine hohe Selektivität der Abtragung erzielen.

Die Plasmaätzung wird häufig in einem Rohrreaktor gemäß Bild 6.19 durchgeführt. Die Einkoppelung der Hochfrequenzenergie erfolgt kapazitiv über die außerhalb des Quarzrohres angeordneten Elektroden (5a,b). Um ein Auftreffen von Ionen auf die Halbleiteroberfläche zu verhindern, kann eine Abschirmung (7) vorgesehen werden. Die Halbleiterscheiben befinden sich dann in einem feldfreien Raum.

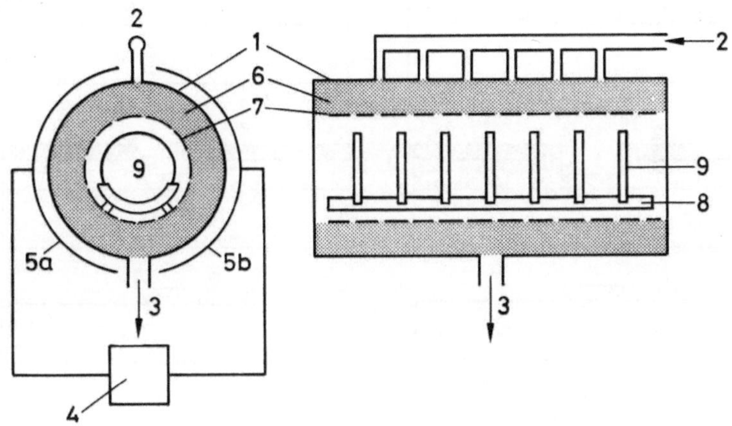

Bild 6.19   Rohrreaktor für die Plasmaätzung /6.10/
1 Quarzrohr, 2 Gaszufuhr, 3 Pumpe, 4 Hochfrequenzgenerator, 5a,b Elektroden, 6 Plasma, 7 Abschirmung, 8 Scheibenhalter, 9 Halbleiterscheiben

Neben Rohrreaktoren werden auch Planarreaktoren (ähnlich Bild 6.18) für die Plasmaätzung eingesetzt. Die Frequenz der Hochfrequenzanregung beträgt üblicherweise 13,56 MHz.

Als Beispiel für die Anwendung der Plasmaätzung sei die (möglichst rückstandsfreie) Abtragung von Photolack mittels eines Sauerstoffplasmas im Anschluß an einen photolithographischen Prozeß genannt.

6.3 Abhebetechnik

Die Herstellung einer lateral strukturierten Metallschicht mittels Abhebetechnik wurde bereits in Bild 6.3 beschrieben. Von besonderer Bedeutung ist hierbei die Kantenform des strukturierten Photolacks. Bild 6.20a zeigt die perfekte Formgebung einer Metallschicht im Falle senkrechter Kanten des Photolacks. Bei abgeschrägten Kanten des Photolacks ist dagegen mit einer unvollkommenen (fehlerhaften) Strukturierung der Metallschicht zu rechnen (Bild 6.20b).

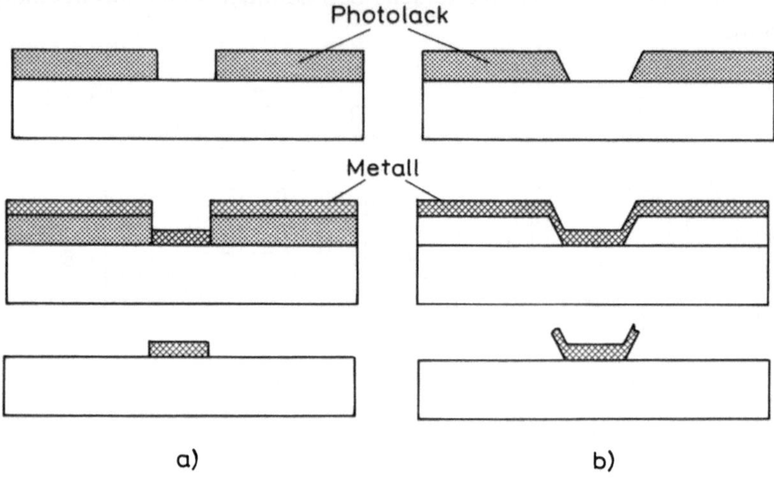

Bild 6.20   Einfluß der Kantenform des Photolacks bei der Abhebetechnik
a) Perfekte Strukturierung bei senkrechten Kanten
b) Unvollkommene Strukturierung bei abgeschrägten Kanten

Aus Bild 6.20a ist ferner zu entnehmen, daß mittels Abhebetechnik nur Schichten strukturiert werden können, deren Dicke geringer als diejenige des Photolacks ist. Wie in Abschnitt 5.3 bereits erwähnt, können derartige Metallstrukturen gegebenenfalls galvanisch verstärkt werden.

In Bild 6.21 werden zwei Möglichkeiten zur Verbesserung des Abhebeverfahrens aufgezeigt.

Durch geeignete chemische Behandlung läßt sich die Löslichkeit der oberflächennahen Bereiche des Photolacks beim Entwicklungsvorgang reduzieren. Bei Negativlacken wird hierzu u.a. Chlorbenzol verwendet. Infolge der Stabilisierung des Photolacks resultiert ein Überhang gemäß Bild 6.21a, der eine einwandfreie Strukturierung der Metallschicht gestattet.

In dem Verfahren nach Bild 6.21b wird vor der Metallbedampfung eine Dreischichtstruktur erzeugt. Mittels einer dünnen Photolackschicht wird zunächst
eine - ebenfalls dünne - Zwischenschicht strukturiert. Die strukturierte Zwischenschicht dient als Maskierung in einem anschließenden Trockenätzprozeß. Dieser
Ätzschritt wird derart durchgeführt, daß eine definierte laterale Unterätzung erfolgt. Die hierbei entstehende Struktur führt wiederum zu einer einwandfreien
Begrenzung der Metallisierung.

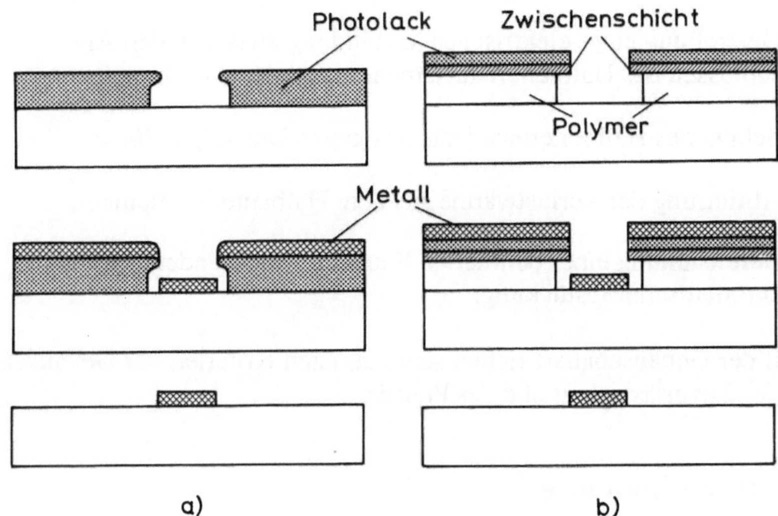

Bild 6.21   Zwei Varianten der Abhebetechnik
a) Photolackstruktur mit Überhang
b) Abhebetechnik mit Dreischichtstruktur

Die Strukturierung mittels Abhebetechnik wurde vorstehend am Beispiel der
Strukturierung von Metallschichten erläutert. Es ist jedoch evident, daß die
Abhebetechnik auch zur Strukturerzeugung bei halbleitenden und dielektrischen
Schichten eingesetzt werden kann. Voraussetzung für die Anwendbarkeit des
Verfahrens ist allerdings eine Schichterzeugung bei Raumtemperatur (bzw. unter-
halb der Erweichungstemperatur des Photolacks).

7 Aufbau- und Verbindungstechnik

Halbleiterbauelemente, die nach den in den Kapiteln 2 bis 6 beschriebenen Verfahren hergestellt wurden, sind in der Regel nicht unmittelbar in einer elektronischen Schaltung verwendbar. Mit einer geeigneten Aufbau- und Verbindungstechnik sollen vor allem folgende Funktionen erfüllt werden:

- Herstellung einer elektrischen Verbindung zwischen den Anschlüssen des Halbleiterbauelementes und dem Gehäuse,

- Schutz des Halbleiterbauelementes gegen Umwelteinflüsse,

- Abführung der Verlustwärme aus dem Halbleiterbauelement,

- Bereitstellung einer definierten Bauform, insbesondere für die automatische Bestückung.

Die Wahl der Gehäusebauart richtet sich u.a. nach Kriterien der Gehäuseabmessungen, der Zuverlässigkeit und des Preises.

7.1 Ohmsche Kontakte

Bei den durch Epitaxie, Diffusion und Ionenimplantation hergestellten Bauelementen müssen zunächst ohmsche Kontakte in den für elektrische Anschlüsse vorgesehenen Bereichen erzeugt werden. Der ideale ohmsche Kontakt weist einen sehr geringen, polaritätsunabhängigen Widerstand auf. Die Eigenschaften des ohmschen Kontaktes werden durch einen spezifischen Kontaktwiderstand ρ_K, welcher durch die Beziehung

$$R_K = \frac{\rho_K}{A_K} \qquad (7.1)$$

definiert ist, charakterisiert (R_K = Kontaktwiderstand, A_K = Kontaktfläche).

Zur Realisierung eines ohmschen Kontaktes auf einem Halbleiter können folgende Maßnahmen dienen:

1. Auswahl eines Kontaktmetalles, welches im Halbleitermaterial eine Anreicherungsschicht hervorruft.

2. Starke Dotierung des Halbleitermaterials an der Grenze
   Metall/Halbleiter.

3. Erzeugung einer Halbleiterschicht mit geringem Bandabstand
   an der Grenze Metall/Halbleiter.

4. Erzeugung einer Grenzfläche mit hoher Rekombinationsgeschwindigkeit der Ladungsträger.

In der Praxis ist die unter 1. angegebene Maßnahme nur in Ausnahmefällen anwendbar, da für die Auswahl des Kontaktmetalls andere Kriterien vorrangig zu
berücksichtigen sind. Zu diesen Anforderungen gehören u.a.:

- Gute Haftfähigkeit auf dem Halbleitermaterial und auf
  dielektrischen Schichten,

- gute elektrische Leitfähigkeit,

- Korrosionsbeständigkeit,

- Verbindungsfähigkeit,

- geringer Preis.

In den meisten Anwendungsfällen wird ein ohmscher Kontakt dadurch realisiert,
daß das Halbleitermaterial im Kontaktbereich sehr stark dotiert wird. Die zusätzliche Dotierung kann vor dem Aufbringen des Kontaktmetalls (durch Diffusion
oder Ionenimplantation) erfolgen. Es ist jedoch auch ein Einbau von Störstellen,
welche im Kontaktmetall enthalten sind, möglich (siehe Legierungstechnik, Abschnitt 4.4).

Die Erhöhung der Störstellenkonzentration im Kontaktbereich bewirkt eine wesentliche Verringerung der Ausdehnung der Raumladungszone. Hierdurch werden Tunnelströme ermöglicht, welche eine hohe Stromdichte bei geringem Spannungsabfall am Kontakt zulassen. Der Einfluß der Dotierung des Halbleitermaterials ist in Bild 7.1 am Beispiel von Aluminiumkontakten auf n- und p-Silizium veranschaulicht. Aus Bild 7.1 geht insbesondere die Notwendigkeit hervor,
n-leitende Gebiete, die mit Aluminium kontaktiert werden sollen, mit einer
hohen Donatorenkonzentration zu dotieren.

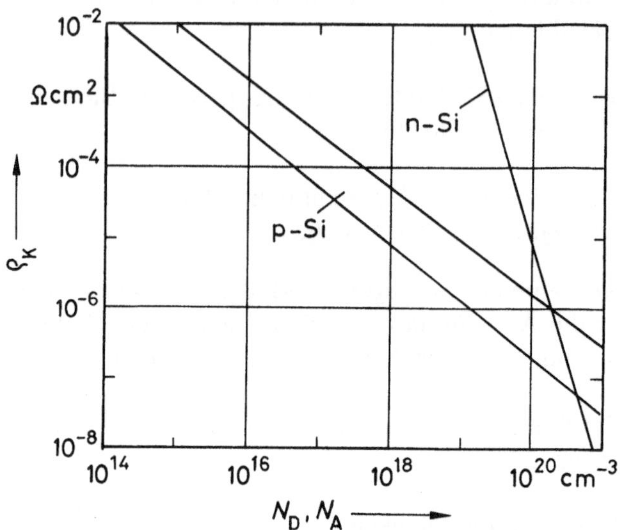

Bild 7.1   Spezifische Kontaktwiderstände von Aluminium auf
Silizium in Abhängigkeit von der Dotierung /7.1/

Aluminium ist das in der Siliziumplanartechnik überwiegend eingesetzte Metall
für ohmsche Kontakte und Leiterbahnen. Zur Verringerung des Materialtranspor-
tes bei Stromdurchgang ("Elektromigration") werden dem Aluminium geringe
Mengen von Kupfer oder Titan zugesetzt. Zur Erzeugung spezieller Härte- und
Rauhigkeitseigenschaften kann die Aluminiumschicht auch mit einem Silizium-
anteil von ca. 1% abgeschieden werden. Es ist jedoch evident, daß Aluminium
nicht alle Anforderungen erfüllt, die an ein ideales Kontakt- und Leitermaterial zu
stellen sind. Bei sehr hohen Ansprüchen an die Metallisierung müssen Mehrkomponentensysteme verwendet werden. Zwei Beispiele für derartige Metallisie-
rungssysteme sind in Bild 7.2 dargestellt.

In dem System nach Bild 7.2a dient Platinsilizid als Kontaktmaterial. Die Platin-
silizidschicht kann dabei durch Reaktion von Platin mit Silizium erzeugt werden;
überschüssiges Platin wird durch chemische Ätzung entfernt. Als Haftschicht wird
Titan verwendet. Als Leiterbahnmetall mit hoher Korrosionsbeständigkeit ist
Gold besonders geeignet. Eine dünne Zwischenschicht soll die unerwünschte Bildung einer intermetallischen Phase von Gold und Titan verhindern.

In dem Beispiel einer Mehrschicht-Metallisierung nach Bild 7.2b dient Titan
sowohl als Kontaktmetall als auch als Haftschicht (auf Siliziumdioxid). Als Lei-

terbahnmetall wird in diesem Falle Silber - als Metall höchster Leitfähigkeit - verwendet. Eine dünne Zwischenschicht aus Palladium soll ein korrosives Verhalten der Kombination Silber/Titan ausschließen.

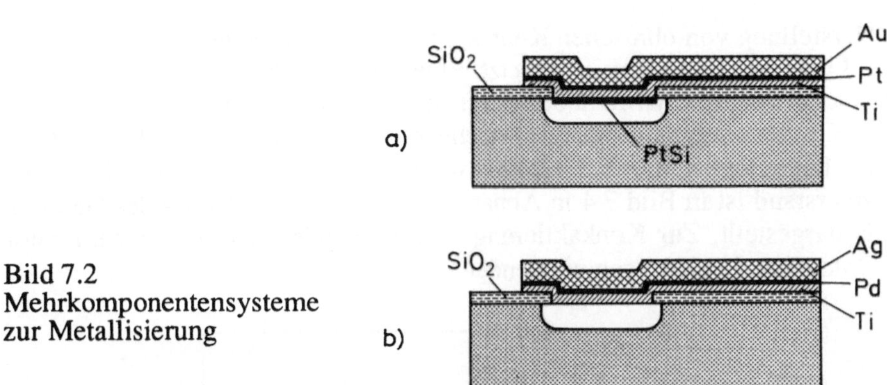

Bild 7.2
Mehrkomponentensysteme
zur Metallisierung

In der Leistungselektronik werden häufig Kontakte nach dem in Abschnitt 4.4 beschriebenen Legierungsverfahren hergestellt. Zur Kontaktierung p-leitender Zonen verwendet man Aluminium oder Gold/Bor. Die Kontaktierung n-leitender Zonen erfolgt mit Hilfe von Gold/Antimon. Die Phasendiagramme Aluminium/ Silizium und Gold/Silizium sind in Bild 4.8 dagestellt.

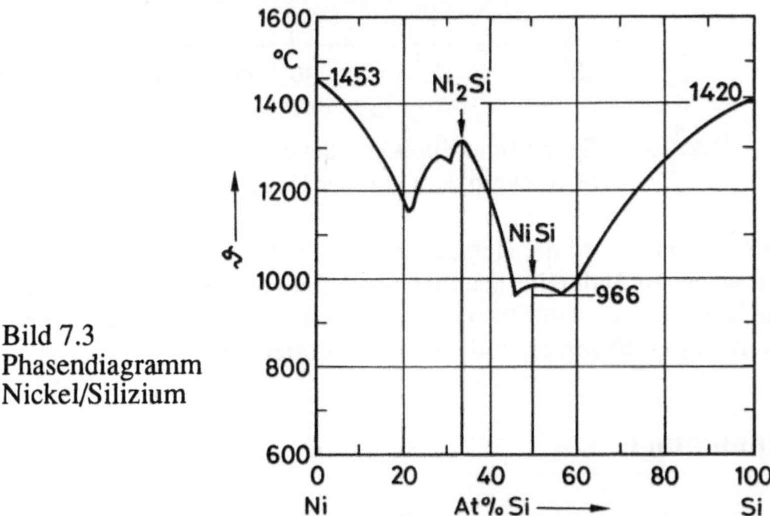

Bild 7.3
Phasendiagramm
Nickel/Silizium

Wie bereits erwähnt, kann ein ohmscher Kontakt auch mittels einer Grenzfläche mit erhöhter Rekombinationsgeschwindigkeit erzeugt werden. Zu diesem Zweck wird die Siliziumoberfläche aufgerauht und anschließend metallisiert. Als Kontaktmetall eignet sich beispielsweise Nickel. Wie aus Bild 7.3 hervorgeht, tritt bei dem System Nickel/Silizium unterhalb von 966 °C keine Legierungsbildung auf, d.h. es ist unterhalb dieser Temperatur keine nennenswerte Veränderung der Grenzfläche Metall/Halbleiter zu erwarten.

Zur Herstellung von ohmschen Kontakten auf III-V-Verbindungen werden in der Regel Legierungsverfahren eingesetzt. Eine häufig zur Kontaktierung von n-Galliumarsenid eingesetzte Methode basiert auf der Verwendung einer Schichtenfolge Nickel-Gold/Germanium-Nickel, welche durch Bedampfung aufgebracht und anschließend bei ca. 460 °C einlegiert wird. Der damit erzielte spezifische Kontaktwiderstand ist in Bild 7.4 in Abhängigkeit von der Dotierung des Galliumarsenids dargestellt. Zur Konkaktierung von p-leitendem Galliumarsenid werden u.a. Gold/Zink-Legierungen verwendet.

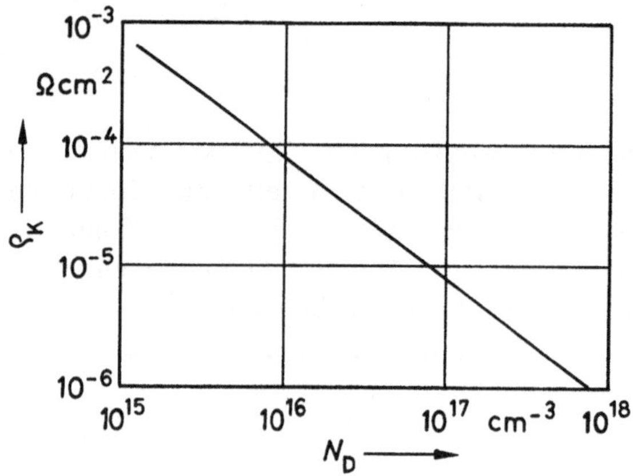

Bild 7.4   Spezifische Kontaktwiqersände auf n-GaAs
in Abhängigkeit von der Dotierung /7.2/

Wie bereits erwähnt, wird die Herstellung eines ohmschen Kontaktes wesentlich erleichtert, wenn das Halbleitermaterial in der Kontaktzone einen geringen Bandabstand aufweist. Zu diesem Zweck ist bei den für Galliumarsenid verwendeten Kontaktwerkstoffen häufig ein Indiumzusatz vorgesehen.

7.2 Chipmontage

Die in den Herstellungsverfahren für Halbleiterbauelemente nach Kap. 2 bis 6 eingesetzten Halbleiterscheiben haben häufig eine für die Weiterverarbeitung ungünstige Dicke. Eine Reduktion der Scheibendicke ist u.a. aus folgende Gründen erwünscht:

- Verringerung des elektrischen Widerstandes,

- Erhöhung der Wärmeableitung,

- Erleichterung der Trennung in Einzelchips,

- Bereitstellung einer speziell bearbeiteten Oberfläche.

Die Reduktion der Scheibendicke (d.h. die Rückseitenabtragung) erfolgt durch Läpp- oder Schleifverfahren, gegebenfalls in Kombination mit chemischen Ätzverfahren.

Die Halbleiterscheiben enthalten - je nach Chip- und Scheibengröße - eine mehr oder weniger große Anzahl von Einzelchips, welche vor der Montage voneinander getrennt und vereinzelt werden müssen. Um dies zu ermöglichen, sind die aktiven Bereiche der Einzelchips durch "Ritzrahmen" von 50 bis 100 µm Breite voneinander getrennt.

Zur Vereinzelung der Chips dienen folgende Verfahren:

- Anritzen und Brechen,

- Laserbearbeitung und Brechen,

- Sägen (Trennschleifen).

Beim Ritzverfahren wird eine Diamantspitze unter leichtem Druck in der Mitte des Ritzrahmens entlang der Halbleiteroberfläche geführt. Dabei entsteht eine Defektzone von einigen µm Tiefe. Die auf eine Kunststoffolie aufgeklebte Halbleiterscheibe wird anschließend über eine Kante (oder eine geeignet gewölbte Fläche) gezogen; dabei wird die Halbleiterscheibe entlang den Ritzlinien gebrochen.

Bei dem Laserverfahren bewirkt ein fokussierter Laserstrahl ein kurzeitiges Aufschmelzen des Halbleitermaterials entlang der Trennlinie. Bei der Erstarrung entsteht ein unter mechanischer Spannung stehender Bereich. Diese Defektzone ist maßgebend für das anschließende Brechen der Halbleiterscheibe.

Chips mit guter Maßhaltigkeit werden durch ein Säge- bzw. Trennschleifverfahren erzeugt. Hierzu verwendet man diamantbesetzte Sägeblätter mit einem Durchmesser von etwa 50 bis 100 mm. Die Halbleiterscheibe kann partiell durchgeschnitten und anschließend gebrochen werden. Es ist aber auch eine vollständige Trennung der Chips durch den Sägevorgang möglich.

Nach der Vereinzelung der Halbleiterchips werden diese auf Sockeln oder geeigneten Systemträgern befestigt. Für die Chipmontage stehen folgende Verfahren zur Verfügung:

- Legierungstechnik,

- Löttechnik,

- Klebetechnik.

Bei der Legierungstechnik nutzt man eine eutektische Verbindung bei möglichst niedriger Schmelztemperatur der beteiligten Verbindungspartner. Wie aus Bild 4.8 hervorgeht, liegt die eutektische Temperatur für das System Gold/Silizium bei 370 $^{\circ}$C, entsprechend einer Zusammensetzung von 6 Gew.% Silizium und 94 Gew.% Gold. Beim Legierungsvorgang werden das Halbleiterplättchen und das mit Gold belegte Substrat (Sockel oder Systemträger) unter leichtem Druck erhitzt. Nach Erreichen der eutektischen Temperatur tritt eine flüssige Phase auf, in der Gold und Silizium im eutektischen Mischungsverhältnis gelöst sind. Beim Abkühlen entsteht eine mechanisch starre Verbindung von Chip und Substrat. Um eine Oxidation des Siliziums zu vermeiden, wird das Legierungsverfahren unter Schutzgas- oder Stickstoffatmosphäre durchgeführt (Bild 7.5).

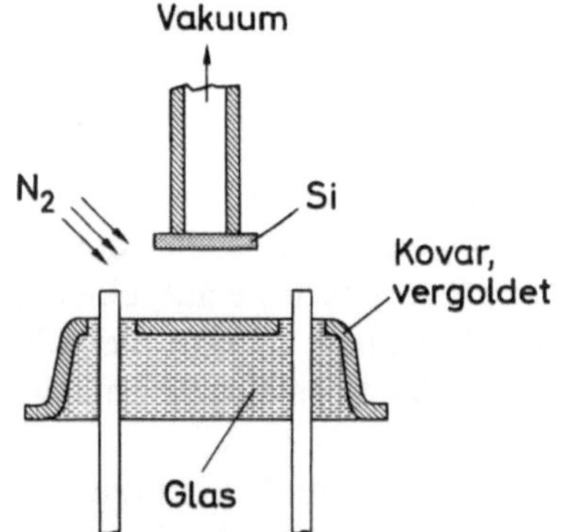

Bild 7.5
Montage eines Siliziumchips
mittels Legierungstechnik

Bei dem Lötverfahren werden Weichlote mit einem Schmelzpunkt im Bereich von ca. 180 $^{\circ}$C bis etwa 300 $^{\circ}$C verwendet (siehe Tafel 7.1). Die Lotmasse wird als Formteil zwischen Chip und Substrat gelegt und unter leichtem Druck auf eine Temperatur erhitzt, welche um ca. 20 % über der Schmelz- bzw. Liquidustemperatur liegt. Um eine Benetzung des Halbleitermaterials zu gewährleisten, ist in der Regel eine Metallisierung der Chiprückseite (z.B. mit Titan, Chrom, Nickel oder Gold) erforderlich.

Zusammensetzung	Schmelztemperatur (-bereich)
98 Pb 2 Sn	300 - 320 °C
95 Pb 5 Sn	310 - 314 °C
97,5 Pb 1,5 Ag 1 Sn	309 °C
92,5 Pb 5 Sn 2,5 Ag	280 °C
87,5 Pb 10 Sn 2,5 Ag	281 °C
65 Sn 25 Ag 10 Sb	240 - 310 °C
60 Sn 40 Pb	180 - 188 °C
62 Sn 36 Pb 2 Ag	179 °C

Tafel 7.1   Lote für die Chipmontage und Schmelztemperaturen /7.3/

Bei einer Schichtdicke des Lotes von ca. 50 µm können geringe Unterschiede im thermischen Ausdehnungsverhalten von Halbleiter und Substrat durch die Duktilität des Lotes ausgeglichen werden. Im Hinblick auf die Wärmeableitung ist allerdings eine geringe Schichtdicke des Lotes wünschenswert.

Während beim Legieren und Löten in jedem Fall neben der mechanischen auch eine elektrisch und thermisch leitende Verbindung hergestellt wird, sind beim Kleben wahlweise auch elektrisch und/oder thermisch nichtleitende Verbindungen möglich. In der Regel werden Kleber eingesetzt, die durch metallische Füllstoffe, wie Silber, Silber/Palladium oder Gold, elektrisch und thermisch leitend sind. Ausschließlich thermisch leitende Kleber sind mit etwa 60 bis 75 % Gewichtsanteilen Aluminiumoxid oder Bornitrid gefüllt.

In der Klebetechnik werden Ein- und Zweikomponentenkleber auf der Basis von Epoxidharzen und Polyimiden eingesetzt. Die Auftragung des Klebers erfolgt nach dem Siebdruck-, dem Stempel- oder dem Dosierverfahren. Zur Aushärtung sind Temperaturen im Bereich von etwa 50 °C bis ca. 350 °C erforderlich.

Die wichtigsten Werkstoffe für Systemträger sind in Tafel 7.2 zusammengestellt; die Eigenschaften der Halbleiterwerkstoffe Silizium und Galliumarsenid sind zum Vergleich eingetragen.

Werkstoff	κ (W/mK)	$\alpha_1 \cdot 10^{-6}$ (K^{-1})
Fe 54 Ni 28 Co 18	16,3	5,1
Fe Ni 42	15,1	5,3
Cu Co 0,2	385	17,7
Cu Sn 0,12	364	17,7
Cu Fe 2 P	262	16,2
Cu Fe 1 Co 0,35	209	16,2
BeO-Keramik	200	8,5
AlN-Keramik	150	2,6
Si_3N_4-Keramik	30	3,1
Al_2O_3-Keramik	20	6,5
(Silizium)	152	2,6
(Galliumarsenid)	44	5,8

Tafel 7.2   Wärmeleitfähigkeit und Ausdehnungskoeffizient
verschiedener Werkstoffe für Systemträger /7.3/

Die auf Eisen/Nickel- und Eisen/Nickel/Kobalt-Legierungen basierenden Werkstoffe haben eine verhältnismäßig geringe Wärmeleitfähigkeit. Der Ausdehnungskoeffizient ist jedoch relativ gut an denjenigen der Halbleiterwerkstoffe angepaßt.

Mit Kupferlegierungen wird eine hohe Wärmeleitfähigkeit erzielt. Es muß jedoch mit einer schlechten Anpassung des thermischen Ausdehnungskoeffizienten an denjenigen des Halbleiterwerkstoffes gerechnet werden.

Mit einigen Keramikwerkstoffen läßt sich sowohl eine hohe Wärmeleitfähigkeit als auch eine gute Anpassung der thermischen Ausdehnungskoeffizienten des Systemträgers und des Halbleitermaterials erreichen. Es ist jedoch zu bemerken, daß die Technik der Keramikgehäuse sehr kostenaufwendig ist. Keramikgehäuse werden daher nur dann eingesetzt, wenn eine besonders hohe Zuverlässigkeit der Halbleiterbauelemente zwingend erforderlich ist.

Bild 7.6 zeigt zwei Beispiele für Bauformen metallischer Systemträger. Die zentrale "Insel", auf der das Halbleiterchip befestigt wird, ist meist tiefgeprägt, um den Höhenunterschied zwischen der Chipoberfläche und den Systemträgeranschlüssen auszugleichen; hierdurch wird die Drahtkontaktierung erleichtert. Um die "Insel" herum sind die Kontaktenden der Anschlußfinger angeordnet; dort wird die Drahtkontaktierung vorgenommen. Durch Querschittsveränderungen soll eine möglichst gute Verankerungswirkung beim anschließenden Umspritzen mit Kunststoff erzielt werden.

Die Anschlußfinger sind zunächst durch Stege miteinander verbunden; diese Stege dienen auch als Dichtung beim Umspritzen. Die Stege werden nach der Umhüllung des Bauelementes mit Kunststoff bei der Fertigbearbeitung weggeschnitten.

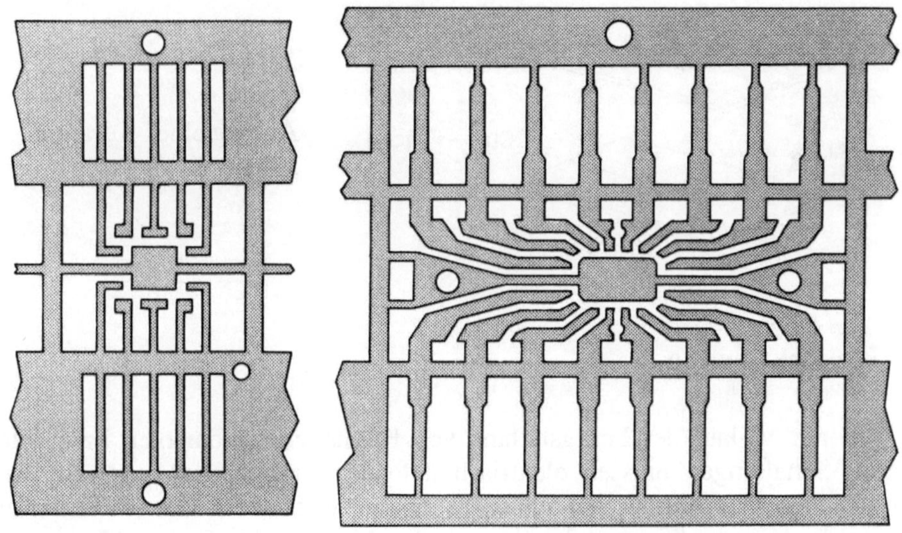

Bild 7.6   Beispiele metallischer Systemträger für integrierte Schaltungen

Metallische Systemträger werden in Streifen von etwa 200 mm Länge oder in Rollenform geliefert; die übliche Dicke beträgt 0,25 mm. Die Oberfläche des Systemträgers ist in der Regel (ganzflächig oder partiell) mit Nickel, Silber oder Gold beschichtet. Die Herstellung von metallischen Systemträgern erfolgt überwiegend im Stanzverfahren.

In Bild 7.7 ist der Aufbau eines Keramikgehäuses aus einzelnen Komponenten dargestellt. Die Chipinsel und die Leiterbahnen werden üblicherweise in Siebdrucktechnik aufgebracht.

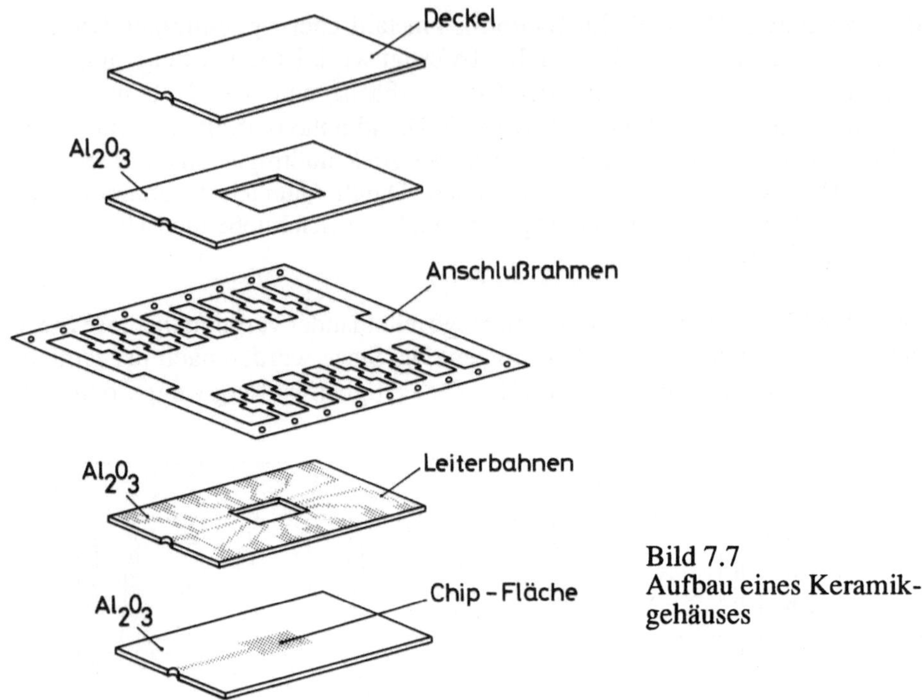

Bild 7.7
Aufbau eines Keramik-
gehäuses

7.3 Kontaktierung

Im weiteren Verlauf der Fertigstellung von Halbleiterbauelementen bzw. integrierten Schaltungen müssen elektrisch leitende Verbindungen von den Anschlußflächen des Chips zu den Innenanschlüssen des Sockels oder des Gehäuses bzw. zu den Anschlußfingern des Systemträgers hergestellt werden. Man unterscheidet zwischen Verfahren, bei denen diese Anschlüsse einzeln in aufeinanderfolgenden Fertigungsschritten erzeugt werden, und Verfahren, bei denen eine gleichzeitige Kontaktierung aller Chipanschlüsse erfolgt.

Die Drahtkontaktierung, bei der einzelne Drahtverbindungen nacheinander vom Chip zu den Substratanschlüssen gezogen werden, ist das am häufigsten angewendete Kontaktierungsverfahren. Das Prinzip der Drahtkontaktierung ist in Bild 7.8 dargestellt.

Zur Drahtkontaktierung ("Drahtbonden") werden folgende Drahtwerkstoffe verwendet:

1. Gold, ggf. mit Zusätzen von 30 bis 100 ppm Kupfer oder 3 bis 10 ppm Beryllium,

2. Aluminium, ggf. mit 1 % Silizium und/oder Magnesium.

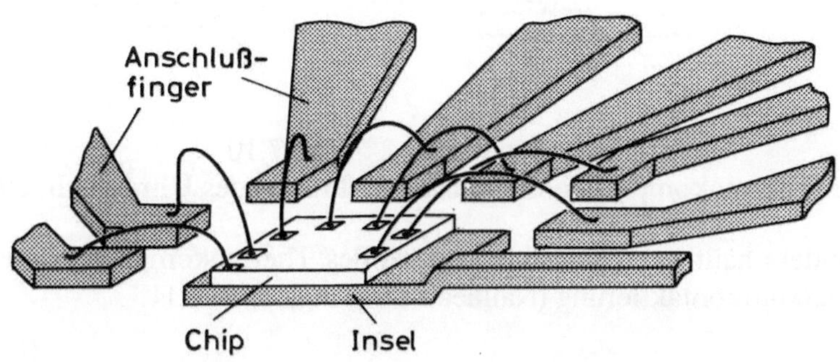

Bild 7.8   Prinzip der Drahtkontaktierung

Die Kontaktierverfahren unterscheiden sich im wesentlichen nach den Methoden, mit denen die zur Erzeugung einer Mikroschweißverbindung notwendige Energie aufgebracht und zugeführt wird. Weit verbreitet sind das Thermokompressionsverfahren und das Ultraschallverfahren.

Beim Thermokompressionsverfahren (Bild 7.9) werden die zu verbindenden Werkstoffe unter Zufuhr von Wärme aufeinandergepreßt. Durch interatomare Kräfte und durch Diffusion an der Grenzfläche erfolgt das Verschweißen ohne das Auftreten einer flüssigen Phase.

Bei der Ultraschallkontaktierung handet es sich im Prinzip um ein Reibschweißverfahren ohne Wärmezufuhr von außen. Wie aus Bild 7.10 hervorgeht, wird der Draht durch das Führungsloch eines keilförmigen Kontaktwerkzeuges geführt, auf die Anschlußfläche abgesenkt und durch Druck verformt. Mit Frequenzen im Ultraschallbereich werden sodann die Verbindungspartner mit geringer Amplitude parallel zueinander bewegt. Dabei reißen Oberflächenschichten (z.B. Al_2O_3) auf. Rauhigkeiten werden abgebaut, so daß eine Annäherumg der Oberflächen bis zur metallischen Verbindung erreicht wird.

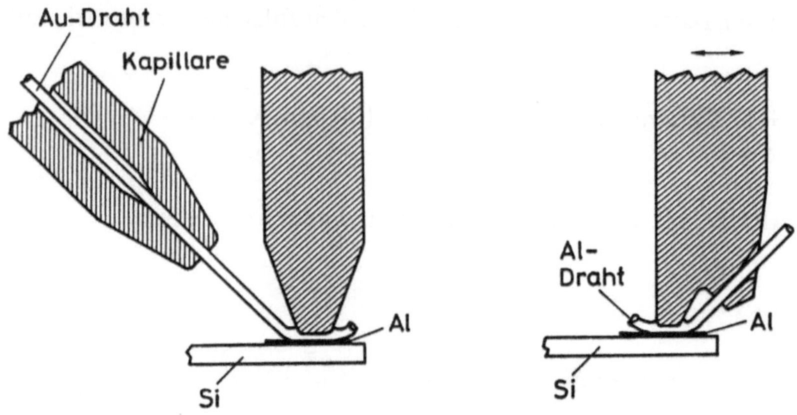

Bild 7.9
Prinzip des Thermokompressionsverfahrens

Bild 7.10
Prinzip des Ultraschallverfahrens

Eine besonders häufig angewandte Variante des Thermokompressionsverfahren ist die Nagelkopfkontaktierung (Nailhead-Bonding), Bild 7.11.

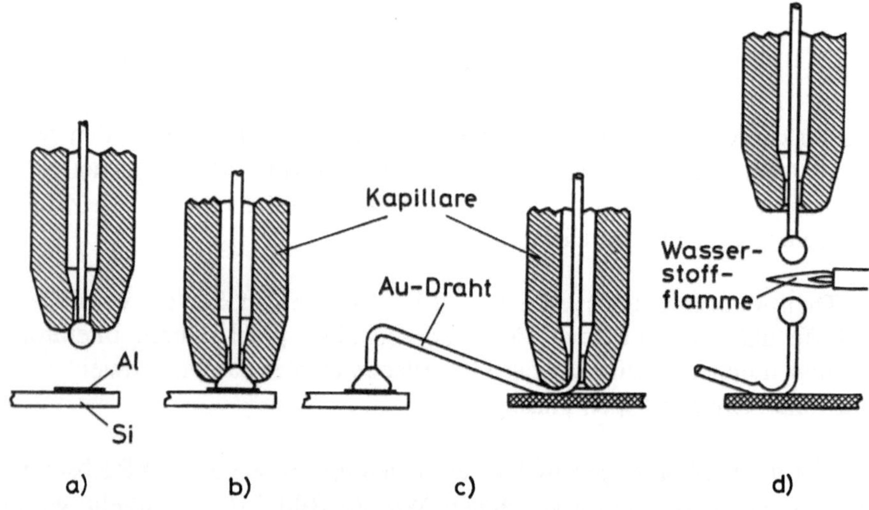

Bild 7.11   Prozeßablauf bei der Nagelkopfkontaktierung

Der Prozeßablauf der Nagelkontaktierung umfaßt die folgenden Einzelschritte:

- Das kugelförmig vorliegende Drahtende wird durch die Bondkapillare auf den ersten Verbindungspartner (Chipanschluß) gedrückt und dabei zu einem nagelkopfartigen Gebilde verformt (Bild 7.11a,b).

- Anschließend wird der Draht zum zweiten Anschluß gezogen, dort niedergedrückt und verschweißt (Bild 7.11c).

- Nach Anhebung der Kapillare wird der Draht durch eine eingeschwenkte Wasserstoffflamme getrennt. Dabei werden die Drahtenden zu Kugeln geschmolzen (Bild 7.11d). Das obere Drahtende steht dann für eine weitere Bondverbindung zur Verfügung (Bild 7.11a).

Alternativ kann der zweite Kontaktierungsvorgang so durchgeführt werden, daß eine Schwachstelle entsteht, an der der Draht bei Anwendung von Zug abreißt. Das freie Drahtende muß anschließend zu einer Kugel verformt werden.

Eine gleichzeitige Kontaktierung aller Anschlüsse eines Chips ist mit Hilfe einer vorgefertigten "Spinne" (engl. spider) möglich. Das Prinzip ist in Bild 7.12 dargestellt.

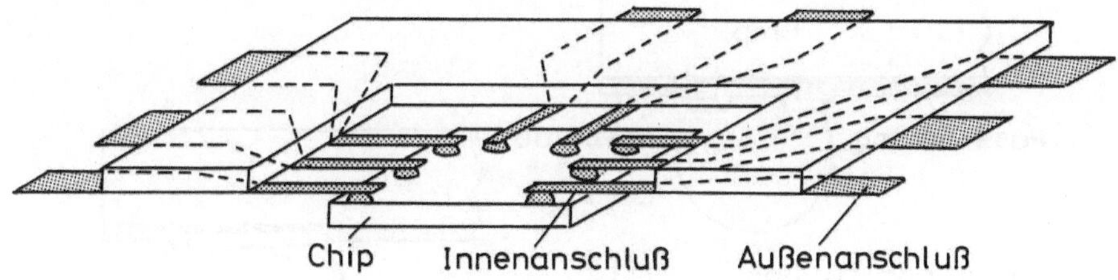

Bild 7.12   Prinzip des Spider-Verfahrens

Für die Anwendung des Spider-Verfahrens müssen die Anschlußflächen des Chips durch Höcker (engl. bumps) verstärkt werden. Im allgemeinen sind die Höcker aus mehreren Schichten aufgebaut, welche wie folgt zu charakterisieren sind:

1. Haftschicht (z.B. Chrom oder Titan),

2. Diffusionssperrschicht (z.B. Platin oder Palladium),

3. Hauptschicht (z.B. Kupfer oder Gold),

4. Deckschicht (z.B. Gold oder Zinn).

Die "Spinne" wird in der Regel aus Kupfer gefertigt und mit einer Gold- oder Zinnschicht versehen.

Je nach Oberfläche der Verbindungspartner kommen unterschiedliche Kontaktierverfahren für die Verbindung des Chips mit der "Spinne" zur Anwendung. Es
sind insbesondere folgende Verfahren zu nennen:

-    Thermokompression (450 bis 550 °C),

-    Eutekische Au/Sn-Lötung (350 bis 400 °C),

-    Sn/Pb- oder Sn-Lötung (210 bis 280 °C).

Die Spider-Kontaktierung schließt mit der Außenkontaktierung (Verbindung
zwischen "Spinne" und Gehäuse) ab.

Eine gleichzeitige Kontaktierung und Chipmontage ist mit Hilfe der Flip-chip-
Technik möglich. Das Prinzip dieses Verfahrens ist in Bild 7.13 dargestellt.

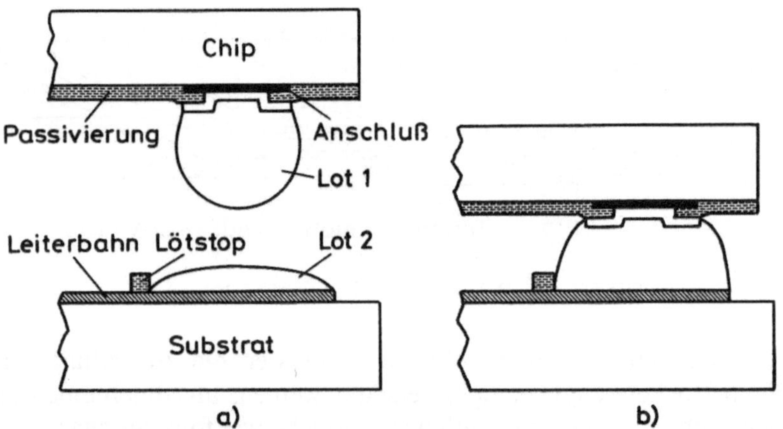

Bild 7.13   Prinzip des Flip-chip-Verfahrens
            a) Chip und Substrat vor dem Kontaktierungsvorgang
            b) Chip und Substrat nach der Kontaktierung

In der Flip-chip-Technik muß das Chip lötfähige Anschlußhöcker aufweisen.
Diese Höcker bestehen überlichweise aus Pb/Sn- oder Pb/In-Loten. Bei der Herstellung der Höcker sind Haftschichten und ggf. diffusionshemmende Schichten
erforderlich. Die Anschlußhöcker können über die gesamte Chipfläche verteilt
sein. Auf der Substratseite sind die Leiterbahnen mit lötbaren Anschlußpunkten
untergebracht. Es sind Vorkehrungen für eine Flächenbegrenzung der Lötverbin-
dung zu treffen, beispielweise durch einen aus Glas hergestellten Lötstopdamm.
Die Löttemperatur liegt im Bereich von etwa 260 bis 340 °C.

8 Halbleiterbauelemente

Zur Herstellung von Halbleiterbauelementen sind die in den Kapiteln 2 bis 7 erläuterten Prozeßschritte anzuwenden und in geeigneter Weise zu kombinieren. In den folgenden Abschnitten soll die Fertigung der wichtigsten Halbleiterbauelemente erläutert werden. Eine Vollständigkeit hinsichtlich der Bauelemente und der technologischen Verfahren kann dabei nicht angestrebt werden.

8.1 Dioden

Halbleiterdioden werden in zahlreichen Varianten hergestellt. In den folgenden Ausführungen sollen nur Verfahren zur Herstellung relativ einfacher Diodenstrukturen erläutert werden. Es ist jedoch evident, daß die geschilderten Verfahrensschritte auch zur Herstellung komplizierterer Strukturen, beispielsweise IMPATT-Dioden, herangezogen werden können /8.1/.

Die wichtigsten Methoden zur Fertigung von Dioden können aus folgendem Schema entnommen werden:

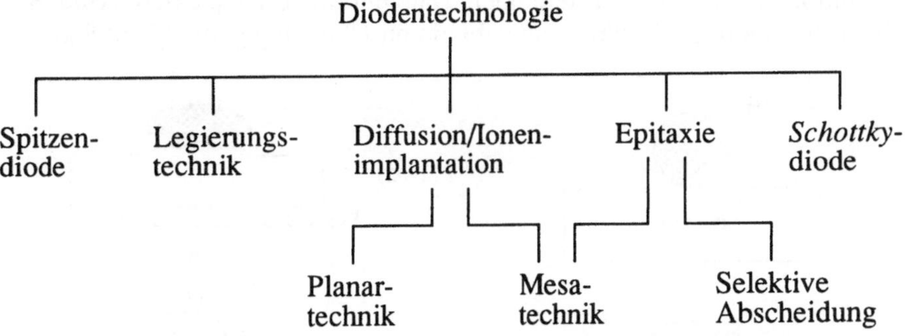

Die Spitzendiode (Bild 8.1) weist eine sehr einfache Struktur auf. Das Halbleitermaterial (z.B. n-Germanium) wird zunächst auf den metallischen Träger aufgelötet. Sodann wird eine Metallspitze (z.B. Wolfram, Bronze) federnd aufgesetzt. Anschließend erfolgt die Verkapselung der Diodenanordnung.

Eine Verbesserung der Kennlinieneigenschaften von Spitzendioden ist oft durch einen sogenannten "Formierprozeß", d.h. durch eine kurzzeitige elektrische Überlastung, zu erreichen. Dabei wird durch thermische Umwandlung oder Störstellendiffusion ein p-Gebiet mit sehr geringer Ausdehnung in Spitzennähe erzeugt. Zur Verringerung des Serienwiderstandes wird ggf. eine epitaktische Schicht auf einem hochdotierten Substrat verwendet.

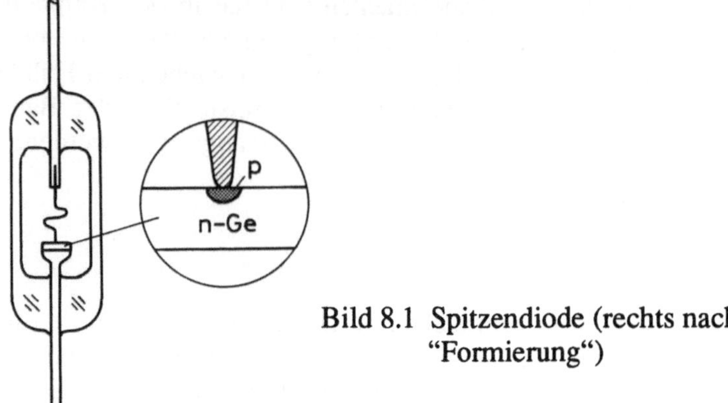

Bild 8.1 Spitzendiode (rechts nach "Formierung")

Spitzendioden werden u.a. als Gleichrichter (Detektoren) in der Hochfrequenztechnik eingesetzt.

Das Prinzip der Herstellung von Halbleiterdioden mittels Legierungstechnik wurde bereits in Abschnitt 4.4 erläutert. Wie in Bild 8.2 dargestellt, wird zunächst eine Indiumkugel auf dem n-leitenden Halbleitermaterial plaziert (Bild 8.2a). Durch Aufheizen und Abkühlen entsteht ein pn-Übergang gemäß Bild 8.2b.

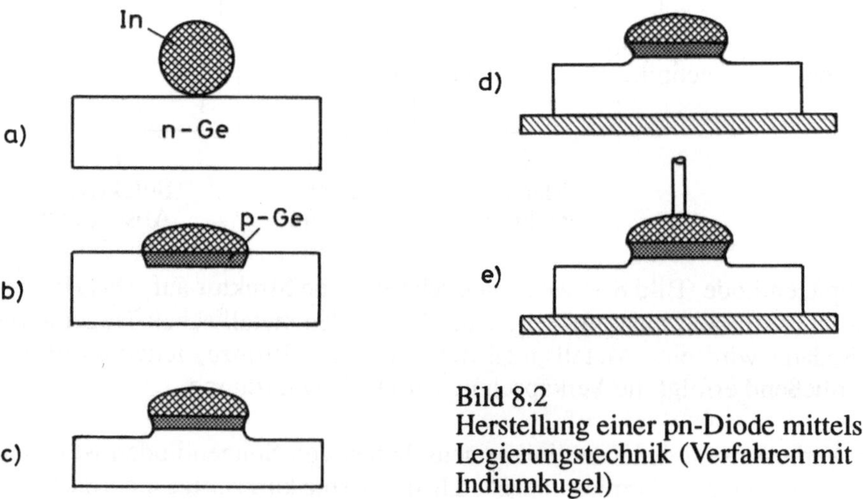

Bild 8.2
Herstellung einer pn-Diode mittels Legierungstechnik (Verfahren mit Indiumkugel)

Es ist darauf hinzuweisen, daß bei legierten pn-Übergängen häufig gestörte Randzonen entstehen, d.h. die Kennlinien weisen zunächst nicht die gewünschten Sperreigenschaften auf. In diesen Fällen ist eine partielle Abtragung des Halbleitermaterials gemäß Bild 8.2c erforderlich. Die Montage (und Kontaktierung) des Halbleitermaterials ist in Bild 8.2d dargestellt. Infolge des niedrigen Schmelzpunktes von Indium (157 °C) ist eine Kontaktierung des p-Gebietes leicht zu bewerkstelligen (Bild 8.2e).

In Abwandlung des in Bild 8.2 dargestellten Verfahrens kann die Materialabtragung auch nach der Montage und Kontaktierung der Diode, beispielsweise durch einen elektrolytischen Prozeß, erfolgen.

Bei manchen Kombinationen von Halbleitern und Legierungsmetallen treten beim Legierungsprozeß Benetzungsschwierigkeiten auf. In solchen Fällen geht man nach der in Bild 8.3 dargestellten Verfahrensweise vor. Das Legierungsmetall wird durch Aufdampfen oder durch Kathodenzerstäuben aufgebracht und beispielsweise durch die in Abschnitt 6.3 geschilderte Abhebetechnik strukturiert (Bild 8.3a,b,c,). Nach erfolgter Abdeckung durch eine Schutzschicht (z.B. Siliziumdioxid) kann der Legierungsprozeß durchgeführt werden (Bild 8.3d). Die Diodenherstellung schließt mit der Öffnung von Kontaktlöchern und der Diodenkontaktierung ab (Bild 8.3e).

Die Abdeckung des Legierungsmetalls und des Halbleiters kann dabei auch dazu dienen, die Integrität der Halbleiteroberfläche, beispielsweise bei III-V-Verbindungen, während des Legierungsvorganges zu gewährleisten.

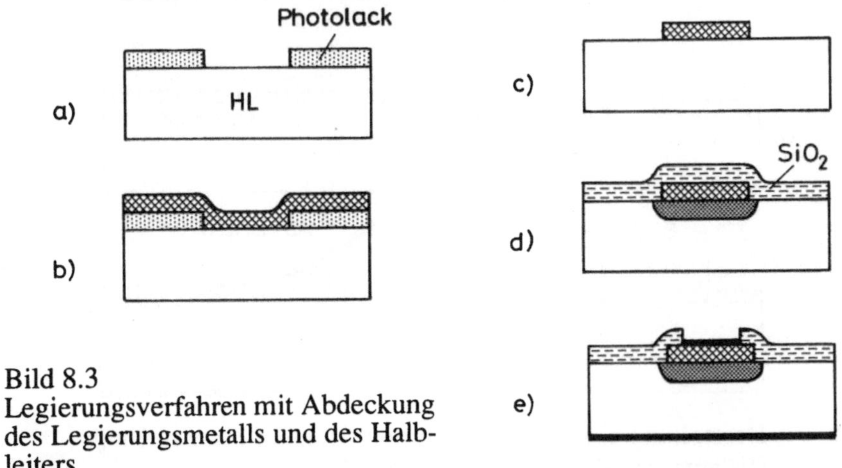

Bild 8.3
Legierungsverfahren mit Abdeckung des Legierungsmetalls und des Halbleiters

Das - besonders häufig angewandte - Diffusionsverfahren ist in Bild 8.4 am Beispiel der Herstellung einer Silizium-Planardiode veranschaulicht. In einem ersten Schritt wird die Siliziumscheibe ganzflächig oxidiert (Bild 8.4a); hierbei wird die "feuchte" Oxidation eingesetzt (siehe Abschnitt 5.1). Anschließend erfolgt die photolithographische Strukturdefinition (Bild 8.4b). Hierbei kann - je nach Maskenvorlage - ein Positiv- oder Negativlackprozeß angewandt werden (siehe Abschnitt 6.1). Die Strukturübertragung in die SiO_2-Schicht (Bild 8.4c) erfolgt über einen naß- oder trockenchemischen Ätzprozeß (siehe Abschnitt 6.2). Im Anschluß daran wird die restliche Lackschicht entfernt (Bild 8.4d).

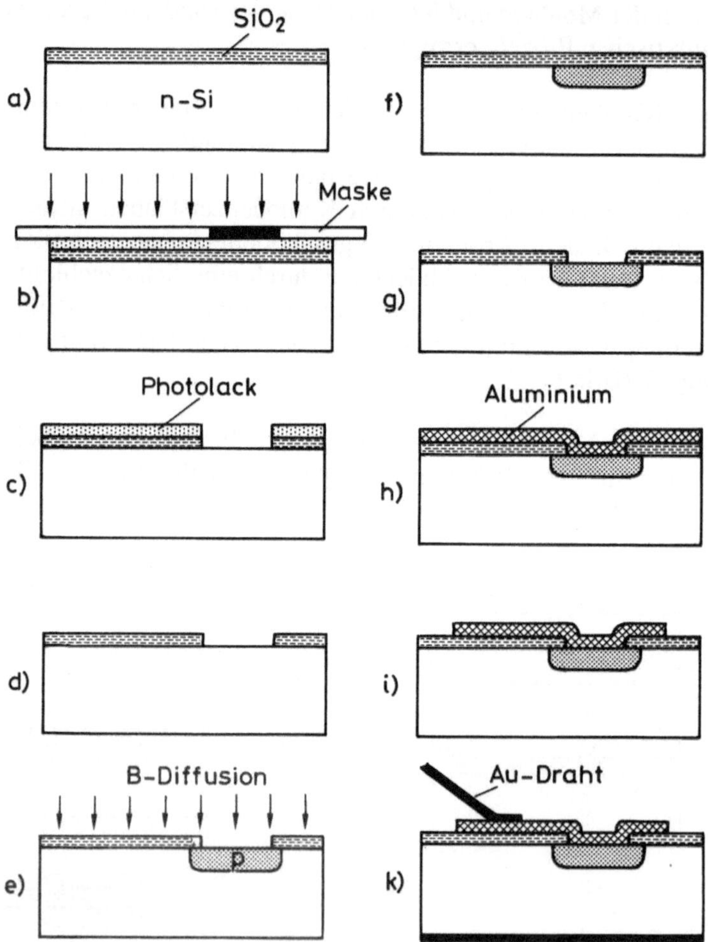

Bild 8.4   Herstellung einer pn-Diode mittels Silizium-Planartechnik
(Erläuterung der Einzelschritte im Text)

Zur Herstellung des lateral begrenzten pn-Überganges bedient man sich eines Diffusionsprozesses (Bild 8.4e). Wie in Abschnitt 4.5 ausgeführt, existieren hierfür verschiedene Verfahrensvarianten. Es ist insbesondere auch möglich, ein kombiniertes Verfahren mit Ionenimplantation und Diffusion zu wählen.

Die weiteren Prozeßschritte zur Herstellung einer pn-Diode beinhalten zunächst die Reoxidation (Bild 8.4f), die Öffnung des Kontaktloches (Bild 8.4g) und die Bedampfung der Scheibe mit Aluminium (Bild 8.4h). Für die Strukturdefinition des Aluminiums kann wiederum ein Positiv- oder Negativlackprozeß gewählt werden. Die Strukturübertragung erfolgt mittels eines naß- oder trockenchemischen Ätzprozesses (Bild 8.4i). Zur Verbesserung des ohmschen Kontaktes zwischen Aluminium und Silizium ist ein Temperschritt bei etwa 450 °C in einer Inertgasatmosphäre zweckmäßig. Die Herstellung der Diode schließt mit der Montage und der Kontaktierung ab (Bild 8.4k).

Die Dicke der für die Maskierung notwendigen Oxidschicht hängt von der gewünschten Tiefe des pn-Überganges und den daraus resultierenden Diffusionsbedingungen ab. In Bild 8.5 ist die Mindestdicke d_0 für die Maskierung in Abhängigkeit von der Diffusionszeit für verschiedene Diffusionstemperaturen dargestellt.

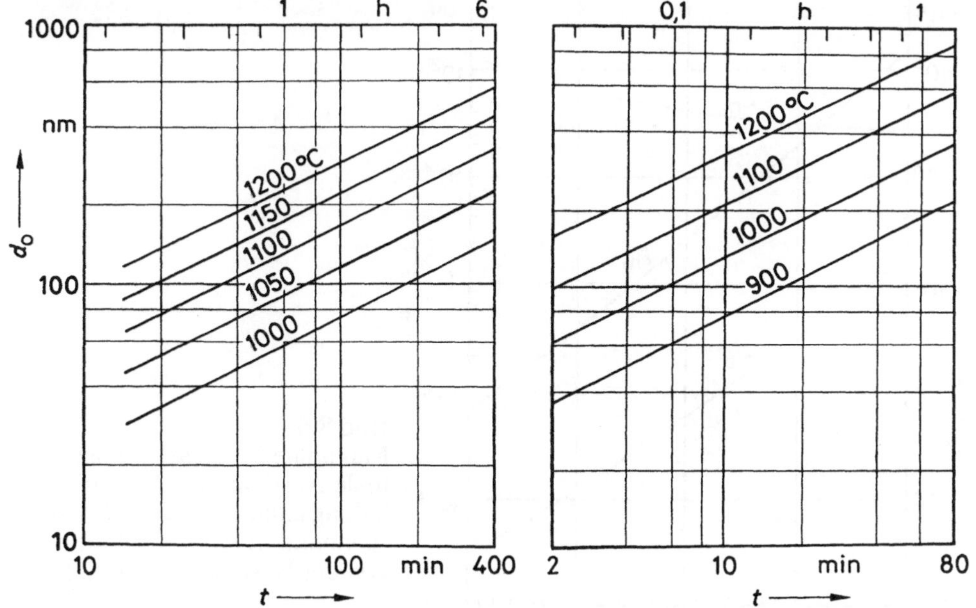

Bild 8.5   Mindestdicke d_0 für die Diffusionsmaskierung (links Bordiffusion, rechts Phosphordiffusion)

Der Zusammenhang zwischen der Tiefe x_j des pn-Überganges und den Diffusionsbedingungen kann aus Bild 4.20 entnommen werden. Zur Verringerung des Serienwiderstandes der Diode wird ggf. eine n-leitende Epitaxieschicht auf einem hochdotierten (n^+) Substrat als Ausgangsmaterial für den in Bild 8.4 geschilderten Herstellungsprozeß eingesetzt. Die Dicke der Epitaxieschicht richtet sich nach der erforderlichen Sperrspannung der Diode.

Das Prinzip der Diffusionstechnik wird auch zur Erzeugung von großflächigen pn-Übergängen für Leistungsbauelemente eingesetzt. Dabei muß die Dotierung des Grundmaterials (Basiszone) nach der angestrebten Sperrspannung gewählt werden. In Bild 8.6 (untere Kurve) ist der Zusammenhang zwischen der Basisdotierung N_B und der Sperrspannung U_b dargestellt. Es ist daraus zu entnehmen, daß zur Herstellung von hochsperrenden Dioden ein sehr niedrig dotiertes Material zu verwenden ist; für dieses Material wird häufig die in Abschnitt 4.2 beschriebene Neutronendotierung genutzt. Bei der Auslegung der Dioden ist außerdem die maximal (d.h. beim Einsatz des Durchbruchs) auftretende Ausdehnung der Raumladungszone l_m zu berücksichtigen (mittlere Kurve in Bild 8.6). Die maximale Feldstärke ist in der oberen Kurve in Bild 8.6 dargestellt.

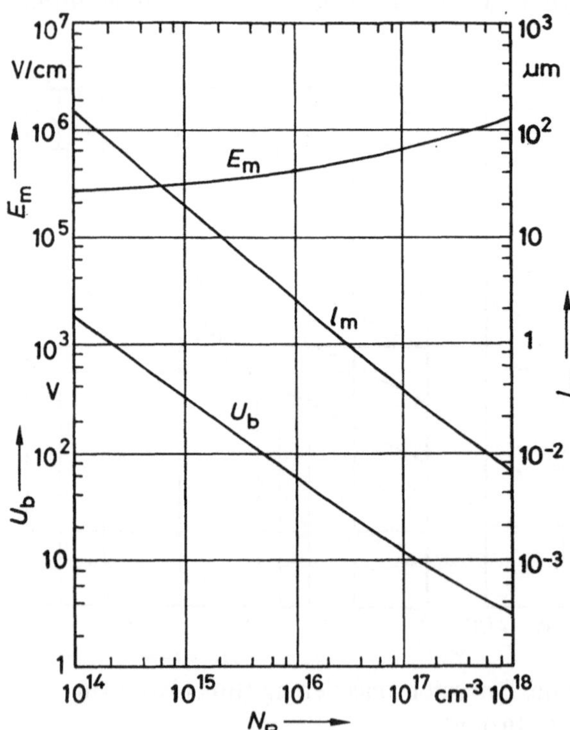

Bild 8.6
Maximale Feldstärke, maximale Ausdehnung der Raumladungszone und Durchbruchspannung in Abhängigkeit von der Basisdotierung /8.2/

Die bei hochsperrenden Bauelementen erforderliche Strukturierung des Randbereiches und die Oberflächenpassivierung werden im Zusammenhang mit der Technologie der Bipolartransistoren (Abschnitt 8.2) und der Thyristoren (Abschnitt
8.3) behandelt.

Wie bereits in Kapitel 4 erwähnt, kann auch ein Epitaxieprozeß zur Herstellung
eines pn-Überganges herangezogen werden. Zwei Varianten der Fertigung von
pn-Dioden mittels Epitaxie sind in den Bildern 8.7 und 8.8 dargestellt.

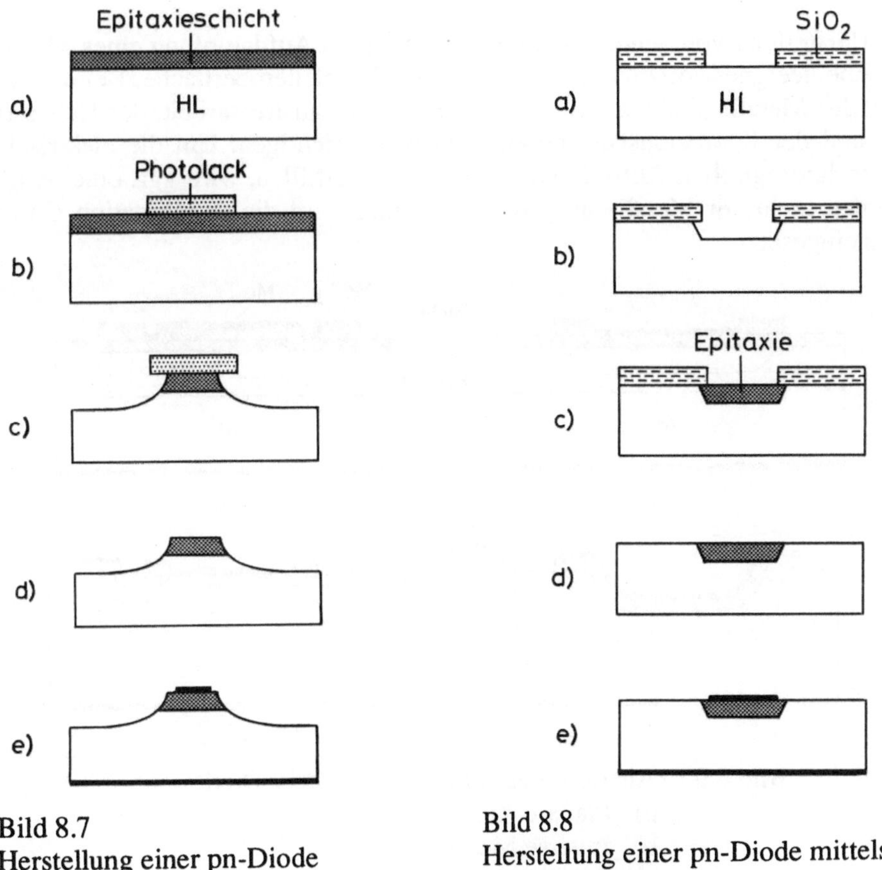

Bild 8.7
Herstellung einer pn-Diode
mittels Epitaxie (Mesatechnik)

Bild 8.8
Herstellung einer pn-Diode mittels
selektiver Epitaxie

Bei dem Verfahren nach Bild 8.7 wird zunächst ein pn-Übergang durch ganzflächige Abscheidung einer Epitaxieschicht mit geeigneter Dotierung erzeugt (Bild
8.7a). Durch photolithographische Strukturdefinition und anschließende chemische Ätzung erfolgt die flächenhafte Begrenzung des pn-Überganges (Bild

8.7b,c). Nach Entfernung des Photolackes wird die Kontaktierung und Montage des Bauelementes vorgenommen (Bild 8.7e).

Bild 8.8 zeigt das Verfahren der selektiven Epitaxie. Eine geeignet strukturierte SiO_2-Schicht (Bild 8.8a) dient zunächst zur Begrenzung der selektiven Materialabtragung (Bild 8.8b). Anschließend erfolgt eine Wiederauffüllung der Ätzgrube mittels selektiver Epitaxie (Bild 8.8d). Hierbei wird ein flächenhaft begrenzter pn-Übergang erzeugt. Die Diodenherstellung schließt wiederum mit der Kontaktierung und der Montage ab (Bild 8.8e).

Die Herstellung von *Schottky*-Dioden erfolgt durch Aufdampfung eines Metalles auf eine geeignet vorbereitete, gut gereinigte Halbleiteroberfläche. Bei der Auswahl des Metalls sind u.a Kriterien der Elektronenaustrittsarbeit, der Haftfestigkeit und der Korrosionsbeständigkeit zu berücksichtigen. Um die elektrischen und technologischen Anforderungen optimal zu erfüllen, wird ggf. eine Schichtenfolge mehrerer Metalle aufgedampft; häufig wird die Kombination Chrom/ Gold eingesetzt.

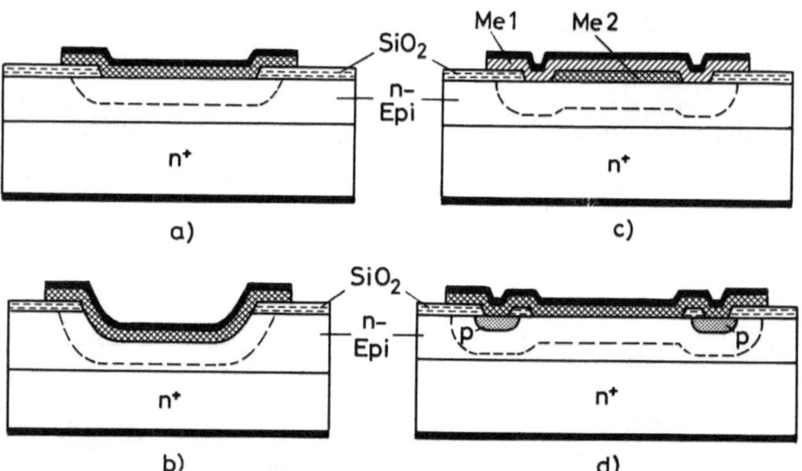

Bild 8.9   Ausführungsformen der *Schottky*-Diode
a)   Planare Ausführung
b)   Inverse Mesatechnik
c)   *Schottky*-Diode mit Doppelmetallisierung
d)   *Schottky*-Diode mit Schutzring

Als Halbleitermaterial wird in der Regel eine Epitaxieschicht auf einem hochdotierten Substrat verwendet. Die Dicke und die Dotierung der Epitaxieschicht richtet sich nach der erforderlichen Sperrspanung (Ausdehnung der Raumladungszone) und nach der zulässigen Kapazität pro Flächeneinheit. In Anbetracht der hohen Elektronenbeweglichkeit wird häufig Galliumarsenid als Substratmaterial für *Schottky*-Dioden genutzt.

Zur Flächenbegrenzung der *Schottky*-Diode dient häufig eine geeignet strukturierte Isolatorschicht, beispielsweise Siliziumdioxid (vgl. Bild 8.9a). Die Strukturierung der Metallschicht kann mittels Aufdampfung durch eine Lochblende (Bild 6.1), durch selektive Ätzung (Bild 6.2) oder durch die Abhebetechnik (Bild 6.3) erfolgen.

In den Bildern 8.9b,c,d sind Varianten der *Schottky*-Diode dargestellt, bei denen durch konstruktive Maßnahmen eine Reduktion der Randfeldstärke bewirkt und damit einer Erhöhung der Sperrspanung erzielt wird. Bei der inversen Mesatechnik (Bild 8.9b) ist die Reduktion der Randfeldstärke auf die Formgebung der Halbleiteroberfläche vor der Metallaufdampfung zurückzuführen. Bei der Diode nach Bild 8.9c wird durch das Metall 1 mit hoher Austrittsarbeit eine große Ausdehnung der Raumladungsschicht im Randbereich und damit eine niedrige Randfeldstärke bewirkt. Das Metall 2 mit niedriger Austrittsarbeit ist dagegen für das Verhalten in Durchlaßrichtung (geringe Schleusenspanung) maßgebend. In der Bauform nach Bild 8.9d wird die Randfeldstärke durch einen Schutzring (d.h. durch einen pn-Übergang) bestimmt; die Durchlaßeigenschaften resultieren aus dem zentralen *Schottky*-Kontakt.

8.2 Bipolartransistoren

Bei der Herstellung von Bipolartransistoren muß zunächst eine hohe Emitterwirksamkeit erzielt werden. Dazu ist die Dotierung der Emitterzone wesentlich höher als diejenige der Basiszone zu wählen. Das weiteren verlangt das Funktionsprinzip des Bipolartransistors einen Transportfaktor in der Basiszone nahe dem Wert Eins. Hieraus resultiert die Bedingung

$$w \ll L_{\mathrm{n,\,p}} = \sqrt{D_{\mathrm{n,\,p}}\tau_{\mathrm{n,\,p}}} \tag{8.1}$$

(w = Basisdicke, $L_{\mathrm{n,p}}$ = Diffusionslänge der Elektronen bzw. Löcher, $D_{\mathrm{n,p}}$ = Diffusionskonstante der Elektronen bzw. Löcher, $\tau_{\mathrm{n,p}}$ = Lebensdauer der Elektronen bzw. Löcher). Schließlich sind ein geringer Basisbahnwiderstand und eine geringe Kollektorkapazität anzustreben /8.3/.

In Bild 8.10 ist zunächst die Herstellung von Germanium-pnp-Transistoren mittels Legierungstechnik dargestellt. Das Verfahren stellt eine Erweiterung der in Bild 4.6 bzw. Bild 8.2 erläuterten Herstellung von pn-Dioden dar. Das Ausgangsmaterial ist n-leitendes Germanium, welches in der Form eines dünnen Plättchens eingebracht wird. In Bild 8.10a ist dieses Plättchen bereits mit einem ringförmigen Basiskontakt versehen. Außerdem sind in der Anordnung nach Bild 8.10a die Kugeln für die Legierung der pn-Übergänge Emitter/Basis und Kollektor/Basis bereitgestellt. Für die Herstellung der Emitterzone wird eine Indiumkugel mit ca. 1% Gallium verwendet. Gallium weist eine hohe Löslichkeit in Germanium auf (siehe Bild 4.2), so daß eine hohe Dotierung der Emitterzone und damit eine gute Emitterwirksamkeit erzielt wird.

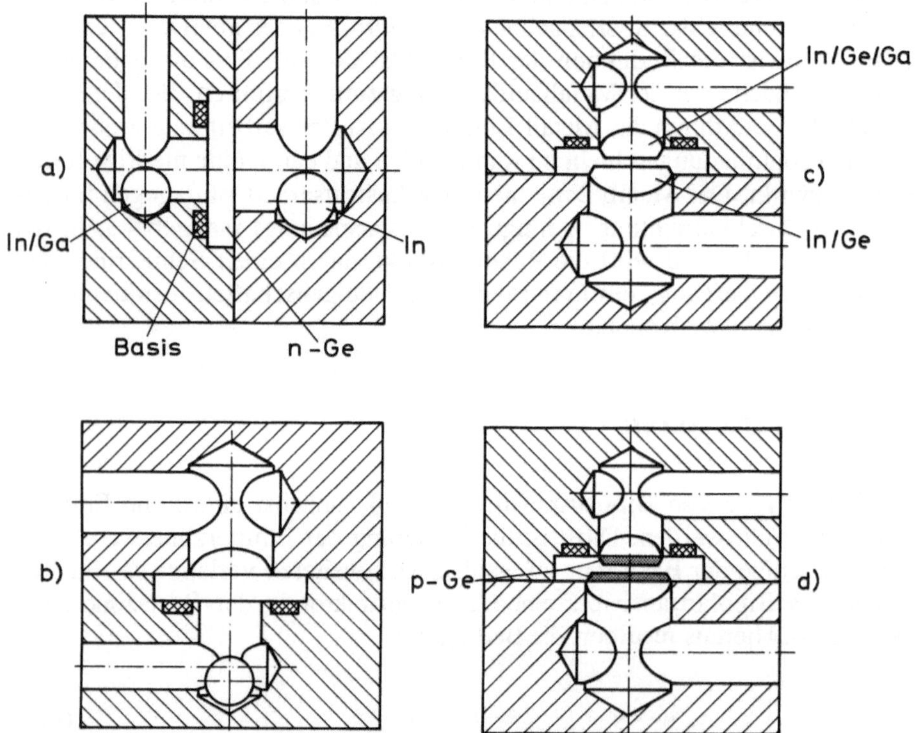

Bild 8.10   Herstellung von Bipolartransistoren mittels Legierungstechnik

Durch Drehung der Halterung um 90° und Temperaturerhöhung wird zunächst eine kollektorseitige Benetzung des Germaniums mit der Indiumschmelze erreicht (Bild 8.10b). Nach einer weiteren Drehung (um 180°) erfolgt der Legierungsprozeß gleichzeitig auf der Emitter- und Kollektorseite (Bild 8.10c). Wie in

Abschnitt 4.4 dargelegt, wird die Eindringtiefe der Legierungsfronten - und damit die resultierende Basisweite - durch die Legierungstemperatur bestimmt. In Bild 8.10d ist der fertige pnp-Transistor im Schnitt zu sehen. Der Legierungsprozess wird unter Wasserstoff- oder Schutzgasatmosphäre durchgeführt.

Es ist evident, daß sich die Legierungstechnik nicht zur Herstellung von Transistoren mit sehr geringer Basisweite eignet, da geringe Schwankungen in der Dicke des Ausgangsmaterials und/oder der Legierungstemperatur zu einer großen Änderung der Basisweite und ggf. zum Kurzschluß zwischen Emitter und Kollektor führen können.

Bild 8.11 zeigt den Aufbau eines nach dem Prinzip der Mesa-Technik hergestellten Transistors. Das Halbleitergrundmaterial, welches die Kollektorzone bildet, besteht aus p-leitendem Germanium. Die n-leitende Basiszone (und damit der pn-Übergang Basis/Kollektor) wird durch Arsendiffusion erzeugt; hierfür kann beispielsweise die in Bild 4.21 dargestellte Methode eingesetzt werden. Zur Herstellung des pn-Übergangs Emitter/Basis dient die Legierungstechnik. Hierzu wird Aluminium durch eine Schlitzblende aufgedampft; alternativ ist auch eine ganzflächige Aufdampfung mit nachfolgender selektiver Ätzung (Bild 6.2) oder eine Strukturierung mittels Abhebetechnik (Bild 6.3) möglich. In entsprechender Weise wird der ohmsche Basiskontakt (Gold/Antimon) aufgebracht. Den Abschluß der Transistorherstellung bildet eine selektive Abtragung des Halbleitermaterials, so daß eine Begrenzung der Fläche des pn-Übergangs Basis/Kollektor (und eine entsprechende Reduktion der Kollektorkapazität) erreicht wird.

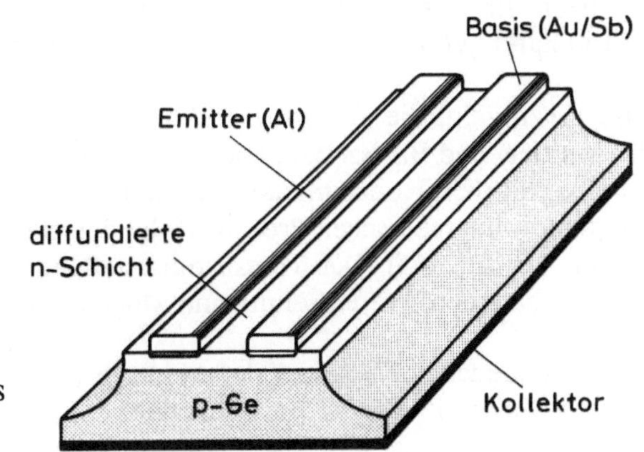

Bild 8.11
Prinzip des Mesa-Transistors

Es ist evident, daß mit dem Prinzip der Mesa-Technik wesentlich geringere Basisweiten als bei der in Bild 8.10 dargestellten Legierungstechnik erzielt werden können. Hinsichtlich der Möglichkeiten einer Verkleinerung der lateralen

Strukturen existieren jedoch Grenzen, welche durch die Anwendung der Legierungstechnik für die Emitterzone und durch die selektive Ätztechnik gegeben sind.

In den folgenden Ausführungen soll die derzeit am häufigsten zur Herstellung von Bipolartransistoren eingesetzte Technologie, die Siliziumplanartechnik, erläutert werden. Es handelt sich dabei um eine Fortentwicklung des in Bild 8.4 dargestellten Verfahrens zur Herstellung von Dioden. Bei der Erläuterung der Siliziumplanartechnik in Bild 8.12 sind nur die wichtigsten Prozeßschritte (jeweils in der Aufsicht und im Schnittbild) dargestellt.

In der Siliziumplanartechnik wird die (n-leitende) Siliziumscheibe zunächst ganzflächig oxidiert (Bild 8.12a). Die notwendige Dicke der Oxidschicht richtet sich nach den Bedingungen der nachfolgenden Bordiffusion (vgl. Bild 8.5). Durch einen photolithographischen Schritt mittels Positiv- oder Negativlack und anschließende Ätzung werden die Basisfenster geöffnet. Nach Entfernung des restlichen Photolacks erfolgt die Basisdiffusion (Bild 8.12b). Die Einzelheiten dieses Prozesses können aus Abschnitt 4.5 entnommen werden; dabei ist ggf. die Kombination von Prozessen der Ionenimplantation und der Diffusionstechnik zweckmäßig.

Nach einem ganzflächigen Reoxidationsschritt werden - wiederum mittels Photolithographie und Ätztechnik - die Fenster für die Emitterdiffusion geöffnet. Einzelheiten der Phosphor- oder Arsendiffusion sind ebenfalls aus Abschnitt 4.5 zu entnehmen. Bild 8.12c zeigt die npn-Struktur des Transistors nach der Emitterdiffusion. Es folgt wiederum ein Prozeß der ganzflächigen Reoxidation; dieser Schritt kann ggf. mit der Emitterdiffusion kombiniert werden.

Bild 8.12d zeigt die Transistorstruktur nach dem Öffnen der Kontaktlöcher für die Emitter- und Basiszonen. Hieran schließt sich die Bedampfung der Siliziumscheibe mit dem Kontaktmetall (Aluminium) an (Bild 8.12e). Mit einem weiteren photolithographischen Prozeß erfolgt die laterale Strukturierung des Kontaktmetalls (Bild 8.12f). Die Transistorherstellung schließt mit der - in Bild 8.12 nicht enthaltenen - Vereinzelung und Montage der Bauelemente ab.

Die verschiedenen Varianten der Montage und der Kontaktierung von Bauelementen wurden in Kapitel 7 abgehandelt.

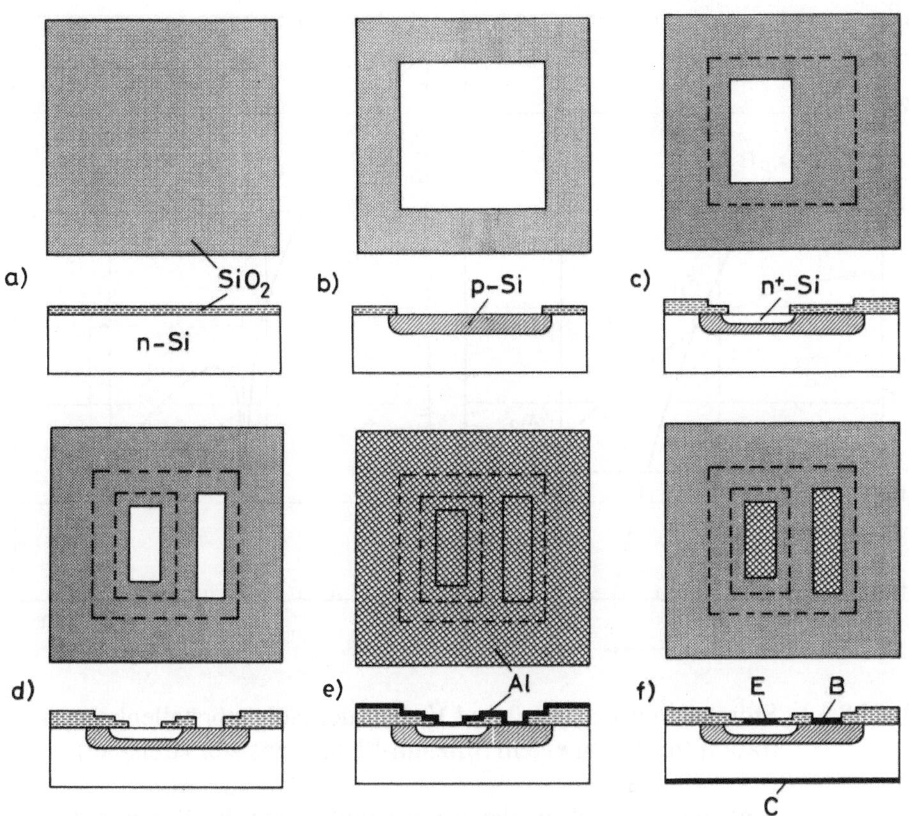

Bild 8.12   Prinzip der Transistorherstellung mittels Siliziumplanartechnik
(Erläuterung der Einzelschritte siehe Text)

Bild 8.13 zeigt beispielhaft das Störstellenprofil eines in Planartechnik hergestellten npn-Transistors. Die Dotierung des Grundmaterials ist mit $N_D = 2 \cdot 10^{18}$ cm^{-3} angenommen. Die Oberflächenkonzentration der Basisdiffusion beträgt N_{A0} $= 2 \cdot 10^{18}$ cm^{-3}. Um eine hohe Emitterwirksamkeit zu erzielen, wird die Oberflächenkonzentration der Emitterdiffusion mit ca. $4 \cdot 10^{20}$ cm^{-3} eingestellt. Dieser Wert entspricht nahezu der maximalen Löslichkeit von Phosphor in Silizium.

Mit x_{j1} und x_{j2} sind die Positionen der pn-Übergänge Emitter/Basis und Kollektor/Basis bezeichnet. Aus dem Störstellenverlauf nach Bild 8.13 resultiert die Basisweite

$$w = x_{j2} - x_{j1} = 1\,\mu\text{m}.$$

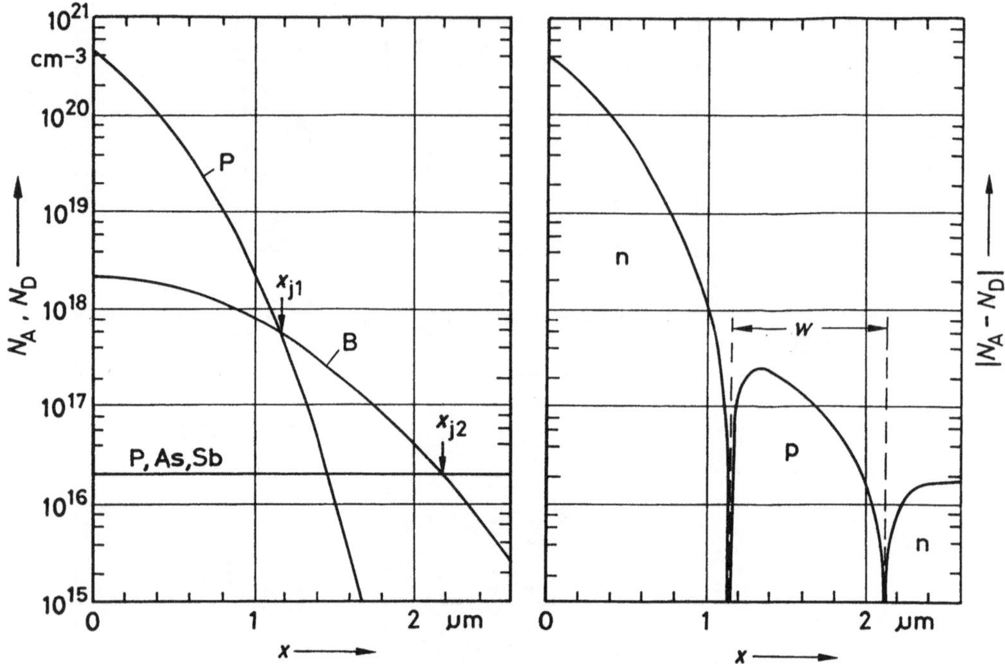

Bild 8.13   Störstellenprofil (links) und Verlauf der Nettostörstellenkonzentration (rechts) in einem Silizium-Planartransistor (Beispiel)

Es ist darauf hinzuweisen, daß für die Veranschaulichung des Prinzips der Planartechnik in Bild 8.12 besonders einfache Strukturen für die Emitter- und Basisgebiete gewählt wurden. Im Hinblick auf den lateralen Spannungsabfall in der Basiszone (*Fletcher*-Effekt) ist das Emittergebiet mit großer Berandungslänge auszuführen und die Basiskontaktierung dementsprechend fingerförmig zu gestalten. In Bild 8.14 ist eine derartige Struktur beispielhaft dargestellt. Es ist dabei vorausgesetzt, daß die Anschlußbereiche für die Emitter- und Basiskontaktierung innerhalb der Fläche des pn-Überganges Basis/Kollektor untergebracht werden können.

Zur Verringerung des Kollektorbahnwiderstandes wird in der Struktur nach Bild 8.14 ein stark dotiertes Substrat verwendet. Die wesentlich niedriger dotierte Epitaxieschicht dient der Reduktion der Kollektorkapazität.

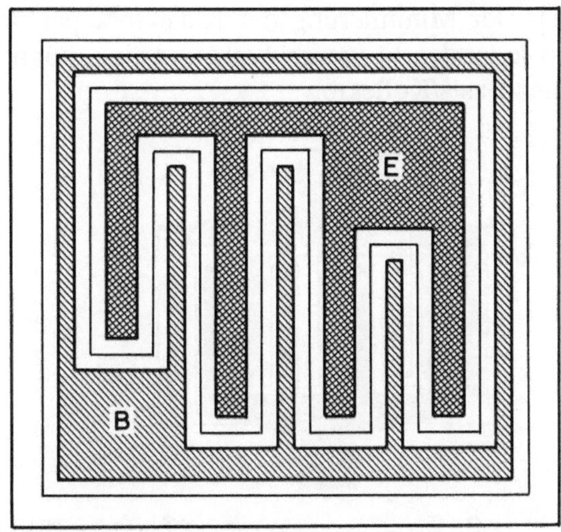

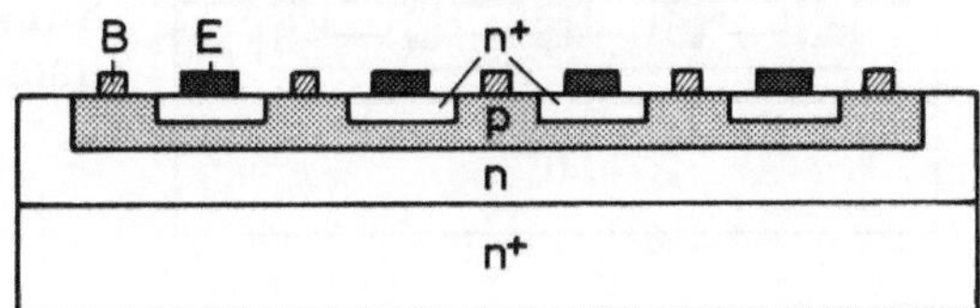

Bild 8.14
Silizium-Planartransistor mit
kammförmiger Emitterstruktur

Bei der Herstellung von Hochfrequenztransistoren ist eine weitere Verfeinerung
der kammförmigen Emitterstruktur und des Basiskontaktes erforderlich. Die
Emitter- und Basisanschlußgebiete sind dann außerhalb der Basiszone vorzusehen (Bild 8.15). Unter Vernachlässigung parasitärer Elemente kann die Oszillati-
onsgrenzfrequenz (Grenze der Leistungsverstärkung) eines Bipolartransistors mit

$$f_{\mathrm{osz}} = \frac{1}{2\pi} \sqrt{\frac{1}{\tau_{\mathrm{B}} \cdot r_{\mathrm{bb'}} \cdot C_{\mathrm{c}}}} \tag{8.2}$$

angegeben werden (τ_{B} = Basislaufzeit, $r_{\mathrm{bb'}}$ = Basisbahnwiderstand, C_{c} = Kollektorkapazität). Hieraus folgt zunächst die Forderung nach einer Reduktion der
Basisweite w (Minimierung der Basislaufzeit). Zur Verringerung des Basisbahnwiderstandes ist ein möglichst geringer Abstand zwischen dem Emittergebiet und
dem Basiskontakt anzustreben; dem gleichen Ziel dient eine Erhöhung der
Anzahl der Emitterfinger. Des weiteren kann unter den Basiskontakten eine
zusätzliche Akzeptordiffusion mit hoher Konzentration vorgesehen werden (Bild

8.15). Der Minimierung der Kollektorkapazität dienen eine geringe Dotierung der n-leitenden Epitaxieschicht und eine möglichst geringe Fläche des pn-Überganges Basis/Kollektor.

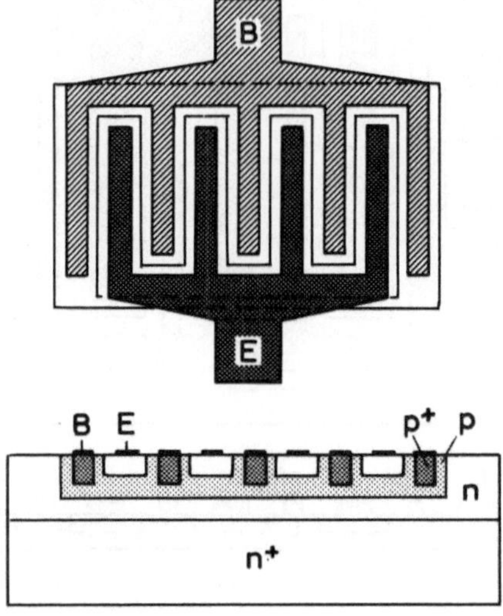

Bild 8.15
Struktur eines Hochfrequenz-
transistors

Es ist evident, daß eine hohe Dotierung der Basiszone ebenfalls einer Reduktion des Basisbahnwiderstandes dienlich ist. Dabei ist jedoch sicherzustellen, daß eine hinreichende Emitterwirksamkeit erhalten bleibt, d.h. es sind in diesem Falle eine sehr hohe Emitterdotierung und ein möglichst starker Gradient der Störstellenkonzentration am Übergang Emitter/Basis anzustreben. In diesem Sinne wird bei Hochfequenztransistoren in der Regel Arsen als Donator für die Emitterdiffusion eingesetzt. Arsen weist eine ausgeprägte Konzentrationsabhängigkeit des Diffusionskoeffizienten auf; mit zunehmender Arsenkonzentration steigt der Diffusionskoeffizient an. Damit resultiert bei Arsen ein Störstellenprofil, dessen prinzipieller Verlauf in der unteren Kurve in Bild 4.15 dargestellt ist. Außerdem weist Arsen eine hohe Löslichkeit in Silizium auf. Bei der Herstellung der Emitterzone wird häufig ein Verfahren angewandt, bei dem die Arsendiffusion aus einer polykristallinen Siliziumschicht erfolgt.

Bild 8.16 zeigt beispielhaft die Störstellenverteilung in einem Silizium-Hochfrequenztransistor. Für die Oberflächenkonzentration der Basisdiffusion ist der Wert $8 \cdot 10^{19}$ cm^{-3} angenommen. Die Basisweite ist in diesem Falle

$$w = x_{j2} - x_{j1} = 0{,}2 \ \mu\text{m}.$$

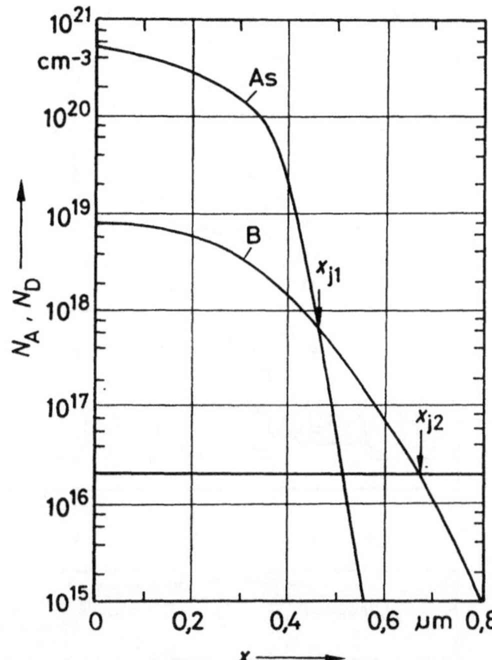

Bild 8.16
Störstellenprofil bei einem
Hochfrequenztransistor (Beispiel)

Um extrem kleine Abstände zwischen dem Emitterbereich und dem Basiskontakt
zu realisieren, bedient man sich eines selbstjustierenden Verfahrens. Dabei wird
der Abstand Emitterzone/Basiskontakt nicht durch die Justiertoleranzen aufein-
anderfolgender photolithographischer Prozesse bestimmt, sondern durch eine
dünne Isolatorschicht festgelegt. Die Grundzüge eines derartigen Verfahrens sind
in Bild 8.17 veranschaulicht.

Die in Bild 8.17 dargestellte Prozeßfolge ist zunächst dadurch gekennzeichnet,
daß die laterale Begrenzung des pn-Überganges Basis/Kollektor durch selektiv
gewachsene SiO_2-Zonen erfolgt. Durch Elimination der Randbereiche des pn-
Überganges erzielt man eine Reduktion der Kollektorkapazität. Aus Bild 8.17a
geht ferner hervor, daß der später zu erzeugende Emitterbereich durch eine photolithographisch strukturierte Siliziumnitridschicht definiert ist. Nach dem in
Bild 6.17c erläuterten Verfahren (CVD-Abscheidung und Trockenätzung) werden Abtandshalter (engl. spacer) aus Siliziumdioxid mit definierten Abmessungen aufgebracht. Anschließend können die hochdotierten Basisanschlußbereiche
mittels Ionenimplantaton hergestellt werden, wobei eine dünne SiO_2-Schicht auf
der Siliziumoberfläche zur Vermeidung des Channeling-Effektes (siehe Abschnitt 4.6) dient (Bild 8.17b).

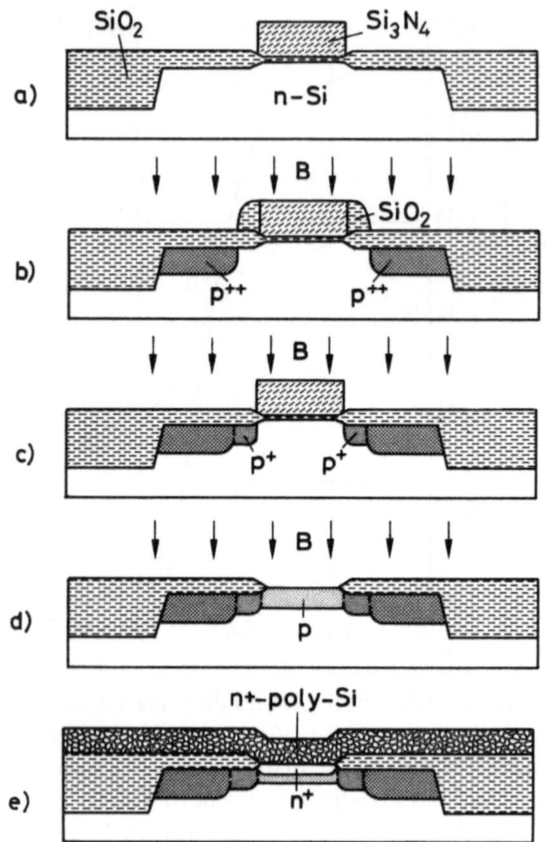

Bild 8.17
Beispiel für ein selbstjustierendes Verfahren zur Herstellung von Bipolartransistoren /8.4/

Nach Entfernung der Abstandshalter wird eine weitere Bordiffusion durchgeführt, welche zu p-leitenden Bereichen mittlerer Dotierungskonzentration führt (Bild 8.17c). Die Erzeugung der inneren Basiszone - ebenfalls durch Ionenimplantation - erfolgt nach Abätzen des Siliziumnitrids (Bild 8.17d). In einem weiteren CVD-Prozeß wird nunmehr eine polykristalline Siliziumschicht aufgebracht; diese Schicht dient - nach geeigneter Dotierung - als Quelle für die zur Herstellung der Emitterzone eingesetzten Arsendiffusion (Bild 8.17e). Die weiteren Verfahrensschritte beinhalten die Strukturierung des polykristallinen Siliziums, die Kontaktierung der Basiszone sowie die Aufbau- und Verbindungstechnik.

Ein weiteres selbstjustierendes Verfahren wird im Zusammenhang mit der Herstellung integrierter Bipolarschaltungen (Abschnitt 9.2) erläutert.

Bei der Herstellung von Bipolartransistoren für die Leistungselektronik ist es notwendig, die erforderliche Gesamt-Emitterfläche in zahlreiche kleinere Einzelflächen zu unterteilen; hiermit wird der Einfluß des lateralen Spannungsabfalls in der Basiszone (*Fletcher*-Effekt) minimiert. In Bild 8.18 ist die prinzipielle Struktur eines Leistungstransistors mit verteilter Emitterfläche dargestellt.

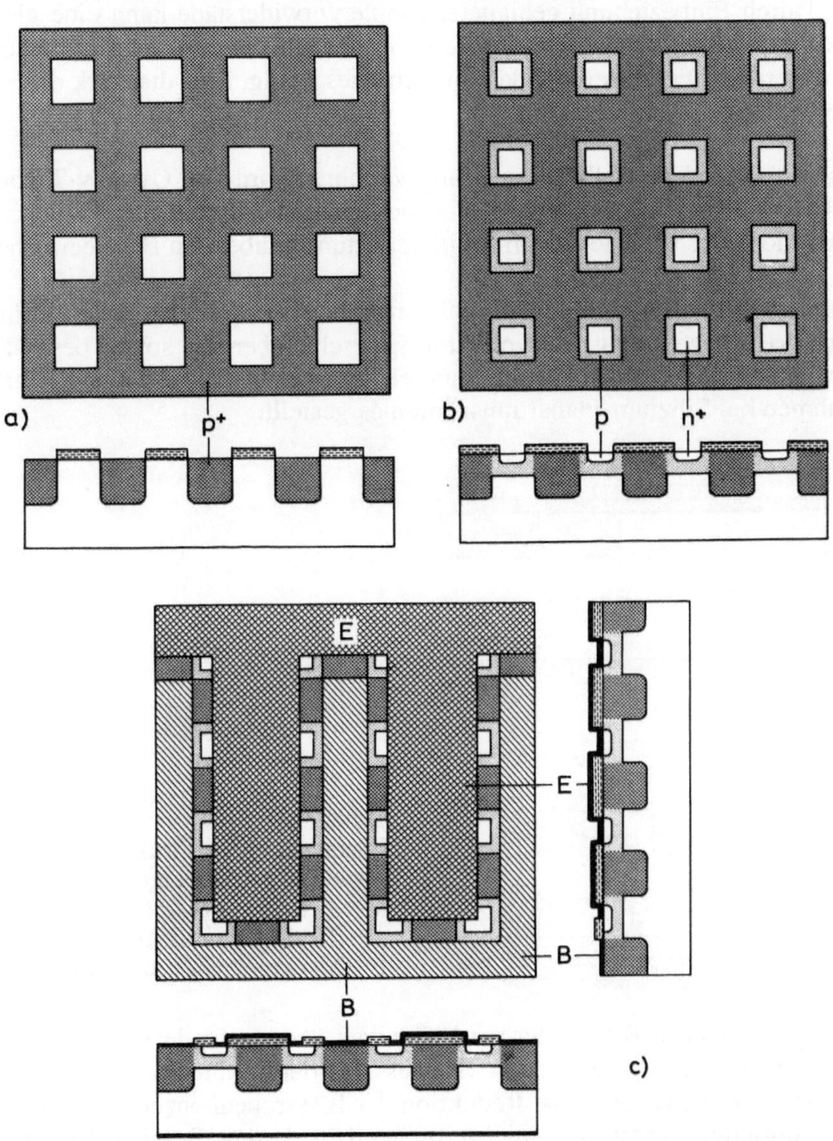

Bild 8.18   Herstellung eines Leistungstransistors in "Overlay-Technik"

Im ersten Diffusionsschritt werden die Basisanschlußgebiete erzeugt; hierbei ist eine gute elektrische Leitfähigkeit (d.h. eine hohe Akzeptorenkonzentration) anzustreben (Bild 8.18a). Die weiteren Herstellungsschritte beinhalten die Erzeugung der inneren Basisgebiete sowie der Emitterbereiche (Bild 8.18b). Die Kontaktierung ist so zu gestalten, daß alle Emitterteilgebiete erfaßt werden (Bild 8.18c). Durch Einbeziehung geeigneter Emittervorwiderstäde kann eine gleichmäßige Aufteilung des Gesamt-Emitterstromes auf die einzelnen Emitterzonen erreicht werden. Die Verteilung des Basisstromes erfolgt über die stark dotierten Basisbereiche.

Das in Bild 8.18 dargestellte Herstellungsverfahren wird als "Overlay-Technik" bezeichnet; diese Bezeichnung bezieht sich auf die durch eine Isolierschicht (Siliziumdioxid) isoliert geführten Emitterzuleitungen über den Basisbereichen.

Bipolartransistoren, die bei hohen Spannung betrieben werden sollen, bedürfen einer niedrigen Dotierung im Kollektor-Sperrschichtbereich sowie besonderer Maßnahmen zur Verringerung der Randfeldstärke. In Bild 8.19 sind derartige Maßnahmen bei Silizium-Planartransistoren dargestellt.

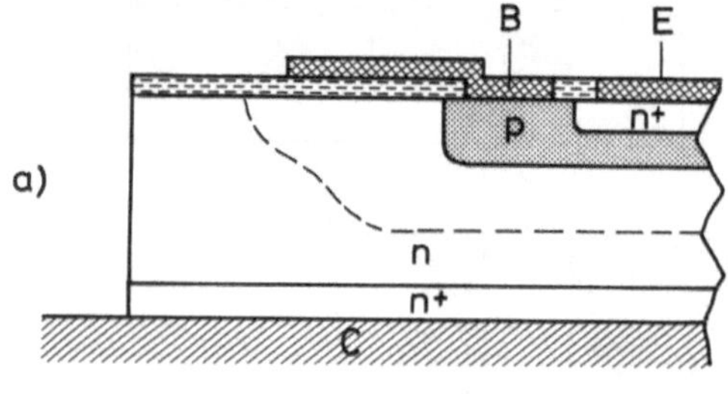

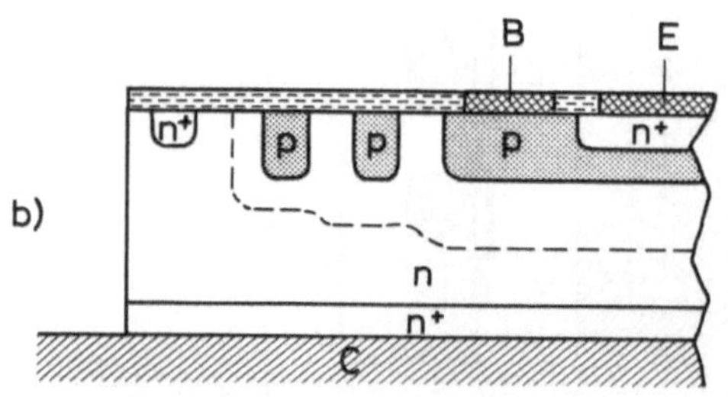

Bild 8.19
Planartransistor-Strukturen für hohe Sperrspannungen
a)   Struktur mit weit übergreifender Basiselektrode
b)   Struktur mit Feldringen

Bei der Struktur nach Bild 8.19a wird eine weit übergreifende Basismetallisierung ("extended base") verwendet. Hieraus resultiert - ähnlich wie bei einem MOS-Feldeffekttransistor - eine Reduktion der Elektronenkonzentration in dem schwach dotierten n-Matrial; gleichzeitig wird in diesem Bereich die laterale Ausdehnung der Raumladungszone vergrößert.

In der Struktur nach Bild 8.19b sind zwei zusätzliche, ringförmige Zonen eindiffundiert, welche den Transistor umschließen. Hierdurch wird die laterale Ausdehnung der Raumladungszone gestreckt, dementsprechend kann eine höhere Sperrspannung an den pn-Übergang Basis/Kollektor angelegt werden. In Bild 8.19 ist außerdem ein Schutzring mit hoher Donatorenkonzentration eingezeichnet. Dieser Schutzring dient der Unterdrückung von Leckströmen, die durch Inversion an der Oberfläche des n-Materials entstehen können.

Für den Betrieb bei sehr hohen Spannungen sind die durch Planartechnik hergestellten Strukturen ungeeignet. Es muß in diesen Fällen eine spezielle Randkontur erzeugt werden und eine besondere Oberflächenpassivierung erfolgen. Zwei derartige Strukturierungsmöglichkeiten sind in Bild 8.20 dargestellt; die resultierenden Äquipotentiallinien sind gestrichelt eingezeichnet. Zur Oberflächenpassivierung dient im Falle der Randabschrägung nach Bild 8.20a ein Silikonharz. Bei der Struktur nach 8.20b wird eine Glasschicht zur Passivierung verwendet. Der Einfluß der Randkontur auf die Sperreigenschaften eines pn-Überganges wird in Abschnitt 8.3 näher beschrieben.

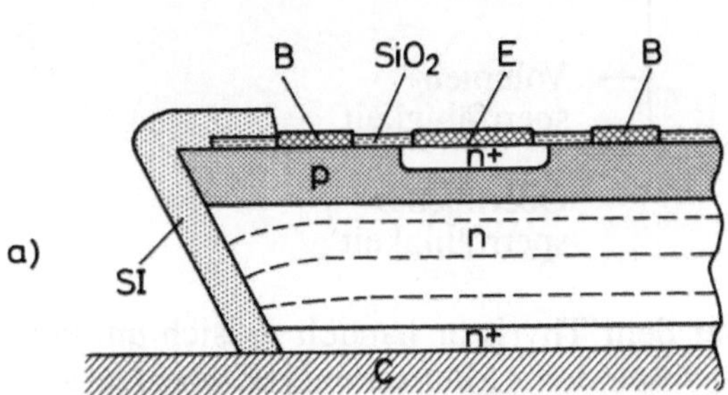

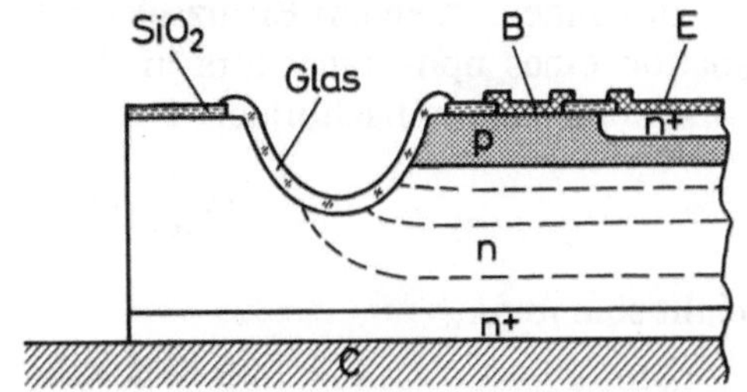

Bild 8.20
Randkontur bei Bipolartransistoren für hohe Spannungen
a) Transistor mit Randabschrägung
b) Transistor mit Grabenätzung

Abschließend ist zu erwähnen, daß bei Leistungstransistoren häufig eine homogene Basisdotierung angestrebt wird. Zur Herstellung der Basiszone dient dann ein Epitaxieprozeß.

8.3 Thyristoren

Thyristoren werden in der Regel als Bauelemente der Leistungselektronik ausgeführt. Beim Entwurf eines Thyristors sind die in folgendem Schema enthaltenen Eigenschaften zu optimieren.

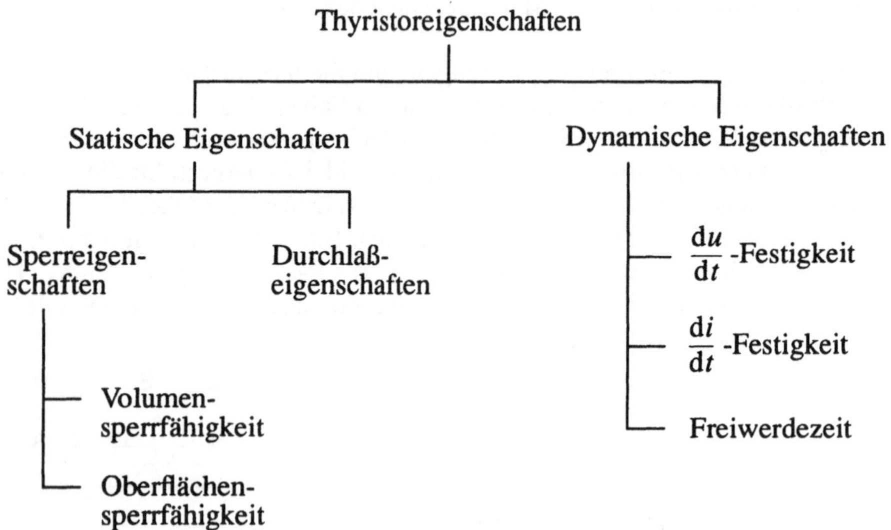

Bei dem Thyristor handelt es sich um ein Bauelement mit vier Schichten abwechselnden Leitungstyps. Die beiden äußeren - mit Kathode und Anode bezeichneten - Bereiche müssen hinreichend hoch dotiert sein, um als Emitter wirken zu können. In einem Ersatzschaltbild läßt sich der Thyristor durch die Kombination eines npn-Transistors in Basisschaltung und eines pnp-Transistors in Kollektorschaltung nachbilden. Dabei muß die Zündbedingung

$$\alpha_{npn} + \alpha_{pnp} = 1 \tag{8.3}$$

erfüllt sein /8.5/.

In Bild 8.21 sind die wesentlichen Herstellungsschritte für einen rückwärtssperrenden Thyristor dargestellt. Das Ausgansmaterial ist n-leitendes Silizium. Zur exakten Dotierung dieses Materials wird häufig das Prinzip der "Neutronendotierung" (Abschnitt 4.2) eingesetzt. Durch einen beidseitigen Diffusionsprozeß werden zunächst zwei pn-Übergänge erzeugt; wegen der erwüschten Tiefe des pn-Überganges wird hierfür eine Galliumdiffusion bevorzugt (Bild 8.21b). Die nächsten Prozeßschritte beinhalten die Herstellung des hochdotierten Anodenbereichs durch Bordiffusion sowie die Maskierung des Gateanschlußbereiches durch eine Siliziumdioxidschicht (Bild 8.21c). Das Herstellungsverfahren schließt mit der Erzeugung des Kathodenbereichs durch Phosphordiffusion (Bild 8.21d) und der Bereitstellung der Anschlüsse für Kathode, Gate und Anode ab (Bild 8.21e).

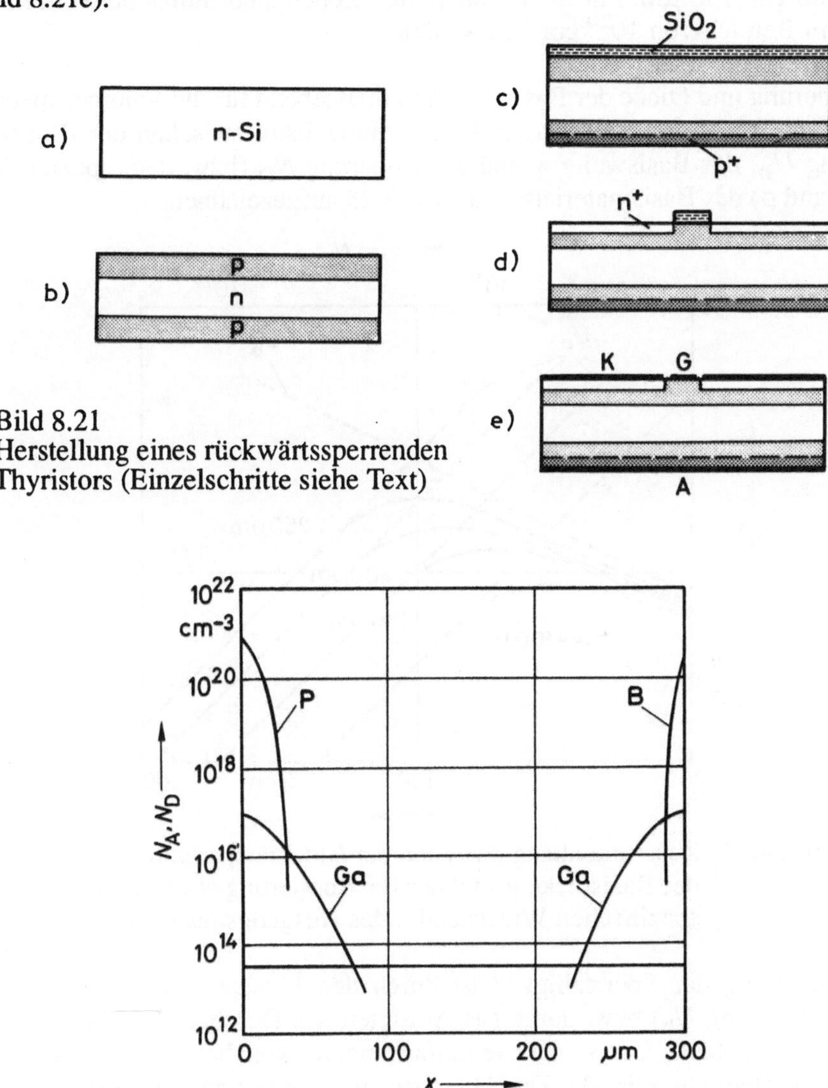

Bild 8.21
Herstellung eines rückwärtssperrenden
Thyristors (Einzelschritte siehe Text)

Bild 8.22   Störstellenprofil in einem Thyristor (Beispiel)

In Bild 8.22 ist das Dotierungsprofil eines Thyristors dargestellt. In dem gewählten Beispiel ist die Dicke des Ausgangsmaterials 300 µm; die Dotierung beträgt $5 \cdot 10^{13}$ cm^{-3}. Nach der Galliumdiffusion ist die Lage der pn-Übergänge jeweils 75 µm unter der Siliziumoberfläche; damit resultiert eine Dicke der n-leitenden Basiszone von 150 µm. Für die hochdotierten Zonen sind Störstellenkonzentrationen im Bereich von 10^{20} cm^{-3} zu wählen.

Die Dotierung und Dicke der Basiszone sind maßgebend für die Volumensperrfähigkeit des Thyristors. Der prinzipielle Zusammenhang zwischen der Blockierspannung U_B, der Basisweite w und der Dotierung N_D (bzw. dem spezifischen Widerstand ρ) des Basismaterials ist in Bild 8.23 aufgezeichnet.

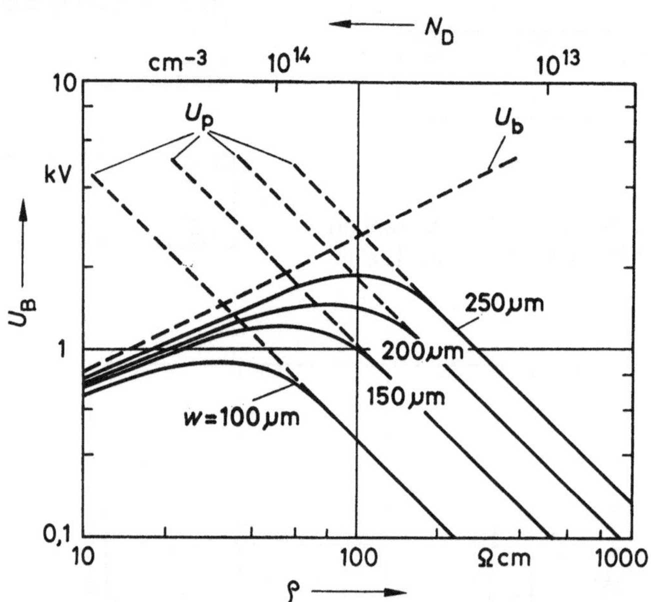

Bild 8.23   Zusammenhang zwischen der Blockierspannung U_B, der Basisdicke w und der Basisdotierung N_D (bzw. dem spezifischen Widerstand ρ des Ausgangsmaterials)

Die Begrenzung der Sperrfähigkeit ist durch den Einsatz des Lawinendurchbruchs (Spannung U_b) bzw. durch das Auftreten des Durchgreifeffektes (Spannung U_p) gegeben. Unter der vereinfachenden Annahme unsymmetrisch-abrupter pn-Übergänge ist die Durchbruchspannung nur von der Dotierung des Grundmaterials abhängig, während für die Durchgreifspannung die Abhängigkeit von der Dotierung und der Basisweite berücksichtigt werden muß. Um eine - anwendungstechnisch vorgegebene - Blockierspannung zu erzielen, sind nach

Bild 8.23 eine bestimmte Mindestdicke und eine definierte Dotierung des Basis-
gebietes einzuhalten. Eine wesentliche Überschreitung der Mindestdicke ist
jedoch im Hinblick auf die Durchlaßeigenschaften (d.h. geringe Durchlaßspannung) zu vermeiden.

Wie im Zusammenhang mit der Technologie hochsperrender Dioden und Transistoren bereits erwähnt wurde, ist in derartigen Fällen eine besondere Strukturierung des Randbereiches erforderlich. In Bild 8.24 ist die Abhängigkeit der
Randfeldstärke vom Randwinkel dargestellt. Wie daraus hervorgeht, kann eine
Reduktion der Randfeldstärke (relativ zum Halbleiterinnern) sowohl durch eine
positive Randabschrägung als auch durch eine negative Randabschrägung bewirkt werden; die Definition für das Vorzeichen des Abschrägungswinkels α ist
aus Bild 8.24 zu entnehmen. Es ist darauf hinzuweisen, daß bei negativer Randabschrägung ein sehr kleiner Winkel α gewählt werden muß, um eine vorgegebene Feldreduktion zu gewährleisten; hierduch geht ein Teil der aktiven Thy-
ristorfläche verloren.

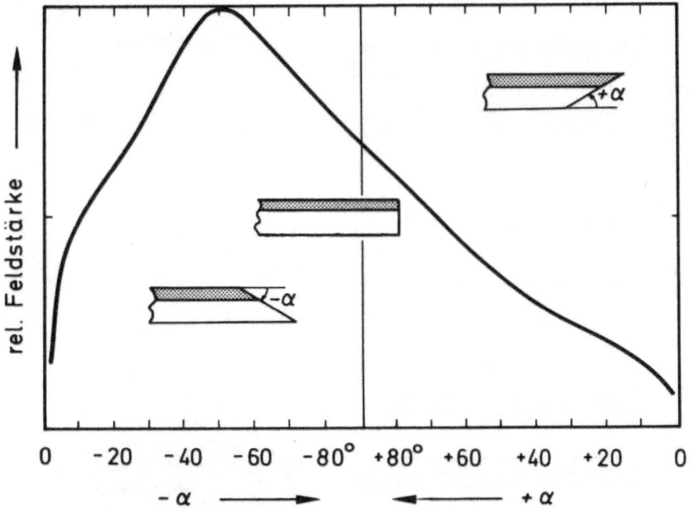

Bild 8.24a   Randfeldstärke in Abhängigkeit von der Randabschrägung

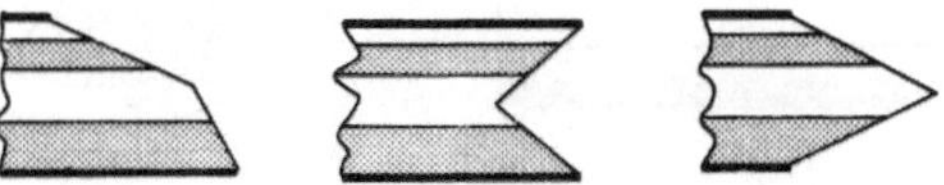

Bild 8.24b   Arten der Randabschrägung bei einem Thyristor

Bei einem rückwärtssperrenden Thyristor müssen zwei pn-Übergänge mit hoher
Sperrfähigkeit ausgestattet sein; dabei können verschiedene Arten der Randabschrägung (positiv oder negativ) gewählt werden (Bild 8.24b).

Zu den wichtigen dynamischen Kenngrößen eines Thyristors gehört die du/dt-
Festigkeit (auch "kritische Spannungssteilheit" genannt). Wenn zwischen Anode
und Kathode ein kurzzeitiger Spannungsanstieg auftritt, fließt über die pn-Übergänge des Thyristors ein kapazitiver Strom, der u.U. ausreichend ist, um den
Thyristor zu zünden. Um diese unerwüschte Zündempfindlichkeit zu reduzieren,
bedient man sich partieller Emitterkurzschlüsse. Die Anwendung dieses Prinzips
bei der Herstellung eines Thyristors ist in Bild 8.25 dargestellt. Nach der beidseitigen, ganzflächigen Galliumdiffusion (Bild 8.25b) werden - neben dem Kontaktbereich für das Gate - auch Teile des Kathodenbereichs durch Siliziumdioxid
maskiert (Bild 8.25b). Durch die nur partiell erfolgende Phosphordiffusion (Bild
8.25c) und die anschließende Metallisierung (Bild 8.25d) entstehen über die
Kathodenfläche verteilte Nebenschlüsse, welche die Zündempfindlichkeit des
Thyristors in definierter Weise reduzieren.

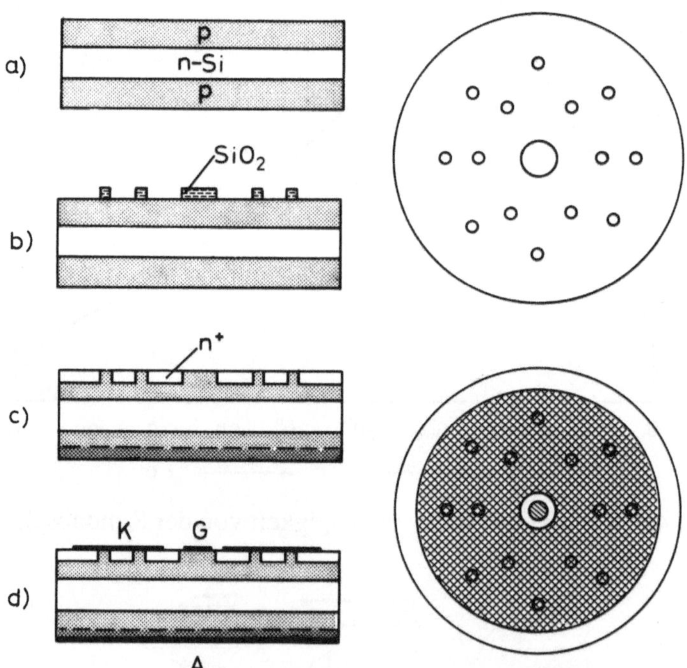

Bild 8.25   Herstellung eines Thyristors mit erhöhter
du/dt-Festigkeit (siehe Text)

Beim Einschalten eines großflächigen Thyristors durch einen Gateimpuls ist zu beachten, daß der Zündvorgang an dem der Gateelektrode zugewandten Rand der Kathode einsetzt. Da die stromführende Fläche zunächst begrenzt ist, kann der Thyristor durch einen in kurzer Zeit ansteigenden Strom über die Kathode zerstört werden. Es ist somit bei Thyristoren eine maximale Einschaltbelastbarkeit ("kritische Stromsteilheit" di/dt) zu spezifizieren. Es ist evident, daß eine Vergrößerung des Randbereiches (d.h. des Umfanges) der Kathode zu eine Verbesserung des Einschaltbelastbarkeit führt; die Gateelektrode muß dementsprechend ausgestaltet sein. Ein Beispiel für eine derartige Strukturierung des Gate- und Kathodenbereiches ist in Bild 8.26 dargestellt.

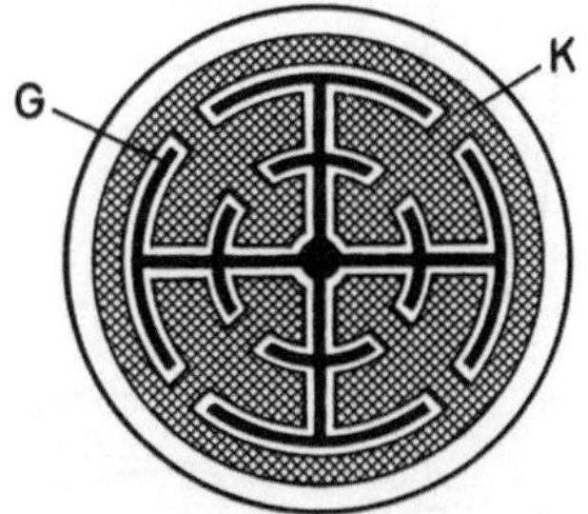

Bild 8.26
Thyristor mit verbesserter
Einschaltbelastbarkeit

Thyristoren werden durch Unterbrechung des Anodenstromes oder durch Umpolen der Spannung zwischen Anode und Kathode gelöscht. Nach dem Ausschaltvorgang verbleiben im Thyistor Überschußladungsträger, die durch Rekombination abgebaut werden müssen, ehe der Thyristor seine volle Sperrfähigkeit wiedererlangt. Die Zeit zwischen dem Stromnulldurchgang und dem zulässigen Nulldurchgang der wiederkehrenden Vorwärtsspannung (unter genau definierten Bedingungen) wird Freiwerdezeit t_q genannt. In der Praxis wird häufig mit der Näherung

$$t_q = 10\,\tau \tag{8.4}$$

gerechnet, wobei τ die (ambipolare) Lebensdauer der Ladungsträger ist. Eine Reduktion der Freiwerdezeit ist - abgesehen von schaltungstechnischen Maßnahmen - nur durch eine Verringerung der Trägerlebensdauer im Thyristor möglich. Man erzielt eine erhöhte Rekombinationsrate in Silizium durch Einbau von Schwermetallen (z.B. Gold) oder durch Elektronenbestrahlung.

In Bild 8.27 ist der Zusammenhang zwischen der Lebensdauer, der Freiwerdezeit und der Durchlaßspannung beispielhaft dargestellt. Wie daraus hervorgeht, muß eine Verringerung der Speicherzeit - bei gleichbleibender Basisdicke w - mit einer erhöhten Durchlaßspannung erkauft werden. Mit anderen Worten: Die Parameter Sperrspannung, Durchlaßspannung und Freiwerdezeit lassen sich nicht unabhängig voneinander einstellen; es müssen - je nach Anwendungsfall - Kompromisse durch entsprechende Auswahl der technologischen Einflußgrößen eingegangen werden.

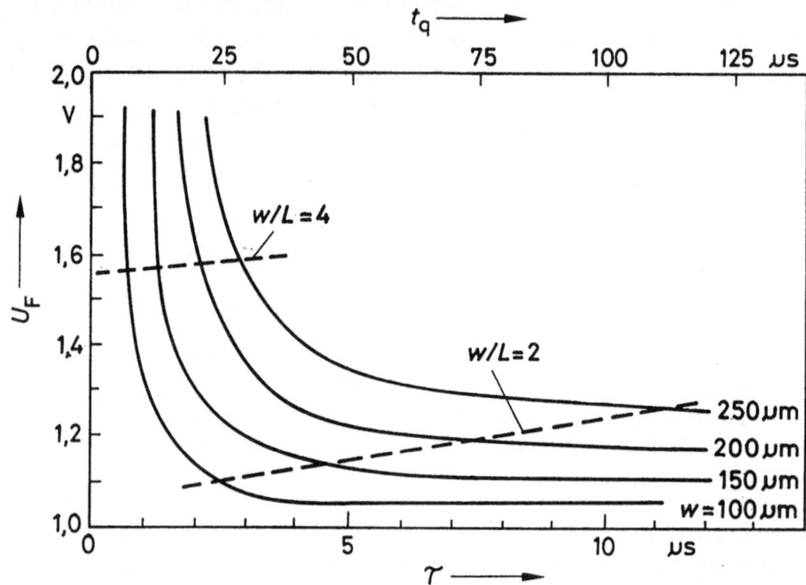

Bild 8.27   Zusammenhänge zwischen der Trägerlebensdauer, der Freiwerdezeit und der Durchlaßspannung (Parameter: Basisweite)

Neben dem vorstehend beschriebenen Normalthyristor (rückwärtssperrender Thyristor) existieren zahlreiche Sonderbauformen; es soll hier die Herstellung des rückwärtsleitenden Thyristors sowie des Triacs beschrieben werden.

Beim rückwärtsleitenden Thyristor (Bild 8.28) ist das n-leitende Grundmaterial mit dem Anodenanschluß partiell kurzgeschlossen, d.h. ein Teil des Anodengebietes ist durch ein hochdotiertes n-Gebiet ersetzt. Die hierzu erforderliche Donatordiffusion kann gleichzeitig mit der Diffusion des Kathodengebietes erfolgen. Zur Verbesserung der Durchlaßeigenschaften der parallel zum Thyristor liegenden Diode wird ein Teil des Kathodenbereiches durch ein hochdotiertes p-Gebiet ersetzt. Dieser Diffusionsprozeß dient gleichzeitig der Erzeugung des Anodenbereiches sowie zur Verbesserung des ohmschen Kontaktes am Gate. Die Galliumdiffusion wird beim rückwärtssperrenden Thyristor einseitig ausgeführt, da nur ein pn-Übergang in Sperrichtung beansprucht wird.

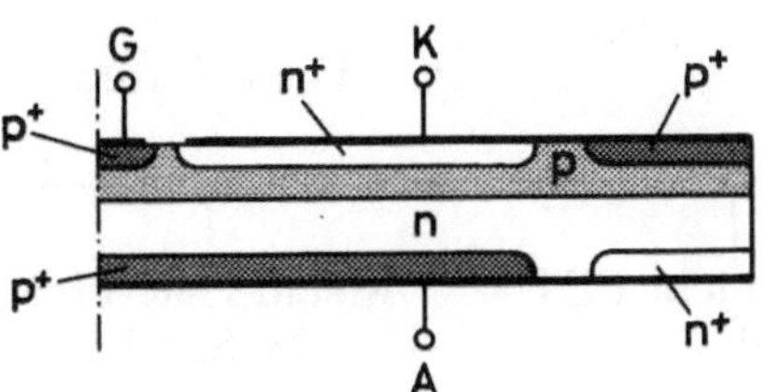

Bild 8.28
Struktur des rückwärts-
leitenden Thyristors

Durch Antiparallelschaltung zweier Thyristoren in einer Siliziumscheibe läßt
sich ein bidirektional schaltendes Bauelement realisieren (Bild 8.29). Man nennt
diese Struktur Triac (engl. triode ac). Der Gateanschluß wird als Kombination
eines ohmschen Kontaktes und eines pn-Überganges ausgeführt. Mit dieser Art
der Steuerelektrode ist es möglich, den Triac (in beiden Richtungen) sowohl mit
positiven als auch mit negativen Gateimpulsen zu zünden. Triacs werden in der
Regel nur für kleine Leistungen (z.B. zur Steuerung von Haushaltsgeräten) hergestellt.

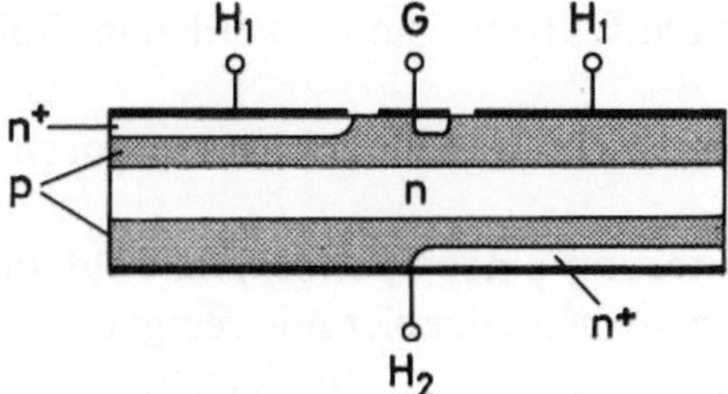

Bild 8.29
Struktur des Triacs

Weitere Varianten des Thyristors sind der Abschaltthyristor (GTO = gate turn-
off) und der asymmetrisch sperrende Thyristor.

8.4 Feldeffekttransistoren

Feldeffekttransistoren (auch Unipolartransistoren genannt) sind aktive Bauelemente, bei denen der Strom im Halbleiter durch ein elektrisches Feld gesteuert
wird, welches senkrecht zur Bewegungsrichtung der Ladungsträger verläuft. Die
Steuerung des Stromes kann über eine Änderung der Ladungsträgerkonzentration
oder durch eine Variation des Querschnittes des Strompfades bewirkt werden.
Die Steuerelektrode (Gate) ist entweder durch eine Isolatorschicht vom Halbleiter getrennt oder mit einem pn-Übergang (bzw. *Schottky*-Kontakt) verbunden. In
der folgenden Übersicht sind die wichtigsten Varianten des Feldeffekttransistors
enthalten /8.6/.

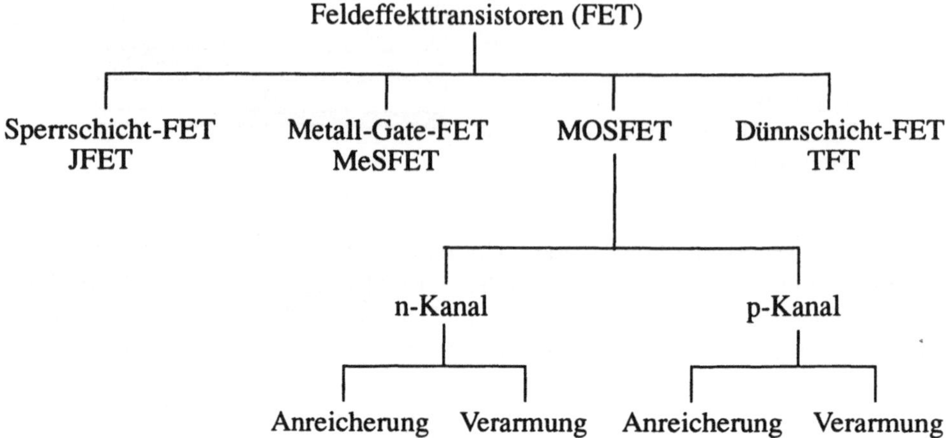

Die auf der Basis von polykristallinen Halbleiterwerkstoffen hergestellten Dünn-schicht-Feldeffekttransistoren werden im Rahmen dieses Buches nicht behandelt.

8.4.1 Sperrschicht-Feldeffekttransistoren

Zur Realisierung eines Sperrschicht-Feldeffekttransistors ist zunächst ein räum-lich begrenztes Kanalgebiet mit geeigneter Dotierung bereitzustellen. In der Sili-ziumplanartechnik kann ein derartiges n-leitendes Kanalgebiet beipielsweise gemäß Bild 8.30a durch Diffusion oder Ionenimplantation erzeugt werden. Alter-nativ kann auch eine n-leitende Epitaxieschicht auf einem p-leitenden Substrat als Kanalzone verwendet werden (Bild 8.30b). Die räumliche Begrenzung erfolgt in diesem Falle durch eine tiefe Akzeptorendiffusion (Isolierdiffusion).

Der zur Steuerung des Stromflusses notwendige pn-Übergang wird bei den in Bild 8.30a,b dargestellten Varianten ebenfalls durch Diffusion oder Ionenimplan-tation hergestellt; die Ausdehnung der bei Sperrpolung der Steuerelektrode ent-stehenden Raumladung ist in Bild 8.30a,b gestrichelt eingezeichnet. Die Fer-tigung des Sperrschicht-Feldeffekttransistors schließt mit der Kontaktierung der Source-, Gate- und Drainbereiche ab.

Eine weitere Variante des Sperrschicht-Feldeffekttransistors ist in Bild 8.30c dar-gestellt. Der Kanalbereich befindet sich als Epitaxieschicht auf einem hochdo-tierten Substrat. In diesem Falle kann die Raumladungszone zwischen dem Substrat und dem Kanal zur Steuerung des Drainstromes genutzt werden; die Grenze der Raumladungszone ist in Bild 8.30c gestrichelt eingezeichnet. Auf der

Seite der Kanalzone befinden sich die Source- und Drainanschlüsse; die Gate-elektrode ist mit dem Substrat verbunden. Nachteilig bei dieser Anordnung ist die Frequenzbegrenzung durch die Kapazität zwischen der Drainelektrode und der Steuerelektrode.

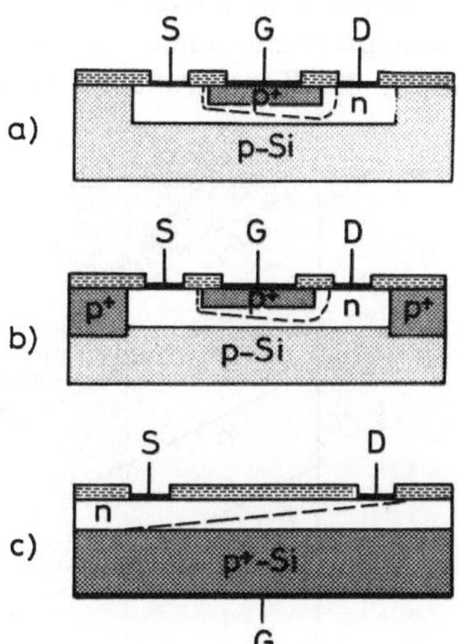

Bild 8.30
Aufbau eines Sperrschicht-Feldeffekttransistors
a) Durch Diffusion oder Ionen-implantation hergestellter Kanalbereich
b) Durch Epitaxie hergestellter Kanalbereich
c) Feldeffektransistor mit hochdotiertem Substrat

Bei der Dimensionierung von Sperrschicht-Feldeffekttransistoren ist der durch die Gleichung

$$U_D + U_p = \frac{ea^2 N_D}{2\varepsilon} \qquad (8.5)$$

vorgegebene Zusammenhang zwischen der Abschnürspannung U_p, der Kanal-höhe a und der Kanaldotierung N_D zu berücksichtigen (U_D = Diffusionsspan-nung). Dieser Zusammenhang ist in Bild 8.31 für verschiedene Werte von U_D + U_p dargestellt. Außerdem ist in Bild 8.31 die Grenze für den Einsatz des Lawi-nendurchbruchs an dem steuernden pn-Übergang eingezeichnet.

Für Bauelemente der Informationstechnik wählt man eine Abschnürspannung im Bereich von 1 bis 10 V. Die Kanalhöhe und die Kanaldotierung sind dementspre-chend aufeinander abzustimmen; dabei ist die Grenze des Lawinendurchbruchs nach Bild 8.31 zu berücksichtigen.

In der Praxis wird eine hohe Steilheit des Bauelementes angestrebt. Beim Sperr-schicht-Feldeffekttransistor ist die Maximalsteilheit

$$g_m = \frac{ab\sigma}{L} \tag{8.6}$$

(a = Kanalhöhe, b = Kanalbreite, L = Kanallänge, σ = Kanalleitfähigkeit). Es ist daher zweckmäßig, eine Kanaldotierung um 10^{17} cm^{-3} zu wählen; die Kanalhöhe muß dementsprechend unter 1 µm liegen. Des weiteren kann die Steilheit durch Vergrößerung der Kanalbreite b sowie durch Reduktion der Kanallänge L erhöht werden.

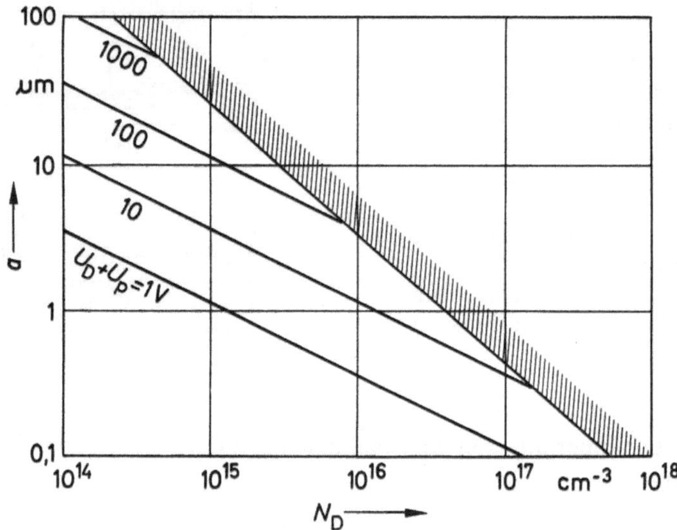

Bild 8.31   Zusammenhang zwischen Kanaldotierung, Kanalhöhe und Abschnürspannung (Schraffur: Einsatz des Lawinendurchbruchs)

Da die Beweglichkeit der Elektronen in Silizium (und anderen Halbleitern) größer als die Löcherbeweglichkeit ist, werden - wie in Bild 8.30 dargestellt - bevorzugt n-Kanal-Feldeffekttransistoren eingesetzt. Es werden jedoch auch Feldeffekttransistoren mit einem p-Kanal hergestellt.

8.4.2 Feldeffekttransistoren mit *Schottky*-Gate

Mittels eines in Sperrichtung vorgespannten *Schottky*-Kontaktes ist es möglich, den effektiven Kanalquerschnitt eines Feldeffekttransistors zu verändern. Das Prinzip des Feldeffekttransistors mit *Schottky*-Gate (MeSFET) wendet man in erster Linie bei Halbleiterwerkstoffen an, bei denen die Herstellung eines pn-

Überganges einen hohen technologischen Aufwand erfordert.

Galliumarsenid ist als Werkstoff für die Herstellung von Feldeffekttransistoren mit *Schottky*-Gate besonders geeignet, da die Elektronenbeweglichkeit etwa um einen Faktor drei höher ist als in Silizium. Außerdem kann Galliumarsenid in semiisolierender Form (d.h. mit einem spezifischen Widerstand von ca. 10^8 Ωcm) hergestellt werden; hierdurch eliminiert man den Einfluß parasitärer Kapazitäten /8.7/.

Bild 8.32a,b zeigt zwei Varianten der Herstellung von Feldeffekttransistoren mit *Schottky*-Gate. In der Bauform nach Bild 8.32a wird zunächst eine n-leitende Epitaxieschicht auf das semiisolierende Substrat aufgebracht. Für die Dicke und die Dotierung dieser Schicht gelten die in Abschnitt 8.4.1 erörterten Dimensionierungsregeln. Durch selektive Ätztechnik werden Kanalbereiche mit geeigneten lateralen Abmessungen erzeugt. Anschließend erfolgt die Herstellung der ohmschen Kontakte für die Source- und Drainelektroden sowie des *Schottky*-Kontaktes als Steuerelektrode.

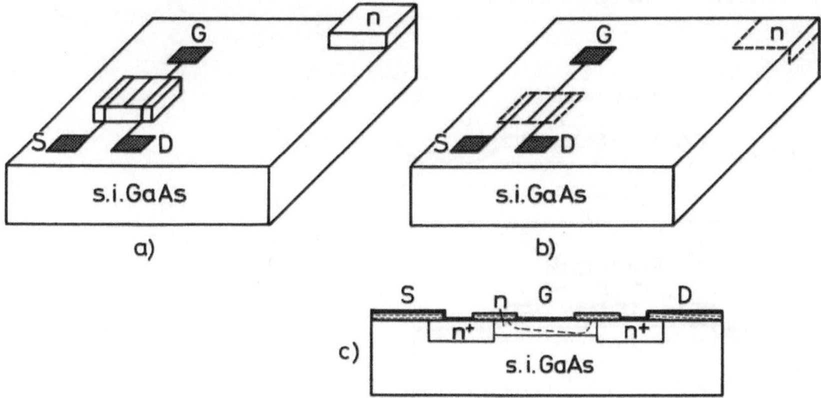

Bild 8.32   Bauformen des Feldeffekttransistors mit *Schottky*-Gate
    a) MeSFET mit selektiv geätzter Epitaxieschicht (Mesa-Bauform)
    b) Durch Diffusion bzw. Ionenimplantation hergestellter MeSFET
       (planare Bauform)
    c) Reduktion der parasitären Source- und Drainwiderstände durch
       zusätzliche Diffusion bzw. Ionenimplantation

In der Bauform nach Bild 8.32b werden die Kanalgebiete durch selektive Diffusion oder Ionenimplantation erzeugt. Anschließend erfolgt die Kontaktierung und die Aufbringung der Gateelektrode.

Es ist besonders darauf hinzuweisen, daß sich bei den Strukturen nach Bild 8.32a,b die Elektrodenanschlüsse (S, G, D) auf dem semiisolierenden Substrat befinden und daher keinen Beitrag zu parasitären Kapazitäten liefern. Zur Reduktion parasitärer Source- und Drainwiderstände werden diese Bereiche stark dotiert und ggf. mit größerer Schichtdicke als der Kanalbereich ausgeführt (Bild 8.32c).

Feldeffekttransistoren mit geringen parasitären Source- und Drainwiderständen können auch mit Hilfe eines selbstjustierenden Verfahrens hergestellt werden. Der Ablauf eines derartigen Prozesses ist in Bild 8.33 dargestellt. Nach der Definition der Kanalgebiete wird zunächst das für die Gateelektrode vorgesehene Metall ganzflächig aufgebracht (Bild 8.33a). Bei der photolithographischen Strukturierung des Gatemetalls erfolgt eine definierte Unterätzung des Photolacks (Bild 8.33b). Beim Aufdampfen des Kontaktmetalls entsteht zunächst die in Bild 8.33c dargestellte Struktur. Das überschüssige Kontaktmetall wird durch Abhebetechnik und chemische Ätzung entfernt. Es ist evident, daß sich mit dem vorstehend geschilderten Verfahren sehr kleine Abstände Source/Gate und Gate/Drain realisieren lassen (Bild 8.33d).

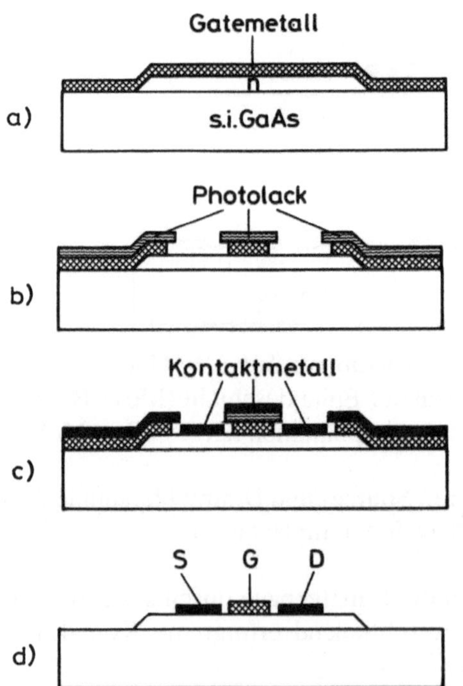

Bild 8.33
Selbstjustierendes Verfahren zur Herstellung eines Feldeffekttransistors mit *Schottky*-Gate (Einzelschritte siehe Text)

Wie in Abschnitt 8.4.1 dargelegt, ist bei Hochfrequenz-Feldeffekttransistoren eine hohe Kanalleitfähigkeit wünschenswert. Bei hoher Kanaldotierung nimmt jedoch die Ladungsträgerbeweglichkeit infolge der Streuung an ionisierten Störstellen stark ab. Diese Reduktion der Beweglichkeit kann weitgehend vermieden werden, indem man eine Struktur wählt, bei der der leitende Kanal von der Schicht, welche die Dotierungsatome enthält, räumlich getrennt ist. Auf diesem Prinzip basiert der Feldeffekttransistor mit hoher Elektronenbeweglichkeit (HEMT = high electron mobility transistor).

Die Herstellung eines Feldeffekttransistors mit hoher Elektronenbeweglichkeit geht aus Bild 8.34 hervor. Auf das semiisolierende Material wird zunächst eine $Ga_{1-x}Al_xAs$-Schicht mit hoher Donatorenkonzentration aufgebracht (Heteroepitaxie). Eine stark dotierte GaAs-Schicht dient der Erleichterung der Kontaktierung der Source- und Drainbereiche (Bild 8.34a). Eine zusätzlich Erhöhung der Leitfähigkeit der Source- und Drainbereiche erfolgt durch selektive Ionenimplantation gemäß Bild 8.34b. Mittels eines weiteren Photolithographieschrittes mit anschließender selektiver Ätzung wird der Kanalbereich freigelegt (Bild 8.34c). In den letzten Herstellungsschritten wird die Aufbringung und Strukturierung der Kontaktschichten vorgenommen (Bild 8.34d). Der leitende Kanal befindet sich nunmehr im semiisolierenden Material an der Grenze zur $Ga_{1-x}Al_xAs$-Schicht.

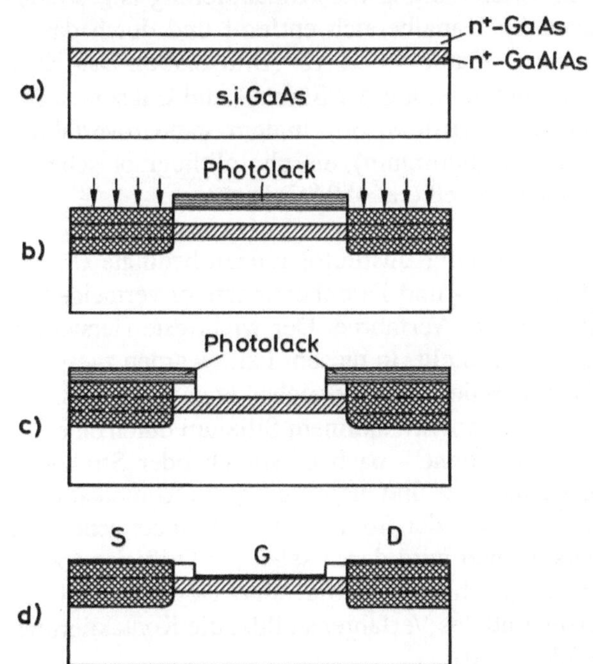

Bild 8.34
Herstellung eines Feldeffekt-transistors mit hoher Elektro-nenbeweglichkeit (Einzel-schritte siehe Text)

In einer gegenüber Bild 8.34 verbesserten Version befindet sich zwischen der hochdotierten $Ga_{1-x}Al_xAs$-Schicht und dem semiisolierenden Substrat eine dünne undotierte $Ga_{1-x}Al_xAs$-Schicht, welche der Verbesserung der räumlichen Trennung von Donatoren und Ladungsträgern dient. Des weiteren kann eine Kombination mehrerer untereinander liegender Kanalschichten vorgesehen werden.

8.4.3 MOS-Feldeffekttransistoren

Bei MOS-Feldeffekttransistoren befindet sich zwischen der Steuerelektrode und dem Kanalgebiet eine isolierende SiO_2-Schicht (MOS = metal oxide semiconductor). Der Kanal besteht aus einer sehr dünnen Inversionsschicht, welche durch eine Raumladungszone elektrisch vom Substrat isoliert ist /8.8/.

Bild 8.35 zeigt die wichtigsten Schritte zur Herstellung eines p-Kanal-MOS-Feldeffekttransistors nach dem Standardverfahren. Durch (nasse) Oxidation des n-leitenden Siliziumsubstrates wird zunächst ein Feldoxid erzeugt (Bild 8.35a), welches nach photolithographischer Strukturierung der lateralen Begrenzung der Source- und Drainzonen in dem nachfolgenden Diffusions- oder Implantationsschritt dient (Bild 8.35b). Mit einer hohen Akzeptorenkonzentration in diesen Bereichen wird eine Reduktion parasitärer Source- und Drainwiderstände sowie eine Erleichterung der Kontaktierung angestrebt. Das Feldoxid wird anschließend im Kanalbereich entfernt und durch das - durch trockene Oxidation erzeugte - Gateoxid ersetzt (Bild 8.35c). Das Herstellungsverfahren schließt mit der Kontaktierung der Source- und Gatezonen sowie der Aufbringung des Gatemetalls ab (Bild 8.35d). In dem Standardverfahren wird dafür nur ein Aufdampfprozeß (Aluminium), ein photolithographischer Strukturierungsschritt sowie ein Temperprozeß (ca. 450 °C) benötigt.

Um eine durch Justiertoleranzen bedingte Überlappung der Steuerelektrode mit den Source- und Drainbereichen zu vermeiden, bedient man sich häufig selbstjustierender Verfahren. Der wichtigste Herstellungsprozeß dieser Art ist in Bild 8.36 dargestellt. In diesem Falle werden zuerst die Oxidschichten außerhalb und innerhalb des Kanalbereiches erzeugt (Bild 8.36a). Sodann erfolgt die Abscheidung von polykristallinem Silizium durch einen CVD-Prozeß; das polykristalline Silizium dient - nach entsprechender Strukturierung gemäß Bild 8.36b - als Gateelektrode und gleichzeitig - in Kombination mit dem Feldoxid - zur lateralen Begrenzung der Source- und Drainbereiche. Die Herstellung der Source- und Drainzonen wird durch selektive Diffusion (oder Ionenimplantation) vorgenommen; gleichzeitig erfolgt eine Dotierung der Gateelektrode (Bild 8.36c). Den Abschluß des Verfahrens bildet die Kontaktierung der Source- und Drainbereiche (Bild 8.36d).

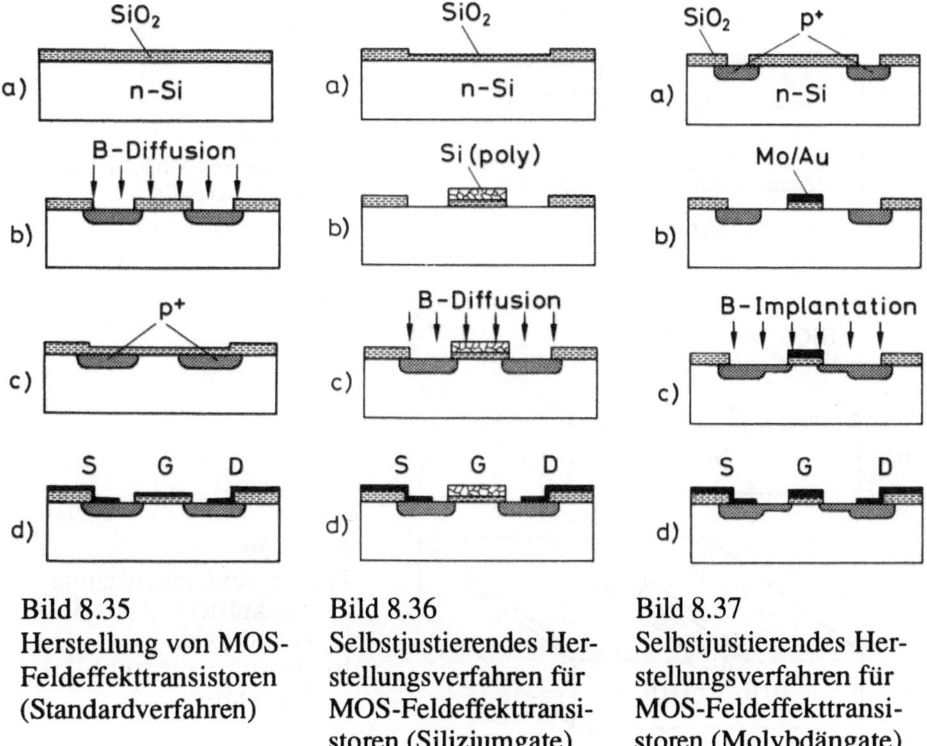

Bild 8.35
Herstellung von MOS-
Feldeffekttransistoren
(Standardverfahren)

Bild 8.36
Selbstjustierendes Her-
stellungsverfahren für
MOS-Feldeffekttransi-
storen (Siliziumgate)

Bild 8.37
Selbstjustierendes Her-
stellungsverfahren für
MOS-Feldeffekttransi-
storen (Molybdängate)

Ein weiteres selbstjustierendes Verfahren ist in Bild 8.37 dargestellt. Nach der
Herstellung der Source- und Drainanschlußbereiche (Bild 8.37a) wird die aus
einer Molybdän/Gold-Schicht bestehende Gateelektrode aufgebracht und strukturiert (Bild 8.37b). Durch eine - relativ flache - Ionenimplantation werden
sodann die elektrischen Verbindungen von den Anschlußbereichen zu der Kanalzone hergestellt (Bild 8.37c). Abschließend folgt die Erzeugung der Source- und
Drainkontakte gemäß Bild 8.37d.

Eine spezielle Variante des Feldeffekttransistors mit kurzer effektiver Kanallänge
ist der VMOS-FET. Die Struktur eines derartigen Bauelementes ist in Bild 8.38
dargestellt. Die einzelnen Halbleiterschichten und -zonen werden duch Epitaxie
und selektive Diffusion (bzw. Ionenimplantation) hergestellt. Zur Strukturierung
der Oberfläche (Erzeugung von Gräben) bedient man sich eines anisotropen Ätzprozesses, dessen Prinzip aus Bild 8.39a,b hervorgeht; eine Ätzlösung mit der
erforderlichen anisotropen Ätzwirkung in Silizium ist in Tafel 6.2 angegeben.
Für Anwendungen in der Leistungselektronik werden die VMOS-Bauelemente
aus zahlreichen Einzelstrukturen nach Bild 8.38 zusammengesetzt.

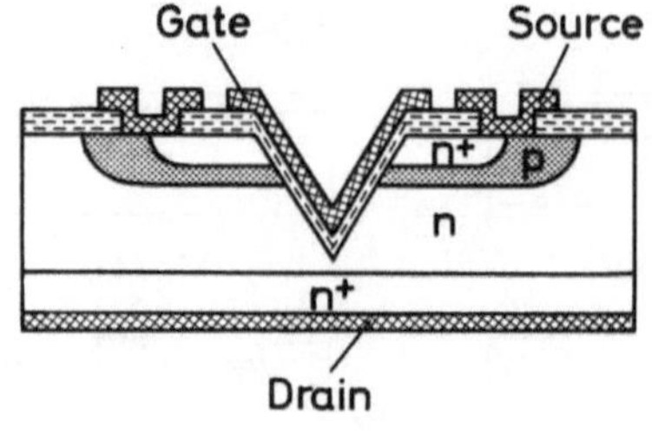

Bild 8.38
Struktur des VMOS-Feld-
effekttransistors

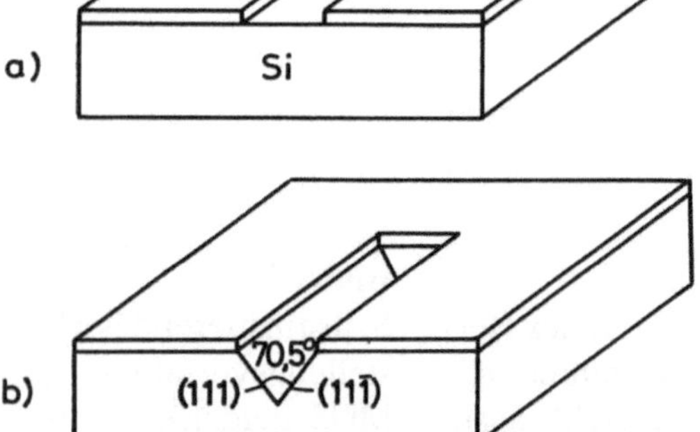

Bild 8.39
Prinzip der Grabenätzung
a) Strukturierung des Sili-
   ziumdioxids
b) Anisotrope Ätzung des
   Siliziums

Eine weitere Variante des MOS-Feldeffektransistors mit geringer Kanallänge ist
der DMOS-FET; hierin steht der Buchstabe D für Doppeldiffusion. Die wesentlichen Elemente eines derartigen Bauelementes (vom n-Kanal-Typ) sind in Bild
8.40 dargestellt. Die Kanalzone befindet sich in einem diffundierten p-Gebiet;
dabei wird die Kanallänge durch unterschiedliche laterale Diffusionen von Donatoren und Akzeptoren bestimmt. Mit der Donatorendiffusion werden gleichzeitig
Sourcegebiete ausgebildet. Der Drainanschluß befindet sich bei der Struktur nach
Bild 8.40 am n-leitenden Substrat.

Für Anwendungen in der Leistungselektronik werden in einem Bauelement zahlreiche Einzelstrukturen nach Bild 8.40 vereinigt. Ersetzt man in Bild 8.40 das n-
leitende Substrat durch hochdotiertes p-Material, so kann im durchgeschalteten
Zustand eine vom Substrat ausgehende Löcherinjektion bewirkt werden. Hierdurch wird der Spannungsabfall im Durchlaßzustand deutlich reduziert. Derartige Bauelemente werden IGBT (isolated gate bipolar transistor) genannt. Bei der
Auslegung dieser Bauelemente ist darauf zu achten, daß kein unerwünschtes
Durchschalten (engl. latch-up) der Schichtenfolge n^+pnp^+ erfolgen kann.

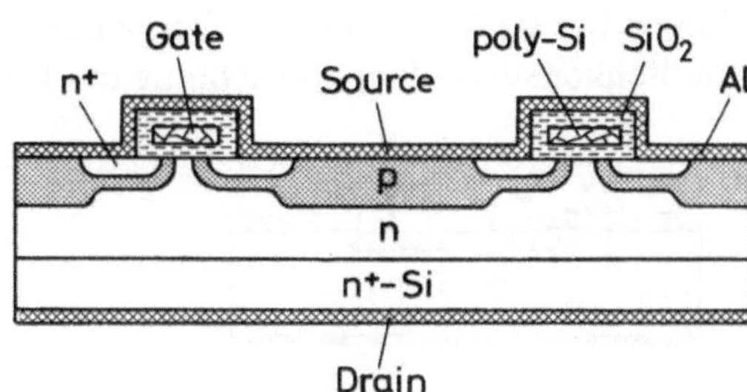

Bild 8.40
Struktur eines DMOS-Feld-
effekttransistors

MOS-Strukturen spielen auch bei ladungsgekoppelten Bauelementen (CCD = charge-coupled devices) und bei Speicherbauelementen (ROM = read-only memory, RAM = random-access memory) eine wichtige Rolle.

8.5 Optoelektronische Bauelemente

Die Hauptkriterien zur Einteilung optoelektronischer Bauelemente sind in Abschnitt 1.3, Tafel 1.7, zusammengestellt. Im Anschluß daran wurden in Abschnitt 1.3 Gesichtspunkte zur Auswahl von Halbleiterwerkstoffen für optoelektronische Bauelemente erörtert.

In den folgenden Unterabschnitten werden die wichtigsten Verfahren zur Herstellung optoelektronischer Bauelemente erläutert. Die Funktionsprinzipien dieser Bauelemente werden dabei als bekannt vorausgesetzt bzw. sind aus der Literatur zu entnehmen /8.9/.

8.5.1 Strahlungsdetektoren

Zur Umwandlung von Lichtsignalen in elektrische Signale werden vorzugsweise Photodioden eingesetzt. Der Aufbau einer Silizium-Photodiode ist in Bild 8.41a dargestellt. Die durch die Strahlungsabsorption erzeugten Elektronen-Loch-Paare werden im Feld des pn-Überganges getrennt und liefern einen Strom über die Elektroden A und K. Die langwellige Grenze des spektralen Empfindlichkeitsbereiches ist nach Gl. (1.3) durch den Bandabstand des Siliziums festgelegt. Die Herstellung des pn-Überganges erfolgt in der Regel durch selektive Diffusion oder Ionenimplantation /8.10/.

Die spektrale Empfindlichkeitsverteilung einer Silizium-Photodiode kann in begrenztem Umfange durch die Technologie beeinflußt werden. Ein flacher pn-Übergang begünstigt die Detektion kurzwelliger Strahlung (baues Licht, UV-

Strahlung); bei tiefliegenden pn-Übergängen verschiebt sich das Maximum der Empfindlichkeitsverteilung in Richtung des längerwelligen Infrarotbereiches.

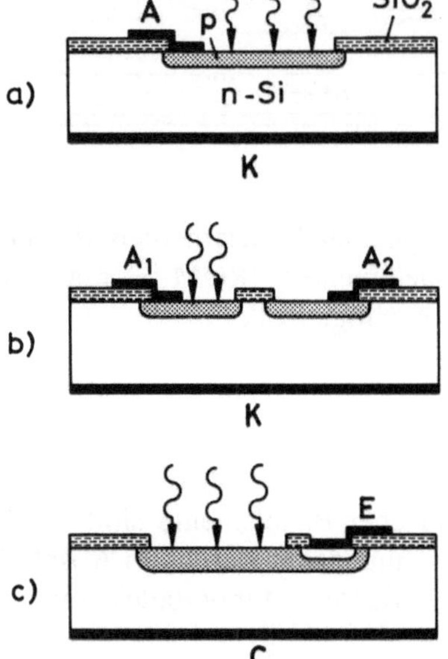

8.41 Silizium-Detektorbauelemente
a) Photodiode
b) Differentialphotodiode
c) Phototransistor

Bild 8.41b zeigt das Prinzip der Differentialphotodiode. Bei Lichteinfall im linken Teil des pn-Überganges tritt ein positives Spannungssignal an der Elektrode A_1 auf; Lichteinfall im rechten Teil bewirkt eine positive Spannung an der Elektrode A_2. Mit dieser Anordnung ist es beispielsweise möglich, die Positionierung eines Lichtstrahls vorzunehmen. In ähnlicher Weise können auch kompliziertere Detektorstrukturen wie z.B. Quadranten-Photodioden oder Dioden-Arrays, realisiert werden.

Bild 8.41c zeigt den prinzipiellen Aufbau eines Phototransistors. Es handelt sich hierbei um die Abwandlung eines npn-Planartransistors, wobei die Basiszone nicht kontaktiert ist und die laterale Ausdehnung des Basisbereiches der gewünschten sensitiven Fläche angepaßt ist. Mit dem Phototransistor wird eine Signalverstärkung um den Faktor

$$\beta = \frac{\alpha}{1 - \alpha} \tag{8.7}$$

erreicht (α = Stromverstärkung in der Basisschaltung). Der Frequenzgang der Verstärkung entspricht demjenigen des Bipolartransistors in der Emitterschaltung.

Bei allen Detektoren ist eine Antireflexionsschicht vorzusehen, welche auf die Wellenlänge der zu detektierenden Strahlung abgestimmt ist.

Eine Signalverstärkung ist auch mit dem Prinzip der Lawinenphotodiode, d.h. durch Ladungsträgervervielfachung in einem Bereich hoher Feldstärke, möglich. Bei der Realisierung einer Lawinenphotodiode ist darauf zu achten, daß ein vorzeitiger Durchbruch der in Sperrichtung vorgespannten Diode im Randbereich vermieden wird. Wie in den Abschnitten 8.2 und 8.3 ausgeführt, kann eine Reduktion der Randfeldstärke durch geeignete Randkonturen erreicht werden. Es sind jedoch auch planare Strukturen bekannt, bei denen die Randfeldstärke durch geeignete Dotierungsverläufe herabgesetzt ist. Zwei Beispiele dieser Art sind in Bild 8.42 dargestellt. Der Feldverlauf im aktiven (zentralen) Teil der Diode ist jeweils rechts angegeben. Der darin schraffierte Bereich stellt die Zone der lawinenartigen Trägervermehrung dar.

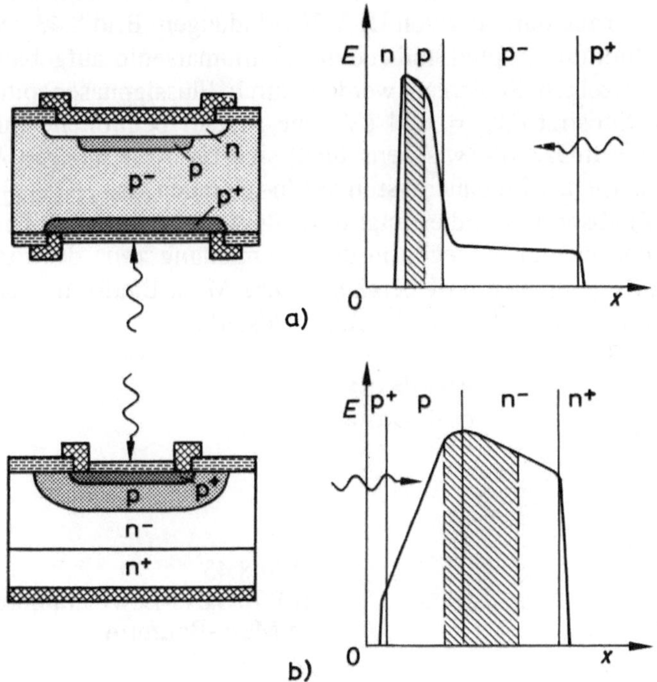

Bild 8.42   Planare Silizium-Lawinenphotodioden
(links: Struktur, rechts: Feldverteilung)

Bei der Bauform nach Bild 8.42a wird ein schwach p-dotiertes Ausgangsmaterial verwendet. Die stärker dotierten Gebiete werden durch selektive Diffusion bzw.

Ionenimplantation hergestellt. Das Feldstärkemaximum in dem der Ladungsträ-
germultiplikation dienenden Bereich tritt im Zentrum der Diode an dem Übergang n/p auf; im Randbereich, d.h. am Übergang n/p⁻ ist die Feldstärke wesentlich geringer. Die Lichteinstrahlung erfolgt über das auf der Rückseite befindliche p⁺-Gebiet.

Bei der in Bild 8.42b dargestellten Bauform wird n-leitendes Substratmaterial
mit hoher Dotierung eingesetzt. Hierauf befindet sich eine n-leitende Epitaxieschicht mit einer Donatorenkonzentration um $5 \cdot 10^{14}$ cm⁻³. Die p-leitenden
Zonen werden durch Diffusion und Ionenimplantation hergestellt. Auch bei dieser Bauform ist die Feldstärke im zentralen (aktiven) Bereich größer als im
Randbereich. Die Lichteinstrahlung erfolgt im Bereich der ionenimplantierten
(p⁺) Zone.

Zur Detektion längerwelliger Strahlung verwendet man Lawinenphotodioden auf
der Basis von Germanium oder von III-V-Verbindungen. Bild 8.43 zeigt als Beispiel eine aus Indiumphosphid und Indium-Galliumarsenid aufgebaute Dioden-
struktur. Die einzelnen Schichten werden durch Flüssigphasenepitaxie hergestellt. Das InP-Substrat (W_G = 1,34 eV), die darauf befindliche InP-Epitaxie-
schicht sowie die InGaAsP-Zwischenschicht sind für Wellenlängen $\lambda > 1{,}2$ μm
transparent. Das Licht wird daher erst in der (n-leitenden) $In_{0,53}Ga_{0,47}As$-Schicht
(W_G = 0,75 eV) absorbiert und erzeugt dort Elektron-Loch-Paare. Die Ladungs-
trägervermehrung erfolgt hingegen in der Raumladungszone des innerhalb des
Indiumphosphids gelegenen pn-Überganges. Die Mesa-Bauform nach Bild 8.42
liefert die erforderliche Reduktion der Randfeldstärke.

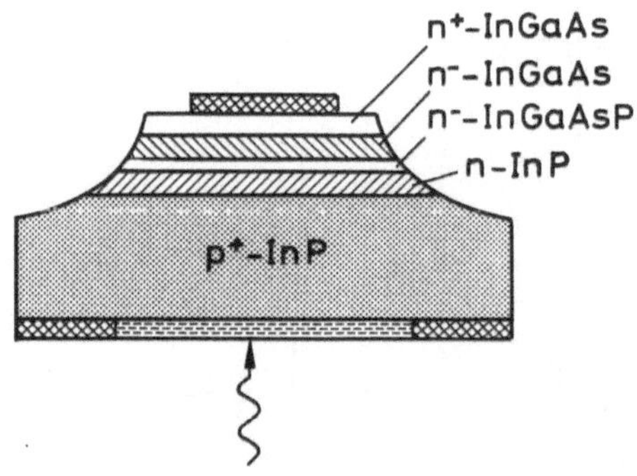

Bild 8.43
InP/InGaAs-Lawinenphotodiode
in Mesa-Bauform

Detektoren für den langwelligen Spektralbereich (z.B. λ = 10 μm) werden aus
Kadmium-Quecksilbertellurid hergestellt (siehe Bild 1.22). Diese Bauelemente
müssen im Betrieb gekühlt werden.

8.5.2 Solarzellen

Solarzellen dienen der Umwandlung solarer Strahlungsenergie in elektrische Energie. Eine einfache Solarzellenstruktur ist in Bild 8.44 dargestellt. Der zur Trennung der Elektron-Loch-Paare erforderliche pn-Übergang wird durch Diffusion von Phosphor in das n-leitende Substrat hergestellt. Bei der Gestaltung der Kontaktfinger wird einerseits ein geringer Bedeckungsgrad der Empfängerfläche angestrebt, andererseits müssen die ohmschen Verluste in der diffundierten Schicht und in den metallischen Zuleitungen minimiert werden. Die Oberfläche der Solarzelle wird mit einer Antireflexionsschicht versehen, welche auf das Spektrum der Sonnenstrahlung abgestimmt ist.

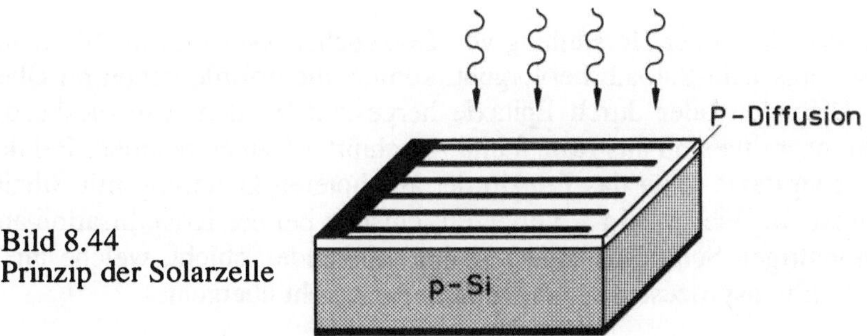

Bild 8.44
Prinzip der Solarzelle

Eine Verbesserung des Wirkungsgrades von Silizium-Solarzellen ist mit den in Bild 8.45 erläuterten Prinzipien möglich. Bei der in Bild 8.45a dargestellten Struktur wird durch einen p^+/p-Übergang ein (zusätzliches) Feld erzeugt, welches die Ladungsträgerrekombination am Rückseitenkontakt reduziert (BSF = back surface field). Die Tandem-Solarzelle nach Bild 8.45b weist auf der Rückseite einen weiteren pn-Übergang auf, welcher für eine effektive Trennung der dort erzeugten Elektron-Loch-Paare sorgt. Der rückseitige pn-Übergang ist stellenweise unterbrochen, um eine Kontaktierung des p-leitenden Grundmaterials zu ermöglichen. Die Antireflexionsschichten sind im Bild 8.45 nicht eingezeichnet.

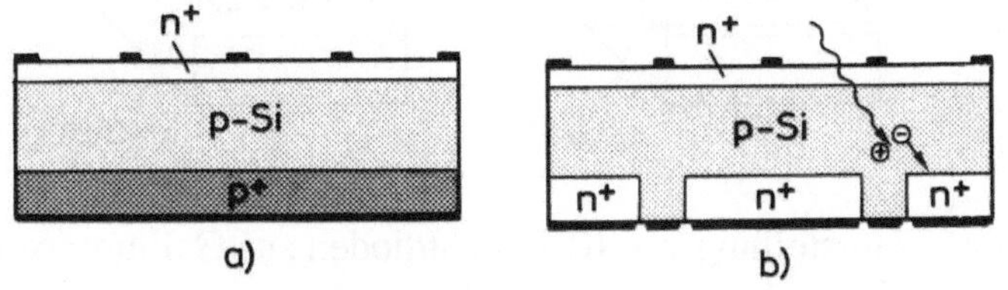

Bild 8.45   Silizium-Solarzellen mit verbessertem Wirkungsgrad
a) BSF-Zelle
b) Tandem-Solarzelle

8.5.3 Leuchtdioden

Lichtemittierende Dioden (LED) können - unter Verwendung geeigneter Halblei-terwerkstoffe - für Emissionswellenlängen in einem großen Spektralbereich her-gestellt werden. In diesem Abschnitt soll jedoch eine Beschränkung auf Bauelemente für die Emission im nahen Infrarotbereich und im sichtbaren Spek-tralbereich (450 nm $\leq \lambda \leq$ 760 nm) erfolgen.

In der optischen Nachrichtentechnik benötigt man Sendedioden für die Wellen-längen λ = 1,3 μm und λ = 1,55 μm; hierfür werden vorzugsweise Laserdioden eingesetzt, deren Herstellung im folgenden Abschnitt (8.5.4) erläutert wird /8.11/.

Einige Prinzipien der Herstellung von IR-Leuchtdioden sind in Bild 8.46 erläu-tert. Wie aus Bild 8.46a,b hervorgeht, können die erforderlichen pn-Übergänge durch Diffusion oder durch Epitaxie hergestellt werden. Die diesbezüglichen Verfahrenschritte sind aus Kap. 3 und Abschnitt 4.5 zu entnehmen. Bei der Flüs-sigphasenepitaxie kann das Prinzip der amphoteren Dotierung mit Silizium ge-nutzt werden. Wie in Bild 4.5 erläutert, entsteht bei der Kristallisation aus einer siliziumhaltigen Schmelze zunächst eine n-leitende Schicht, welche im Verlauf des Abkühlungsprozesses in eine p-dotierte Schicht übergeht.

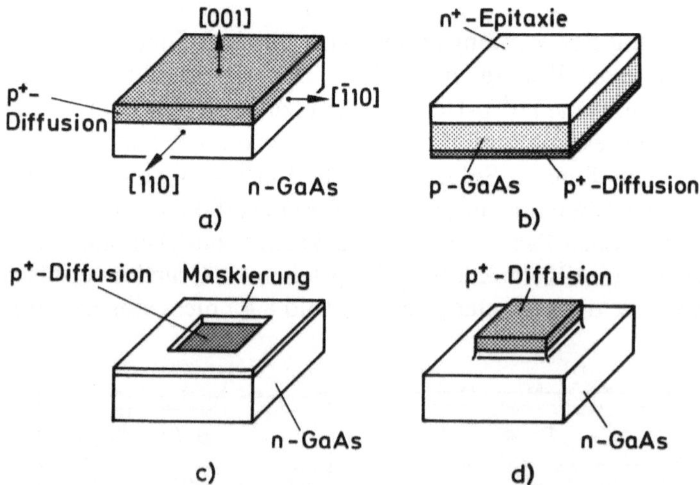

Bild 8.46   Herstellung von IR-Leuchtdioden aus Galliumarsennid
(Einzelheiten siehe Text)

Für die laterale Begrenzung der lichtemittierenden Zone existieren verschiedene Verfahrensvarianten. Wie in Bild 8.46a angedeutet, kann eine Teilung des GaAs-Substrates in den (110)-Spaltflächen erfolgen. Weitere Begrenzungsmöglichkeiten bestehen durch selektive Diffusion (Bild 8.46c) und durch die Mesatechnik (selektive Ätzung, Bild 8.46d). Bei allen Leuchtdioden ist eine Maximierung des externen Wirkungsgrades durch eine geeignete Aufbautechnik und eine optimale Formgebung der Kunststoffumhüllung (in Bild 8.46 nicht eingezeichnet) anzustreben.

Eine besonders hohe Lichtausbeute erhält man mit dem Prinzip der Doppelheterostruktur (*Burrus*-Diode, Bild 8.47). Die dabei benötigten Schichten unterschiedlicher Zusammensetzung werden durch Flüssigphasenepitaxie (Abschnitt 3.3) auf das hochdotierte, n-leitende Substrat aufgebracht. Die Stromzufuhr in den aktiven (lichtemittierenden) Bereich wird durch eine Zone hoher Akzeptorenkonzentration, welche durch Zinkdiffsion hergestellt wird, gefördert. Am Schluß des Herstellungsverfahrens wird das Substratmaterial im Bereich des Lichtaustritts entfernt; hierbei kann ein selektiv wirkendes Ätzverfahren eingesetzt werden.

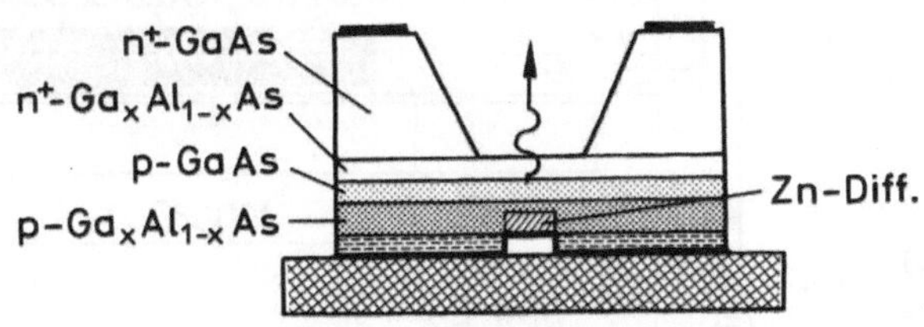

Bild 8.47   IR-Leuchtdiode mit Doppelheterostruktur (*Burrus*-Diode)

Das Prinzip der Doppelheterostruktur kann - bei geeigneter Zusammensetzung der aktiven Zone - auch zur Herstellung von hocheffizienten Leuchtdioden für den roten Spektralbereich genutzt werden.

Zur Herstellung von Leuchtdioden für den sichbaren Spektralbereich verwendet man Substrate und Schichten aus Galliumarsenid, Galliumphosphid und Siliziumkarbid sowie aus ternären Verbindungen vom Typ $GaAs_{1-x}P_x$ bzw. $Ga_{1-x}Al_xAs$ in geeigneter Zusammensetzung. Zur Gitteranpassung werden ggf. Zwischenschichten mit variabler Zusammensetzung benötigt. Aus Tafel 8.1 ist der Aufbau einiger Leuchtdioden für den roten, gelben und grünen Spektralbereich zu entnehmen.

Substrat (n)	GaP				GaAs
Anpassungs-schicht (n)			$GaAs_{1-x}P_x$ $x = 1 \rightarrow 0,85$	$GaAs_{1-x}P_x$ $x = 1 \rightarrow 0,65$	$GaAs_{1-x}P_x$ $x = 0 \rightarrow 0,4$
1. Schicht (n)	GaP:N (LPE)	GaP (LPE)	$GaAs_{0,15}P_{0,85}$:N (VPE)	$GaAs_{0,35}P_{0,65}$:N (VPE)	$GaAs_{0,6}P_{0,4}$ (VPE)
2. Schicht (p)	GaP:N (LPE)	GaP:Zn,O (LPE)	$GaAs_{0,15}P_{0,85}$:P (Zn-Diff.)	$GaAs_{0,35}P_{0,65}$:P (Zn-Diff.)	$GaAs_{0,6}P_{0,4}$ (Zn-Diff.)
Farbe	grün	rot	gelb	rotorange	rot

Tafel 8.1   Aufbau einiger Leuchtdioden für den sichtbaren Spektralbereich

Das Prinzip der Herstellung von grünen Leuchtdioden mittels Flüssigphasenepitaxie ist in Bild 8.48 dargestellt.

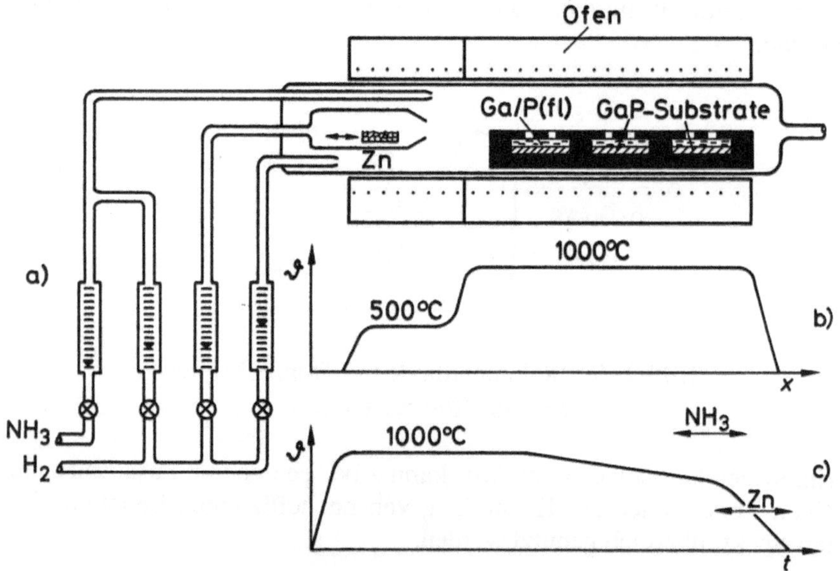

Bild 8.48   Herstellung von grünen Leuchtdioden durch Flüssigphasenepitaxie
  a) Apparatur mit Gasversorgung
  b) Räumliche Temperaturverteilung vor Beginn der Abscheidung
  c) Zeitlicher Temperaturverlauf im Abscheidungsbereich

Die n-leitenden Substrate werden zunächst auf 1000 °C aufgeheizt; dabei wird die darüberliegende Galliumschmelze mit Phosphor gesättigt. Beim Abkühlungsvorgang entsteht zunächst eine n-dotierte Epitaxieschicht. Durch Zufuhr von Zinkdampf wird später eine p-dotierte Schicht erzeugt. Da Galliumphosphid ein indirekter Halbleiter ist, müssen im Bereich des pn-Überganges isoelektronische Störstellen (d.h. Stickstoffatome) eingebaut werden, um eine hinreichende Lichtausbeute zu erzielen. Die Zeitbereiche der Zufuhr von Ammoniak und Zink sind aus Bild 8.48c zu ersehen.

Zur Herstellung von blauen Leuchtdioden wird Siliziumkarbid vom 6H-Typ eingesetzt. Das Substratmaterial ist p-dotiert (Bild 8.49a). Die Herstellung des pn-Überganges erfolgt mittels Flüssigphasenepitaxie mit dem in Bild 3.23 geschilderten Verfahren unter Verwendung von Aluminium als Akzeptor und Stickstoff als Donator. Zur Formgebung der Dioden ist zunächst die Oxidation des Siliziumkarbids erforderlich (Bild 8.49b): hieran schließt sich die photolithographische Strukturierung der Siliziumdioxidschicht an (Bild 8.49c). Die selektive Abtragung des Siliziumkarbids wird durch Gasphasenätzung mit einer Mischung von Chlor und Sauerstoff bei ca. 1000 °C vorgenommen (Bild 8.49d). Die Herstellung schließt mit der Kontaktierung gemäß Bild 8.49e und der Montage der Dioden ab /8.12/.

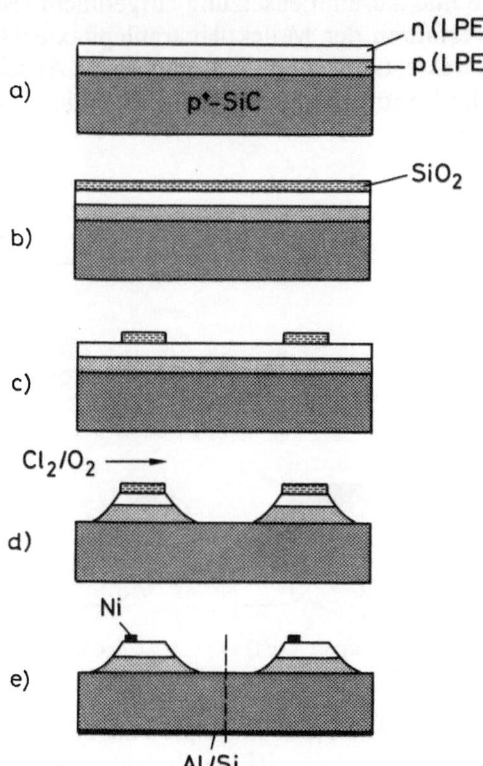

Bild 8.49
Herstellung von blauen Leuchtdioden aus Siliziumkarbid (Einzelschritte siehe Text)

8.5.4 Injektionslaser

Zur Herstellung von Injektionslasern benötigt man einen direkten Halbleiter mit
einem der Emissionswellenlänge gemäß Gl. (1.3) angepaßten Bandabstand. Die
binären und ternären III-V-Verbindungen, welche für Laseranwendungen in
Frage kommen, sind aus Bild 1.15 zu entnehmen. Für die meisten technischen
Anwendungen verwendet man Galliumarsenid und Indiumphosphid als Substratmaterial. Die Laserwirkung basiert auf der Besetzungsinversion, welche bei einer
in Durchlaßrichtung gepolten Diode in der Umgebung des pn-Überganges auftritt. Die Unterkante des Leitungsbandes ist dann stärker mit Elektronen besetzt
als die Oberkante des Valenzbandes. Die Formgebung des Bauelementes hat so
zu erfolgen, daß für die optische Strahlung ein Resonator mit planparallelen End-
flächen entsteht. Außerdem muß für eine hinreichende Stromdichte gesorgt werden.

Einige Prinzipien der Laserherstellung sind in Bild 8.50 schematisch dargestellt.
Auf das Substrat (Bild 8.50a) werden zunächst Epitaxieschichten geeigeneter
Dicke und Zusammensetzung aufgebracht (Bild 8.50b); dabei werden bevorzugt
die Verfahren der Molekularstrahlepitaxie (Abschnitt 3.2) und der Flüssigphasenepitaxie (Abschnitt 3.3) eingesetzt. Anschließend erfolgt die Kontaktierung
und die Formgebung; einige diesbezügliche Beispiele sind aus Bild 8.50c zu entnehmen.

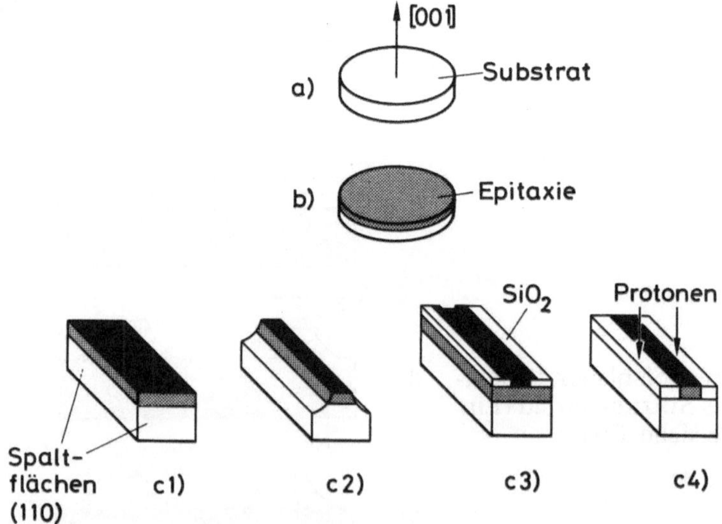

Bild 8.50   Prinzipien der Herstellung von Injektionslasern
(Einzelheiten siehe Text)

Wie im Bild 8.50c1 dargestellt, werden die Laserendflächen in der Regel durch Trennung der Halbleiterscheiben entlang den (110)-Spaltebenen hergestellt. Für die Seitenflächen ist hingegen eine rauhe Oberfläche vorteilhaft. Zur Reduktion der Querschnittsfläche des pn-Überganges kann die Mesatechnik (selektive Ätzung gemäß Bild 8.50c2) gewählt werden. Eine weitverbreitete Laserbauart ist der "Streifenlaser" nach Bild 8.50c3. In diesem Falle werden die Halbleiterschichten zunächst ganzflächig mit einer Isolatorschicht (z.B SiO_2) bedeckt. Anschließend erfolgt die Freilegung der streifenförmigen Kontaktzone und die Kontaktierung; hierdurch wird der Stromfluß auf einen schmalen Bereich begrenzt. Eine Begrenzung des Stromflusses kann auch nach dem in Bild 8.50c4 geschilderten Prinzip erfolgen. In dieser Version werden zuerst die streifenförmigen Kontakte hergestellt; anschließend wird die Leitfähigkeit der seitlich benachbarten Zonen durch Beschuß mit Protonen (d.h. durch Zerstörung des Kristallgitters) stark reduziert.

Die Schichtenfolge eines Doppelheterostrukturlasers für den Wellenlängenbereich um 860 nm ist in Bild 8.51 dargestellt. Die ternären Schichten vom Typ $Ga_xAl_{1-x}As$ weisen einen geringeren Brechungsindex als die aktive Schicht (Galliumarsenid) auf; damit ist die Führung des Lichtes in der aktiven Zone gewährleistet. Die hochdotierte GaAs-Schicht an der Oberfläche dient der Erleichterung des Kontaktierungsvorganges.

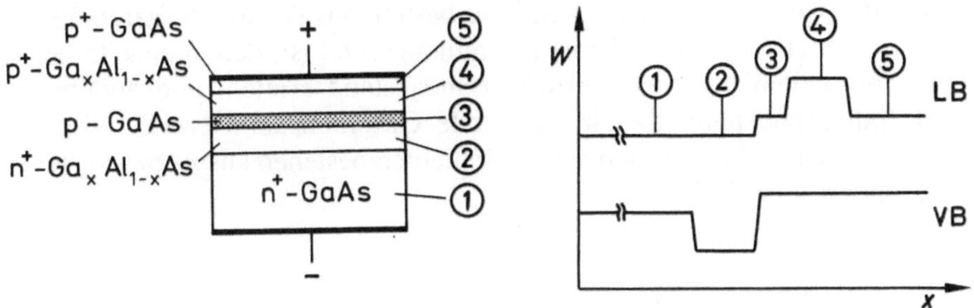

Bild 8.51   Doppelheterostrukturlaser ($\lambda \approx$ 860 nm). Links: Schichtenfolge, Rechts: Bandstruktur (schematisch). Die aktive Zone ist gerastert.

Die Herstellung der Schichtenfolge für einen Doppelheterostrukturlaser mittels Flüssigphasenepitaxie ist in Bild 8.52 dargestellt. Es handelt sich um eine Fortentwicklung des in Abschnitt 3.3, Bild 3.17, erläuterten Tiegelschiebeverfahrens. In Bild 8.52 enthält der obere, verschiebbare Teil der Anordnung mehrere Behälter für Schmelzen unterschiedlicher Zusammensetzung. In dem unteren, feststehenden Teil befinden sich das Substrat und eine GaAs-Scheibe, welche als Arsenquelle dient. In der in Bild 8.52 eingezeichneten Stellung der Tiegelanord-

nung wird die zinnhaltige Galliumschmelze mit Arsen gesättigt. Nach Verschiebung der Tiegelanordnung nach rechts wird zunächst eine n-dotierte GaAs-
Schicht auf dem Substrat abgeschieden. Gleichzeitig wird die erste aluminium-
haltige Galliumschmelze mit Arsen gesättigt. Durch schrittweise Verschiebung
der Tiegelanordnung und Abkühlung des Systems wird die in Bild 8.51 dargestellte Schichtenfolge generiert.

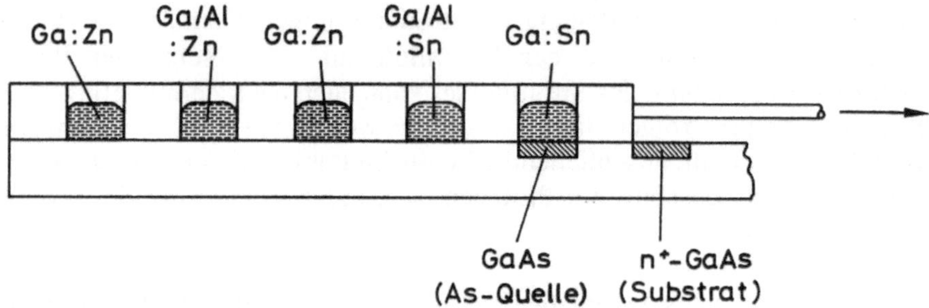

Bild 8.52   Herstellung der Schichtenfolge für einen Doppelheterostrukturlaser durch Flüssigphasenepitaxie

Bild 8.53 zeigt die Schichtenfolge eines Doppelheterostrukturlasers für den Wellenlängenbereich um $\lambda = 1{,}3$ µm. Als Substratmaterial wird in diesem Falle Indiumphosphid verwendet. Die aktive Schicht besteht aus der quarternären Verbindung $Ga_xIn_{1-x}As_yP_{1-y}$, welche derart zusammengesetzt ist, daß einerseits der für
die Emissionswellenlänge erforderliche Bandabstand erreicht und andererseits
eine mit Indiumphosphid übereinstimmende Gitterkonstante erzielt wird. Die
beiden an die aktive Zone angrenzenden Schichten bestehen aus n- bzw. p-leitendem Indiumphosphid.

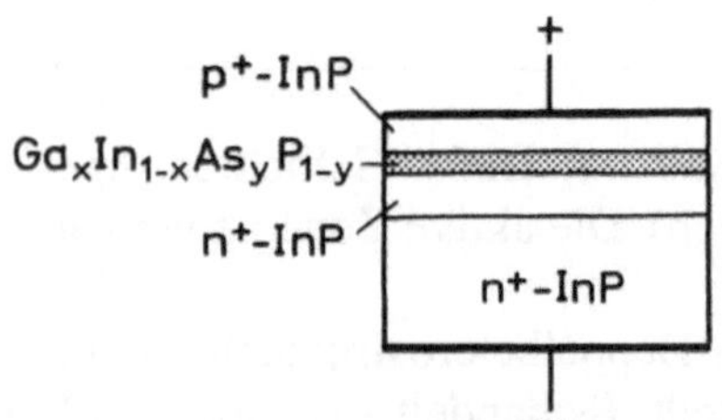

Bild 8.53
Schichtenfolge eines Doppelheterostrukturlasers für l = 1,3 mm. Die
aktive Zone ist gerastert.

Injektionslaser für den langwelligen Spektralbereich (z.B. 6 µm $\leq \lambda \leq 10$ µm)
werden aus Bleichalkogeniden hergestellt (vgl. Bild 1.24). Diese Bauelemente
müssen im Betrieb gekühlt werden.

9 Integrierte Schaltungen

Unter Integration versteht man in der Halbleitertechnik die Zusammenfassung mehrerer (z.T. sehr vieler) Bauelemente in einem Halbleiterchip. Die Herstellung der Einzelkomponenten erfolgt mittels der in Kapitel 8 geschilderten Methoden. In vielen Fällen - insbesondere bei Schaltungen auf der Basis von Bipolartransistoren - sind zusätzliche Prozeßschritte erforderlich, welche die elektrische Isolation der Bauelemente innerhalb des Halbleiterchips sicherstellen. Die für die Funktion der Schaltung notwendigen elektrischen Verbindungen werden durch Leiterbahnen auf der Chipoberfläche realisiert. In dem folgenden Abschnitt sollen zunächst die wichtigsten Methoden der Isolation beschrieben werden.

9.1 Isolationstechnik

Die wichtigsten Isolationsprinzipien bei integrierten Schaltungen sind in Bild 9.1 am Beispiel der Herstellung einer n-Wanne erläutert.

Gemäß Bild 9.1a kann die elektrische Isolation der Wanne gegen das Substrat und gegen benachbarte Wannen durch einen in Sperrichtung gepolten pn-Übergang bewirkt werden; die hierbei auftretende Sperrschicht (Raumladungszone) ist in Bild 9.1a gestrichelt eingezeichnet. Zur Herstellung der Struktur nach Bild 9.1a wird zunächst eine n-leitende Epitaxieschicht auf das p-dotierte Substrat aufgebracht. Die seitliche Wannenbegrenzung erfolgt durch einen Diffusionsprozeß mit Akzeptoren. Die diesbezüglichen Verfahren sind in den Kapiteln 3 und 4 abgehandelt.

Bei dem in Bild 9.1b dargestellten Isolationsverfahren ist der Boden der n-Wanne ebenfalls durch einen pn-Übergang (d.h. durch eine Raumladungszone) gegen das Substrat isoliert. Die seitliche Isolation erfolgt jedoch in diesem Falle durch ein Dielektrikum (z.B. Siliziumdioxid). Verfahren zur lateralen Isolation werden in den Bildern 9.2 und 9.3 beschrieben.

Die Isolationsprinzipien nach Bild 9.1c,d sind dadurch gekennzeichnet, daß sich zwischen dem Boden der Wanne und dem Substrat eine isolierende Schicht befindet. Eine Methode zur Herstellung vergrabener Siliziumdioxidschichten wird in Bild 9.4 erläutert. Die seitliche Isolation kann wiederum durch einen pn-Übergang (Bild 9.1c) oder durch eine Isolatorzone (Bild 9.1d) bewirkt werden.

In den Bildern 9.1e,f ist angedeutet, daß als Substratmaterial grundsätzlich auch ein geeigneter (kristalliner) Isolator (I) verwendet werden kann. Für integrierte Schaltungen auf der Basis von Silizium verwendet man hierfür u.a. Saphir (Al_2O_3). Bei den III-V-Verbindungen können semiisolierende Substrate (s.i. GaAs oder s.i. InP) eingesetzt werden. Die seitliche Isolation kann wiederum durch Diffusion (Bild 9.1e) oder durch eine dielektrische Zone (Bild 9.1f) verwirklicht werden. Bei den Verbindungshalbleitern ist eine laterale Isolation auch durch Protonenbeschuß möglich.

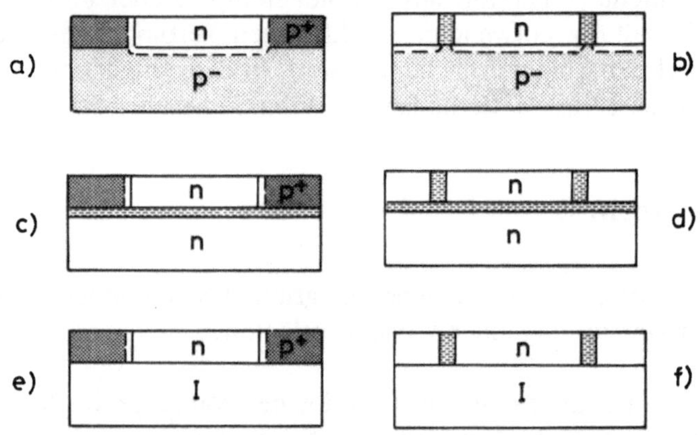

Bild 9.1   Isolationsprinzipien bei integrierten Schaltungen
  a) Wannenisolation durch einen pn-Übergang
  b) Bodenisolation durch einen pn-Übergang, seitliche Isolation durch ein Dielektrikum
  c) Bodenisolation durch eine dielektrische Schicht, seitliche Isolation durch einen pn-Übergang
  d) Vollständige Wannenisolation durch ein Dielektrikum
  e) Verwendung eines Isolatorsubstrates; seitliche Isolation durch einen pn-Übergang
  f) Verwendung eines Isolatorsubstrates; seitliche Isolation durch ein Dielektrikum

Eine häufig angewendete Methode zur seitlichen Isolation von halbleitenden Bereichen ist das LOCOS-Verfahren (LOCOS = local oxidation of silicon). Gemäß Bild 9.2a verwendet man hierfür eine geeignet strukturierte Siliziumnitridschicht. Da die Oxidationsrate des Siliziumnitrids wesentlich geringer als diejenige des Siliziums ist, bilden sich lateral begrenzte Bereiche von Siliziumnitrid gemäß Bild 9.2b aus.

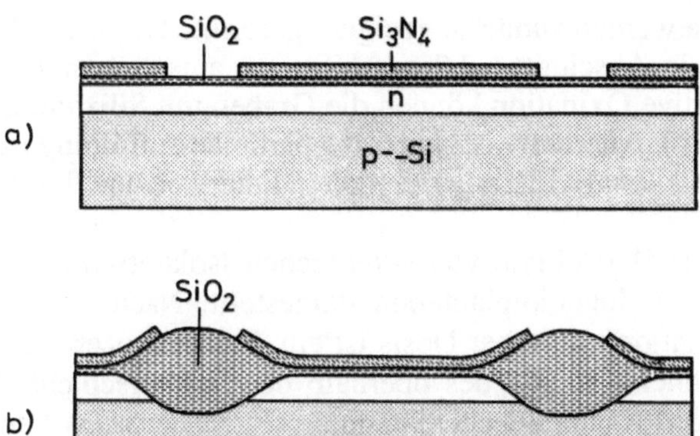

Bild 9.2   Seitliche Isolation nach dem LOCOS-Verfahren
a) Siliziumscheibe mit Epitaxieschicht und strukturierter Siliziumnitridschicht
b) Struktur nach selektiver Oxidation

Die Fortentwicklung der seitlichen dielektrischen Isolation ist in Bild 9.3 dargestellt. Diese Verfahren sind durch einen geringen Platzbedarf und geringe parasitäre Kapazitäten gekennzeichnet.

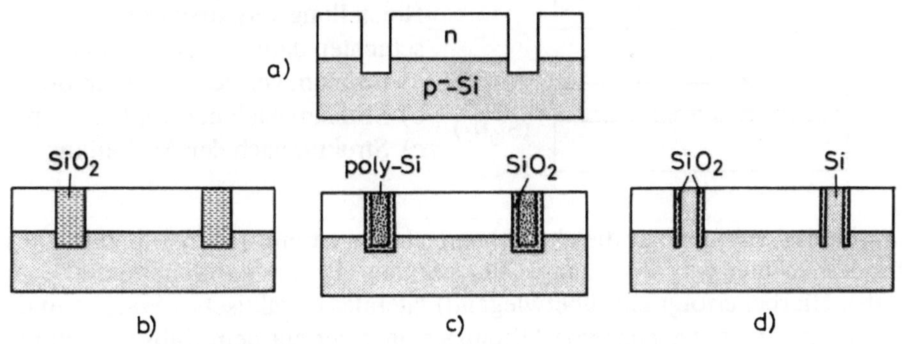

Bild 9.3   Verfahren der seitlichen Isolation mit Grabenätzung
a) Grabenätzung durch anisotrope Abtragung
b) Auffüllung der Gräben mit Siliziumdioxid
c) Auffüllung der Gräben mit Siliziumdioxid und polykristallinem Silizium
d) Auffüllung der Gräben mit Siliziumdioxid und einkristallinem Silizium

Gemäß Bild 9.3a werden zunächst geeignet geformte Gräben geätzt; hierfür verwendet man die in Abschnitt 6.2.2 geschilderten anisotropen Trockenätzverfahren. Durch selektive Oxidation können die Gräben mit Siliziumdioxid aufgefüllt werden (Bild 9.3b). Alternativ ist auch eine partielle Auffüllung mit polykristallinem oder einkristallinem Silizium möglich (Bilder 9.3c und 9.3d).

In Bild 9.4 ist die Herstellung von vergrabenen Isolatorschichten mittels Stoffumwandlung durch Ionenimplantation dargestellt. Nach der Sauerstoff- bzw. Stickstoffimplantation mit hoher Dosis ist ein Ausheilprozeß zur Wiederherstellung der kristallinen Qualität des oberhalb der Isolatorschicht (Siliziumdioxid bzw. Siliziumnitrid) befindlichen Siliziums erforderlich. Das Verfahren der Implantation von Sauerstoff ist unter der Abkürzung SIMOX bekannt (separation by implantation of oxygen).

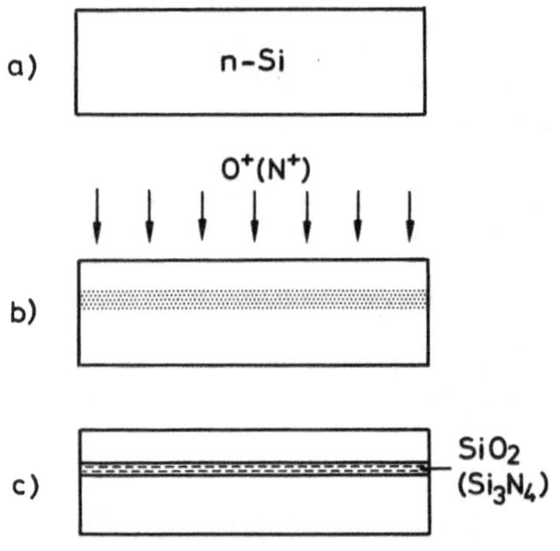

Bild 9.4
Herstellung vergrabener Isolatorschichten durch Ionenimplantation
a) Silizium vor der Implantation
b) Silizium nach der Implantation
c) Struktur nach der Ausheilung

Ein weiteres Verfahren zur dielektrischen Isolation ist in Bild 9.5 erläutert. Diese Methode ist unter der Abkürzung ELO bekannt (ELO = epitaxial lateral overgrowth). Hierbei erfolgt ein (überwiegend) laterales epitaktisches Wachstum des Halbleitermaterials, welches von Öffnungen in einer auf dem Substrat befindlichen Siliziumdioxidschicht ausgeht (Bild 9.5a,b) und schließlich zu einer geschlossenen Schicht führt (Bild 9.5c). Es ist dann nur noch eine lokale Isolation, beispielsweise mit dem LOCOS-Verfahren, erforderlich (Bild 9.5d).

Ferner ist zu erwähnen, daß ein thermisch aktiviertes Zusammenfügen einer oxidierten Siliziumscheibe und einer blanken Siliziumscheibe möglich ist. Nach Abtragung eines Teils der oberen Siliziumscheibe erhält man eine isolierte Si-Schicht, die gemäß Bild 9.1c,d weiterverarbeitet werden kann.

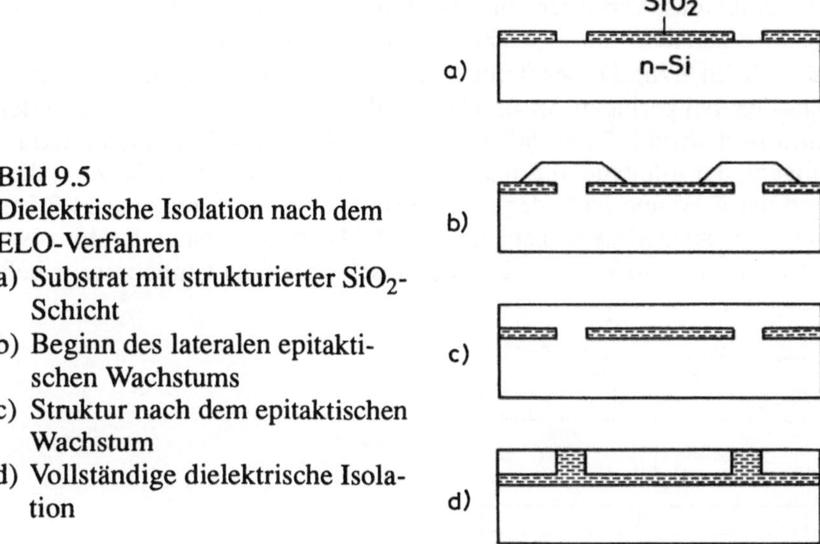

Bild 9.5
Dielektrische Isolation nach dem
ELO-Verfahren
a) Substrat mit strukturierter SiO$_2$-
Schicht
b) Beginn des lateralen epitaktischen Wachstums
c) Struktur nach dem epitaktischen
Wachstum
d) Vollständige dielektrische Isolation

9.2 Integrierte Bipolarschaltungen

Die einfachste integrierte Schaltung mit Bipolartransistoren ist der *Darlington*-Verstärker (Bild 9.6). Da bei dieser Schaltung die Kollektoranschlüsse der Transistoren T_1 und T_2 miteinander verbunden sind, entfällt die Isolation der Kollektorbereiche. Die Schaltung kann daher ohne zusätzliche Prozeßschritte nach dem in Bild 8.12 erläuterten Verfahren hergestellt werden. Es müssen lediglich entsprechende elektrische Verbindungen auf der Chipoberfläche bereitgestellt werden.

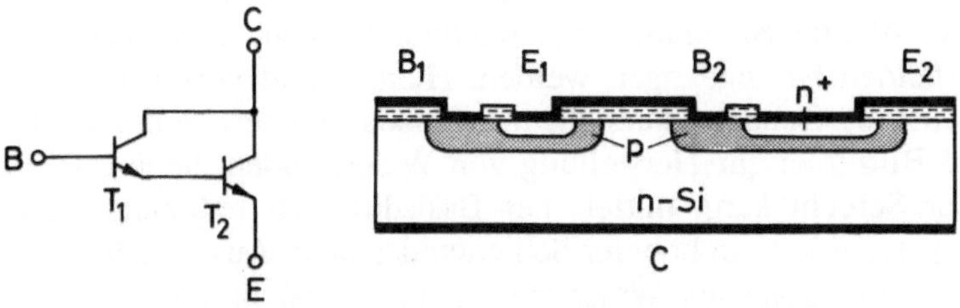

Bild 9.6   *Darlington*-Verstärker (Links: Schaltbild, rechts: Bauelement)

Bild 9.7 zeigt das Verfahren zur Herstellung integrierter Bipolarschaltungen. Hierbei wird zunächst durch selektive Donatorendiffusion die Subkollektorzone hergestellt (Bild 9.7a). Dieser Bereich dient der Herabsetzung des Kollektorbahnwiderstandes; bei geringen Ansprüchen an die Schalteigenschaften kann der Prozeßschritt nach Bild 9.7a entfallen. In Bild 9.7b ist die Halbleiterstruktur nach Aufbringung der n-leitenden Epitaxieschicht dargestellt. Bild 9.7c zeigt das Substrat und die n-Wanne nach der Isolationsdiffusion (vgl. hierzu Bild 9.1a). Die komplette Transistorstruktur geht aus Bild 9.7d hervor. Es ist darauf hinzuweisen, daß sich bei dieser Struktur der Kollektoranschluß auf der Chipoberseite befindet.

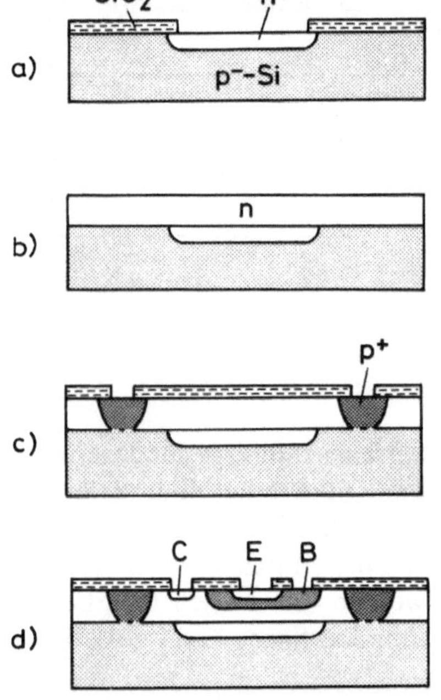

Bild 9.7
Standardverfahren zur Herstellung
integrierter Bipolarschaltungen
a) Subkollektordiffusion
b) Aufbringung der Epitaxieschicht
c) Isolierdiffusion
d) Transistorzelle

Die Prozeßschritte der Standard-Bipolartechnologie können auch zur Herstellung von Widerständen herangezogen werden. Hierbei sind verschiedene Varianten möglich (Bild 9.8). Zunächst kann die n-leitende Epitaxieschicht nach Kontaktierung gemäß Bild 9.8a zur Herstellung von Widerständen dienen. Die effektive Dicke dieser Schicht kann mittels der Basisdiffusion reduziert werden (Bild 9.8b); hieraus resultiert ein höherer Schichtwiderstand. Aus Bild 9.8c ist die Verwendung der Basiszone als Widerstandsmaterial ersichtlich; eine wesentliche Erhöhung des Schichtwiderstandes wird durch die (zusätzliche) Emitterdiffusion bewirkt (Bild 9.8d). Letztendlich kann auch der hochdotierte Emitterbereich zur Herstellung von Widerständen (mit geringem Widerstandswert) herangezogen werden (Bild 9.8e).

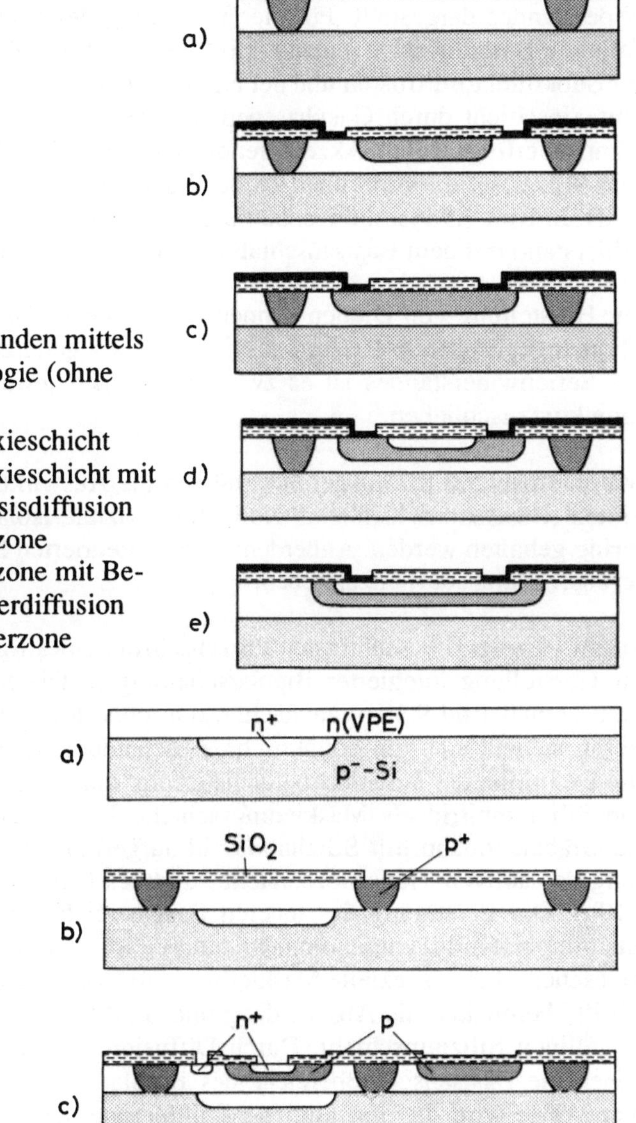

Bild 9.8
Herstellung von Widerständen mittels
Standard-Bipolartechnologie (ohne
Subkollektordiffusion)
a) Widerstand aus Epitaxieschicht
b) Widerstand aus Epitaxieschicht mit
    Begrenzung durch Basisdiffusion
c) Widerstand aus Basiszone
d) Widerstand aus Basiszone mit Be-
    grenzung durch Emitterdiffusion
e) Widerstand aus Emitterzone

Bild 9.9
Integrierte Schaltung mit
Bipolartransistor und
Widerstand (siehe Text)

In Bild 9.9 ist beispielhaft die Integration eines Bipolartransistors und eines Widerstandes dargestellt. Für die Herstellung des Widerstandes wird in diesem Falle die Basisdiffusion genutzt. Bild 9.9a zeigt den Zustand der Schaltung nach der Subkollektordiffusion und der anschließenden Abscheidung einer n-leitenden Epitaxieschicht durch Gasphasenepitaxie (vgl. Bild 9.7b). Die Isolation der n-Wannen erfolgt durch Akzeptordiffusion gemäß Bild 9.9b (vgl. Bild 9.7c). Bild 9.9c zeigt die Struktur nach der Basis- und der Emitterdiffusion (vgl. Bild 9.7d). In Bild 9.9d ist die Kontaktierung durchgeführt; in diesem Beispiel ist der Widerstand mit dem Basisanschluß des Transistors verbunden.

Zur Herstellung von Dioden können in der Standard-Bipolartechnologie die pn-Übergänge Emitter-Basis und Kollektor-Basis genutzt werden. Zur Reduktion des Serienwiderstandes ist es zweckmäßig, den jeweils ungenutzten pn-Übergang kurzzuschließen.

Wie in Abschnitt 8.2 ausgeführt, müssen die Auswirkungen parasitärer Komponenten (Basisbahnwiderstand, Kollektorkapazität, Isolationskapazität) möglichst gering gehalten werden. Außerdem ist bei integrierten Schaltungen ein möglichst geringer Platzbedarf anzustreben.

Bild 9.10 zeigt die wichtigsten Prozeßschritte eines fortentwickelten Verfahrens zur Herstellung integierter Bipolarschaltungen. Die Subkollektordiffusion (n^+) kann gemäß Bild 9.10a ganzflächig, d.h. ohne Maskierung, ausgeführt werden; hieran schießt sich die epitaktische Abscheidung einer n-leitenden Schicht an. Die Definition der Isolationsbereiche erfolgt durch Ätzgräben unter Verwendung von Siliziumnitrid als Maskierungsschicht. Durch selektive Oxidation werden die Gräben sodann mit Siliziumdioxid aufgefüllt; gleichzeitig erfolgt die Trennung des aktiven Transistorbereiches und des Kollektoranschlußbereiches (Bild 9.10b). Die Erzeugung des inneren Basisbereiches wird durch Diffusion bzw. Ionenimplantation vorgenommen; hierbei ist - vom Kollektoranschlußbereich abgesehen - keine spezielle Maskierung erfoderlich (Bild 9.10c). Weitere Prozeßschritte beinhalten die Abscheidung und Strukturierung einer bordotierten polykristallinen Siliziumschicht. Durch Diffusion von Bor aus dieser Schicht entstehen die Basisanschlußbereiche des Bipolartransistors (Bild 9.10d). In ähnlicher Weise wird die arsendotierte Emitterzone hergestellt; hierbei wendet man die in Bild 6.17c erläuterte Technik der durch Trockenätzung erzeugten Abstandshalter (engl. spacer) an, um einen sehr geringen Abstand zwischen dem Emitterbereich und dem Basisanschlußbereich zu garantieren (Bild 9.10e). Das Verfahren schließt mit der Herstellung der Anschlüsse für Basis, Emitter und Kollektor ab (Bild 9.10f).

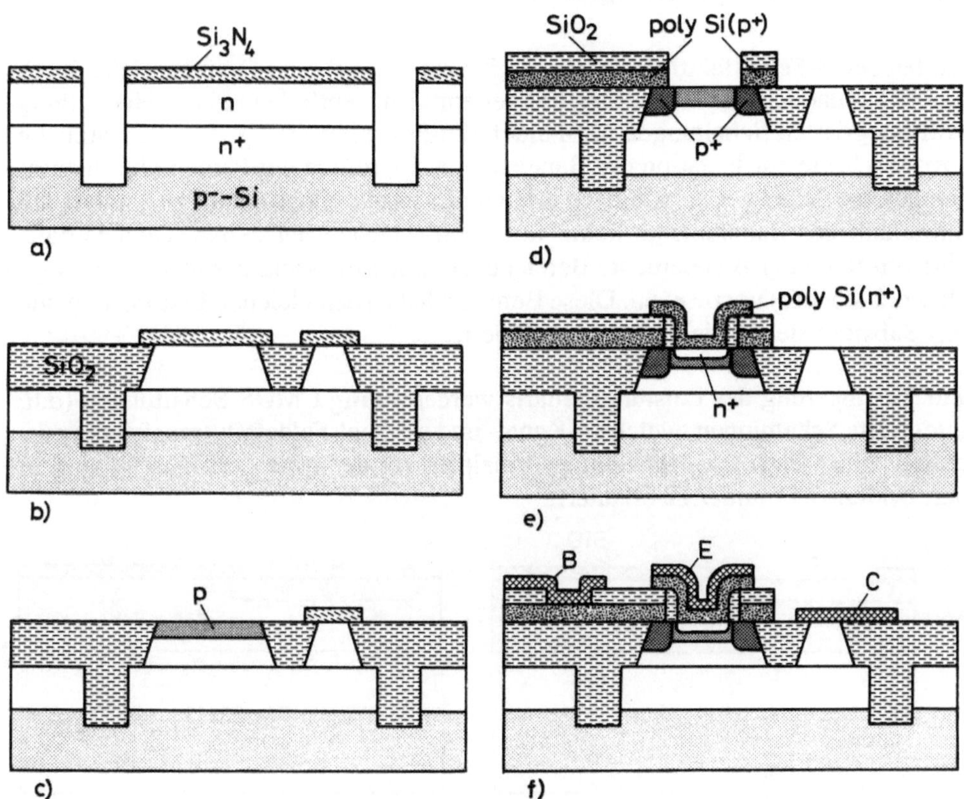

Bild 9.10 Herstellung von integrierten Bipolarschaltungen unter Verwendung von Abstandshaltern und von polykristallinem Silizium als Diffusionsquelle (Doppel-Polysiliziumverfahren)
a) Grabenätzung durch anisotrope Abtragung
b) Auffüllung der Gräben durch Oxidation
c) Herstellung der aktiven Basiszone
d) Herstellung der Basisanschlußgebiete (Diffusion aus polykristallinem Silizium)
e) Herstellung von Abstandshaltern und Erzeugung der Emitterzone (Diffusion aus polykristallinem Silizium)
f) Kontaktierung der Emitter-, Basis- und Kollektorzone

9.3 Integrierte Schaltungen mit Feldeffekttransistoren

Da bei MOS-Feldeffekttransistoren die Source-, Kanal- und Drainbereiche durch eine Raumladungszone vom Substrat getrennt sind, entfallen bei der Herstellung von integrierten Schaltungen mit Feldeffekttransistoren in der Regel zusätzliche Prozeßschritte zur Isolation der Bauelemente. Hierdurch wird eine hohe Integrationsdichte derartiger Schaltungen erreicht. Es ist allerdings darauf zu achten, daß außerhalb der Bauelemente keine Inversionsschichten entstehen. Gegebenenfalls sind am Rand der Bauelemente Bereiche zur Unterdrückung der Inversion (engl. channel-stopper) vorzusehen. Diese Bereiche haben den gleichen Leitungstyp wie das Substrat; sie sind jedoch stärker dotiert.

Zur Verringerung des Leistungsbedarfs werden häufig CMOS-Schaltungen (d.h. integrierte Schaltungen, welche p-Kanal- und n-Kanal-Feldeffekttransistoren enthalten) eingesetzt. Die Herstellungsprinzipien für derartige Schaltungen sind in den Bildern 9.11 und 9.12 erläutert.

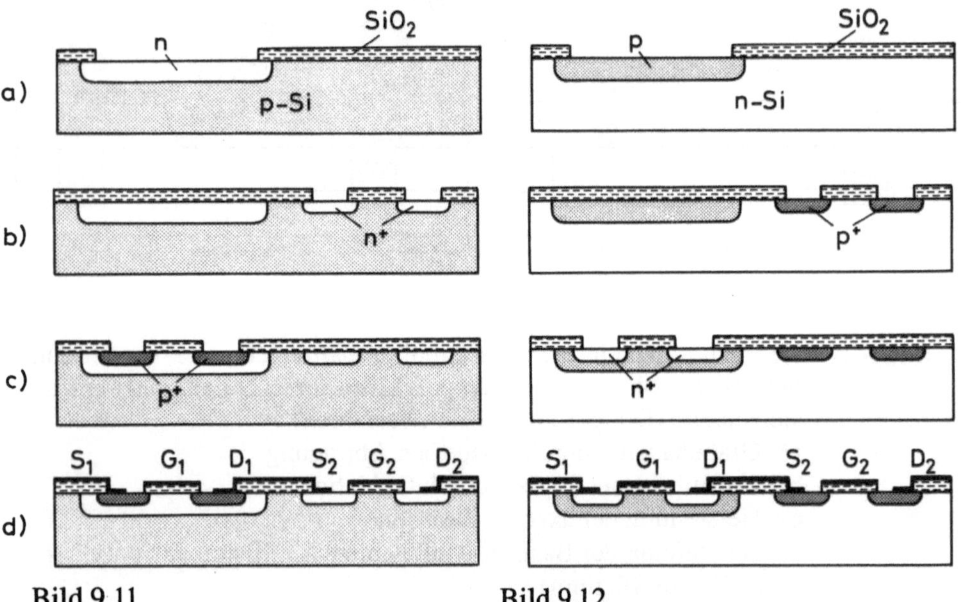

Bild 9.11
Herstellung von CMOS-Schaltungen
(Substrat p-leitend)

Bild 9.12
Herstellung von CMOS-Schaltungen
(Substrat n-leitend)

In der Version nach Bild 9.11 wird p-leitendes Substratmaterial verwendet. Mit dem ersten Prozeßschritt wird zunächst eine n-leitende Wanne erzeugt (Bild 9.11a). Die weiteren Verfahrensschritte beinhalten die Herstellung der Souce-

und Draingebiete für die p- und n-Kanal-Feldeffekttransistoren (Bild 9.11b,c); anschließend muß das Gateoxid erzeugt werden. Den Abschluß des Herstellungsverfahrens bilden die Kontaktierung und die Aufbringung der Gatemetallisierung (Bild 9.11d).

Es ist evident, daß CMOS-Schaltungen auch unter Verwendung eines n-leitenden Substrates hergestellt werden können. Die entsprechende Prozeßfolge ist in Bild 9.12 erläutert.

Bei CMOS-Schaltungen ist zu beachten, daß hierbei zwangsläufig eine (laterale) Zonenfolge p^+npn^+ entsteht. Um ein unerwünschtes Durchschalten (engl. latch-up) dieser Struktur zu vermeiden, muß für einen hinreichenden Abstand der Bauelemente gesorgt werden. Alternativ kann eine Trennung der Bauelemente durch isolierende Zonen vorgesehen werden. In Bild 9.13 ist die Herstellung einer derartigen Anordnung unter Verwendung des LOCOS-Prozesses (d.h. durch selektive Oxidation) dargestellt.

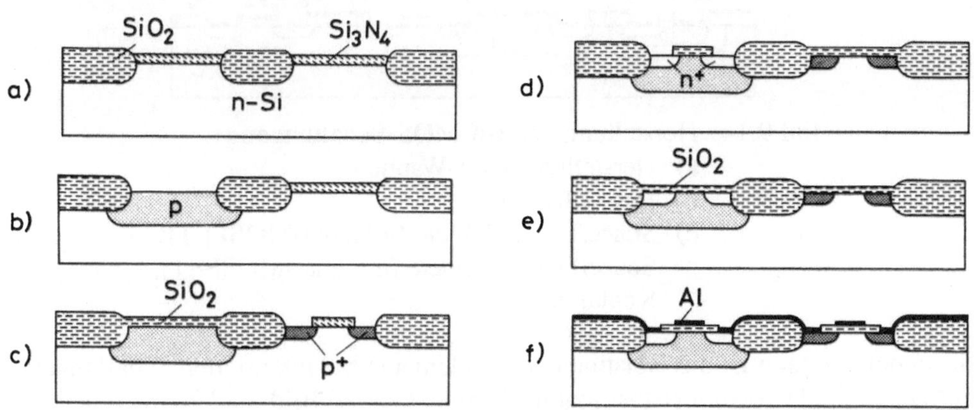

Bild 9.13   Herstellung einer CMOS-Struktur mit erhöhter Spannungsfestigkeit
    a) Selektive Oxidation
    b) Herstellung der p-Wanne
    c) Herstellung von Souce/Drain (p-Kanal-MOSFET)
    d) Herstellung von Souce/Drain (n-Kanal-MOSFET)
    e) Herstellung des Gateoxids
    f) Kontaktierung, Gatemetallisierung

Abschließend ist darauf hinzuweisen, daß in einigen Fällen eine Kombination von Bipolartransistoren und Feldeffekttransistoren günstig ist. Diese Schaltung ist unter der Abkürzung BiCMOS bekannt. Wie aus Bild 9.14 hervorgeht, läßt sich durch eine Erweiterung des Herstellungsprozesses nach Bild 9.11 eine

Schaltung realisieren, die neben MOS-Feldeffekttransistoren auch npn-Bipolartransistoren enthält. Es ist dann lediglich eine (zusätzliche) Basisdiffusion erforderlich.

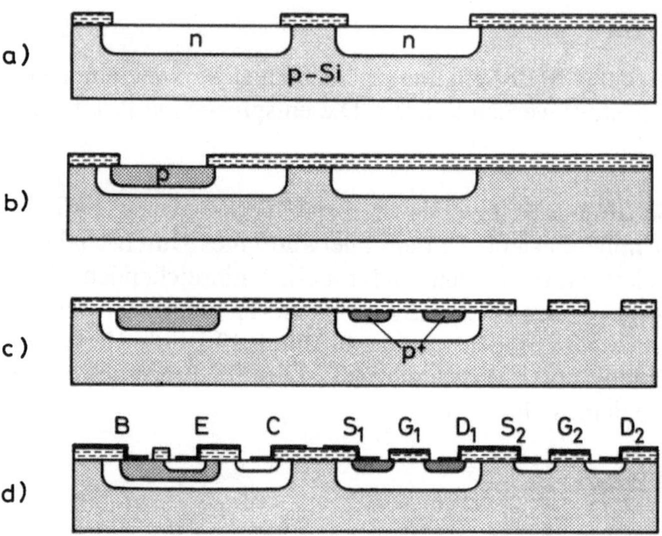

Bild 9.14   Herstellung von BiCMOS-Schaltungen
a)   Herstellung der n-Wannen
b)   Basisdiffusion
c)   Souce/Drain-Gebiete (p-Kanal-MOSFET)
d)   Souce/Drain- Gebiete (n-Kanal-MOSFET),
      Kontaktierung

Besonders einfach ist die Isolation der Bauelemente bei integrierten Schaltungen mit GaAs-Feldeffekttransistoren zu realisieren. Gemäß Bild 8.32 können hierfür semiisolierende Substrate verwendet werden. Wie bereits erwähnt, ist bei Verbindungshalbleitern eine laterale Isolation durch Protonenbeschuß möglich.

Literatur

Grundlagen und zusammenfassende Darstellungen

H. Beneking, Halbleitertechnologie, B.G. Teubner, Stuttgart 1991

Landolt-Börnstein, Zahlenwerte und Funktionen aus Naturwissenschaften und Technik. Neue Serie Bd. III/17c Halbleiter: Technologie von Si, Ge und SiC, Springer-Verlag, Berlin, Heidelberg, New York, Tokyo 1984

Landolt-Börnstein, Zahlenwerte und Funktionen aus Naturwissenschaften und Technik. Neue Serie Bd. III/17d Halbleiter: Technologie der III-V, II-VI und nicht-tetraedrisch gebundenen Verbindungen, Springer-Verlag, Berlin, Heidelberg, New York, Tokyo 1984

K.-H. Löcherer, Halbleiterbauelemente, Leitfaden der Elektrotechnik, B.G. Teubner, Stuttgart 1992

W. v. Münch, Elektrische und magnetische Eigenschaften der Materie, Leitfaden der Elektrotechnik Bd. I/3, B.G. Teubner, Stuttgart 1987

I. Ruge, Halbleiter-Technologie, Reihe Halbleiter-Elektronik Bd. 4, Springer-Verlag, Berlin, Heidelberg, New York, Tokyo 1991

K. Schade, Mikroelektroniktechnologie, Verlag Technik, Berlin, München 1991

H. Schaumburg, Halbleiter, B. G. Teubner, Stuttgart 1991

Kapitel 1

1.1 Landolt-Börnstein, Zahlenwerte und Funktionen aus Naturwissenschaften und Technik. Neue Serie Bd. III/17a Halbleiter: Physik der Elemente der IV. Gruppe und der III-V-Verbindungen, Springer-Verlag, Berlin, Heidelberg, New York 1982

1.2 Landolt-Börnstein, Zahlenwerte und Funktionen aus Naturwissenschaften und Technik. Neue Serie Bd. III/17e Halbleiter: Physik der nicht-tetraedrisch gebundenen Elemente und Verbindungen I, Springer-Verlag, Berlin, Heidelberg, New York 1983

1.3   Landolt-Börnstein, Zahlenwerte und Funktionen aus Naturwissenschaften und Technik. Neue Serie Bd. III/17b Halbleiter: Physik der II-VI- und I-VII-Verbindungen, semimagnetische Halbleiter, Springer-Verlag, Berlin, Heidelberg, New York 1982

1.4   Landolt-Börnstein, Zahlenwerte und Funktionen aus Naturwissenschaften und Technik. Neue Serie Bd. III/17f Halbleiter: Physik der nicht-tetraedrisch gebundenen Verbindungen II, Springer-Verlag, Berlin, Heidelberg, New York 1983

Kapitel 2

2.1   Landolt-Börnstein, Zahlenwerte und Funktionen aus Naturwissenschaften und Technik. Neue Serie Bd. III/17c Halbleiter: Technologie von Si, Ge und SiC, Springer-Verlag, Berlin, Heidelberg, New York, Tokyo 1984

2.2   Landolt-Börnstein, Zahlenwerte und Funktionen aus Naturwissenschaften und Technik. Neue Serie Bd. III/17d Halbleiter: Technologie der III-V, II-VI und nicht-tetraedrisch gebundenen Verbindungen, Springer-Verlag, Berlin, Heidelberg, New York, Tokyo 1984

2.3   W. v. Münch, E. Pettenpaul, J. Electrochem. Soc. 125 (1978) 294

2.4   Landolt-Börnstein, Zahlenwerte und Funktionen aus Naturwissenschaften und Technik. Neue Serie Bd. III/22b Halbleiter: Störstellen und Defekte in Elementen der IV. Gruppe und III-V-Verbindungen, Springer-Verlag, Berlin, Heidelberg, New York, London, Paris, Tokyo, Hongkong 1989

2.5   W. G. Pfann, Zone-Melting, J. Wiley, New York 1966

2.6   C. Gessert, E. Sirtl, Elektronische Halbleitermaterialien, in: Chemische Technologie, Bd. 3/II Anorganische Technologie, Carl Hanser Verlag, München, Wien 1983

2.7   W. v. Münch, Technologie der Galliumarsenid-Bauelemente. Technische Physik in Einzeldarstellungen Bd. 16, Springer-Verlag, Berlin, Heidelberg, New York 1969

2.8   K. Gillessen, A. J. Marshall, J. Hesse, Temperature Gradient Solution Growth, in: Crystals Bd. 3, Springer-Verlag, Berlin, Heidelberg, New York 1980

2.9   B. Ray, II-VI-Compounds, Pergamon Press, Oxford 1969

2.10   D. L. Barrett, R. G. Seidensticker, W. Gaida, R. H. Hopkins, W. J. Choyke, J. Crystal Growth 109 (1991) 17

Kapitel 3

3.1   Landolt-Börnstein, Zahlenwerte und Funktionen aus Naturwissenschaften und Technik. Neue Serie Bd. III/17c Halbleiter: Technologie von Si, Ge und SiC, Springer-Verlag, Berlin, Heidelberg, New York, Tokyo 1984

3.2   W. v. Münch, Technologie der Galliumarsenid-Bauelemente. Technische Physik in Einzeldarstellungen Bd. 16, Springer-Verlag, Berlin, Heidelberg, New York 1969

3.3   Landolt-Börnstein, Zahlenwerte und Funktionen aus Naturwissenschaften und Technik. Neue Serie Bd. III/17d Halbleiter: Technologie der III-V, II-VI und nicht-tetraedrisch gebundenen Verbindungen, Springer-Verlag, Berlin, Heidelberg, New York, Tokyo 1984

3.4   W. v. Münch, I. Pfaffeneder, Thin Solid Films 31 (1976) 39

3.5   E. Kasper, J. C. Bean, Silicon Molecular Beam Epitaxy Vol. I, CRC Press, Boca Raton FL 1988

3.6   E. Kasper, J. C. Bean, Silicon Molecular Beam Epitaxy Vol. II, CRC Press, Boca Raton FL 1988

3.7   K. Ploog, Molecular Beam Epitaxy of III-V Compounds, in: Crystals Bd. 3, Springer-Verlag, Berlin, Heidelberg, New York 1980

3.8   M. B. Panish, J. Crystal Growth 27 (1974) 6

3.9   W. v. Münch, W. Kürzinger, Solid-State Electronics 21 (1978) 1129

Kapitel 4

4.1   Landolt-Börnstein, Zahlenwerte und Funktionen aus Naturwissenschaften und Technik. Neue Serie Bd. III/22b Halbleiter: Störstellen und Defekte in Elementen der IV. Gruppe und III-V-Verbindungen, Springer-Verlag, Berlin, Heidelberg, New York, London, Paris, Tokyo, Hongkong 1989

4.2   Landolt-Börnstein, Zahlenwerte und Funktionen aus Naturwissenschaften und Technik. Neue Serie Bd. III/17c Halbleiter: Technologie von Si, Ge und SiC, Springer-Verlag, Berlin, Heidelberg, New York, Tokyo 1984

4.3   E. Haas, J. Martin, M. Schnöller, Siemens-Z. 50 (1976) 509

4.4   H. Salow, H. Beneking, H. Krömer, W. v. Münch, Der Transistor. Technische Physik in Einzeldarstellungen Bd. 15, Springer-Verlag, Berlin, Göttingen, Heidelberg 1963

4.5   G. Winstel, C. Weyrich, Optoelektronik I, Halbleiter-Elektronik Bd. 10, Springer-Verlag, Berlin, Heidelberg, New York 1980

4.6   I. Bronstein, K. Semendjajew, Taschenbuch der Mathematik, B. G. Teubner Verlagsges., Stuttgart, Leipzig 1991

4.7   R. C. T. Smith, Australian J. Phys. 6 (1958) 127

4.8   W. v. Münch, Technologie der Galliumarsenid-Bauelemente. Technische Physik in Einzeldarstellungen Bd. 16, Springer-Verlag, Berlin, Heidelberg, New York 1969

4.9   W. v. Münch, C. Gessert, J. Electrochem. Soc. 122 (1975) 1686

4.10   D. P. Kennedy, R. R. O'Brien, IBM J. Res. Dev. 9 (1965) 179

4.11   S. R. Shortes, J. A. Kanz, E. C. Wurst, Trans. Metall. Soc. AIME 230 (1964) 300

4.12   H. Ryssel, I. Ruge, Ionenimplantation, Teubner-Verlag, Stuttgart 1978

4.13   J. F. Gibbons, W. S. Johnson, St. W. Mylroie, Projected Range Statistics, Semiconductors and Related Materials, Dowden, Hutchinson and Ross, Stroudsburg PA 1975

Kapitel 5

5.1   H. F. Wolf, Semiconductors. J. Wiley, New York, London, Sydney, Toronto
       1971

5.2   B. E. Deal, A. S. Grove, J. Appl. Phys. 36 (1965) 3770

5.3   Landolt-Börnstein, Zahlenwerte und Funktionen aus Naturwissenschaften
       und Technik. Neue Serie Bd. III/17c Halbleiter: Technologie von Si, Ge
       und SiC, Springer-Verlag, Berlin, Heidelberg, New York, Tokyo 1984

5.4   A. Rohatgi, S. R. Butler, F. J. Feigl, J. Electrochem. Soc. 126 (1979) 149

5.5   W. v. Münch, I. Pfaffeneder, J. Electrochem. Soc. 122 (1975) 642

5.6   M. J. Helix, K. V. Vaidyanathan, K. V. Streetman, Thin Solid Films 55
       (1978) 143

5.7   R. A. Levy, M. L. Geen, J. Electrochem. Soc. 134 (1987) 37C

Kapitel 6

6.1   W. S. DeForest, Photoresists, Materials and Processes, McGraw-Hill,
       New York 1975

6.2   D. Leers, Solid-State Technol. 24/4 (1981) 90

6.3   Landolt-Börnstein, Zahlenwerte und Funktionen aus Naturwissenschaften
       und Technik. Neue Serie Bd. III/17c Halbleiter: Technologie von Si, Ge
       und SiC, Springer-Verlag, Berlin, Heidelberg, New York, Tokyo 1984

6.4   A. Heuberger, Microelectronic Eng. 5 (1986) 3

6.5   G. R. Brewer, Electron-Beam Technology in Microelectronic Fabrication,
       Academic Press, New York 1980

6.6   A. Bogenschütz, Ätzpraxis für Halbleiter, Hanser-Verlag, München 1967

6.7   J. J. Kelly, J. E. A. M. v.d. Meerakker, P. H. L. Notten, R. P. Tilburg,
       Philips Tech. Rev. 44 (1988) 61

6.8   R. A. Morgan, Plasma Etching in Semiconductor Fabrication, Elsevier, Amsterdam 1985

6.9   S. J. Moss, A. Ledwith, Chemistry of the Semiconductor Industry, Blackie and Son Ltd., Glasgow 1987

6.10 J. L. Vossen, W. Kern, Thin Film Processes, Academic Press, New York 1978

Kapitel 7

7.1   H. Berger, Modellbeschreibung planarer ohmscher Metall-Halbleiterkontakte, Diss. RWTH Aachen 1970

7.2   K. Heime, U. König, E. Kohn, A.Wortmann, Solid-State Electron. 17 (1974) 835

7.3   H.-J. Hacke, Montage integrierter Schaltungen, Springer-Verlag, Berlin, Heidelberg, New York, London, Paris, Tokyo 1987

Kapitel 8

8.1   G. Kesel, J. Hammerschmitt, E. Lange, Signalverarbeitende Dioden, Reihe Halbleiterelektronik Bd. 8, Springer-Verlag, Berlin, Heidelberg, New York, Tokyo 1982

8.2   S. M. Sze, Physics of Semiconductor Devices, J. Wiley and Sons, New York 1981

8.3   H. Schrenk, Bipolare Transistoren, Reihe Halbleiter-Elektronik Bd. 6, Springer-Verlag, Berlin, Heidelberg, New York, Tokyo 1978

8.4   T. C. Chen, C. T. Chuang, G. P. Li, S. Basvaiah, D. D. Teng, M. B. Ketchen, T. H. Ning, IEEE Trans. Electron Devices 35 (1988) 1322

8.5   W. Gerlach, Thyristoren, Reihe Halbleiter-Elektronik Bd. 12, Springer-Verlag, Berlin, Heidelberg, New York, Tokyo 1981

8.6   H. Beneking, Feldeffekttransistoren, Reihe Halbleiter-Elektronik Bd. 7,
       Springer-Verlag, Berlin, Heidelberg, New York, Tokyo 1973

8.7   W. Kellner, H. Kniepkamp, GaAs-Feldeffekttransistoren, Reihe Halbleiter-
       Elektronik Bd. 16, Springer-Verlag, Berlin, Heidelberg, New York, Tokyo
       1989

8.8   C. T. Sah, Proc. IEEE 76 (1988) 1280

8.9   R. Paul, Optoelektronische Halbleiterbauelemente, Teubner Studien-
       skripten TSS 96, B. G. Teubner, Stuttgart 1992

8.10   G. Winstel, C. Weyrich, Optoelektronik II, Reihe Halbleiter-Elektronik
       Bd. 11, Springer-Verlag, Berlin, Heidelberg, New York, Tokyo 1987

8.11   G. Winstel, C. Weyrich, Optoelektronik I, Reihe Halbleiter-Elektronik
       Bd. 10, Springer-Verlag, Berlin, Heidelberg, New York, Tokyo 1987

8.12   G. Ziegler, P. Lanig, D. Theis, C. Weyrich, IEEE Trans. Electron Devices
       ED-30 (1983) 277

Kapitel 9

9.1   D. Widmann, H. Mader, H. Friedrich, Technologie hochintegrierter
       Schaltungen, Reihe Halbleiter-Elektronik Bd. 19, Springer-Verlag, Berlin,
       Heidelberg, London, Paris, New York, Tokyo 1988

9.2   H.-M. Rein, R. Ranfft, Integrierte Bipolarschaltungen, Reihe Halbleiter-
       Elektronik Bd. 13, Springer-Verlag, Berlin, Heidelberg, New York, Tokyo
       1987

9.3   H. Weiß, K. Horninger, Integrierte MOS-Schaltungen, Reihe Halbleiter-
       Elektronik Bd. 14, Springer-Verlag, Berlin, Heidelberg, New York, Tokyo
       1987

Sachverzeichnis

von Münch

Werkstoffe der Elektrotechnik

Dieses seit über einem Vierteljahrhundert bewährte Skriptum über die Werkstoffgrundlagen der Elektrotechnik ist jetzt in 7. Auflage neu überarbeitet erschienen.

Das Buch beginnt mit dem Aufbau der Materie, insbesondere der kristallinen Festkörper. Dann folgt eine Beschreibung und physikalische Deutung der elektrischen und magnetischen Werkstoffeigenschaften, insbesondere im Hinblick auf Anwendungen in passiven Bauelementen und Sensoren. Mechanische Eigenschaften und Materialprüfverfahren werden in dem für den Elektroingenieur notwendigen Umfang behandelt.

Für die Formelzeichen wurden nach Möglichkeit die Empfehlungen des Deutschen Instituts für Normung (DIN) berücksichtigt, jedoch erschienen gewisse Abweichungen im Hinblick auf internationale Gepflogenheiten, z. B. in der Halbleitertechnik, zweckmäßig und das Verständnis erleichternd.

Aus dem Inhalt

Aufbau und Eigenschaften der Materie – Gase, Flüssigkeiten, Festkörper – Werkstoffprüfung – Metalle, Legierungen – Leiter- und Kontaktwerkstoffe – Widerstände, Heizleiter – Metalle in der Meßtechnik – Elementare Halbleiter, Verbindungshalbleiter – Diffusions- und Feldströme – Kontinuitätsgleichungen – Fermistatistik – Widerstände, Sensoren – Organische und anorganische Dielektrika – Dielektrizitätszahl und dielektrische Verluste – Ferro- und piezoelektrische Werkstoffe – Kabeltechnik, Kondensatoren – Magnetismus – Ferro- und ferrimagnetische Werkstoffe – Weißsche Bezirke – Permeabilität, Hysterese, Verlustmechanismen – Dauermagnetwerkstoffe, Anwendungen

Von Prof. Dr.
Waldemar von Münch
Universität Stuttgart

7., überarbeitete Auflage. 1993. 256 Seiten mit 200 Bildern und 41 Tafeln. 12,7 x 18,8 cm. Kart. DM 24,80 ISBN 3-519-10115-7

Teubner Studienskripten, Band 11

Preisänderungen vorbehalten.

B. G. Teubner Stuttgart